法政大学地域研究センター叢書6

手仕事の現在

多摩の織物をめぐって

田中優子 編

法政大学出版局

カバーおよび扉写真

早川たか子作「経ずらし絣」

経《たて》糸：生糸　紅茶染め

緯《よこ》糸：古代風絹糸（太織度低張力糸）　すおう染め（鉄媒染）

装幀用に調整しているため，実際の色調とは異なります

『八王子織物図譜』より，「染色之図」（本文 263 頁参照）

同，「染糸水洗之図」（本文 264 頁参照）

同，「いとくり之図」（本文 267 頁参照）

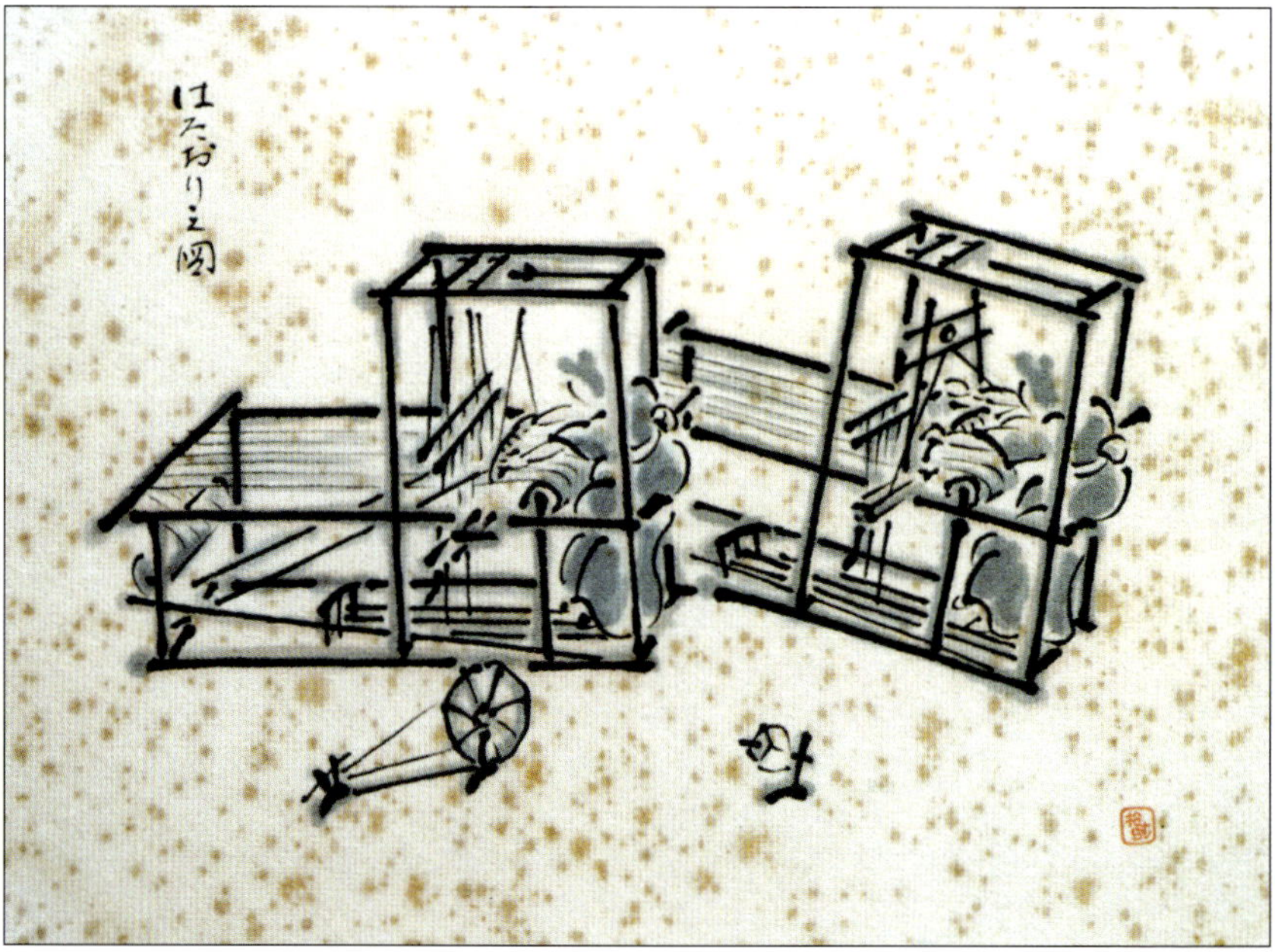

同，「はたおり之図」（本文 274 頁参照）

目次

序

田中　優子

この本は、法政大学・地域研究センター「多摩の歴史・文化・自然環境」研究会において、「多摩の織物」というテーマで二〇〇四年〜二〇〇五年にかけ、四回のシンポジウムをおこなった記録である。

この記録を『手仕事の現在』という題名にしたのは、私自身が多摩地域における手仕事の現在を知りたい、という思いでこのシンポジウムを運営してきたからだ。それは単に、柳宗悦がしてきたように「手仕事こそが美しい、素晴らしい」と言うためではない。むろん私は、手仕事の布や紙や道具類が好きだ。実際に身につけたり使うことで、少しでも支えようとしている。産業革命が手仕事にもたらした変化について、教室で教えてもいる。ウィリアム・モリスや柳宗悦の運動を、賛嘆しつつ語ることも多い。

しかしすでにおこなわれた運動や、作られたものの素晴らしさを言うだけで終わるわけにはいかないのである。ため息をつきながら消えゆくものの後ろ姿を眺め、「残念だ」とつぶやきながら毎日せっせと大量生産されたプラスチック入りコンビニ弁当で食事し、化学繊維で大量生産された服を着て忙しく飛び回る、というだけのことになってしまうからだ。つまり生き方として、じつは少しも残念だとは思っていない、ということになってしまう。「スローフード」も「ロハス」も言葉が市場をいくらか活性化させ、新しい雑誌などが出てそれでおしまい、の連続である。「残念だ」のため息は市場に利用されている、というのが現実だ。その間に、「素晴らしい」手仕事はどんどん消滅している。

それが、私たちの日常なのだ。それが、私たちが歩んできた二〇世紀の姿である。私は江戸文化の研究をしているのだから、もっとも罪深いかも知れない。つまり、「江戸時代はこんなに素晴らしい手仕事をもっていた」「産業革命はそれをこわした」「かつての手仕事の文化は風前のともしびだ」と言っていれば商売になる、というわけである。

そこでこのシンポジウムでは、産業としての織物の衰微を悲しむ、という方法ではなく、また素晴らしい作品だけに注目する、ということでもなく、むしろ多摩の織物を支えようとしているそのさまざまな試み、熱気、関心、動きそのものをみつめようと思った。

多摩地域とくに八王子はつい三、四十年前まで、養蚕の一大拠点だった。しかし日本の養蚕と生糸輸出は、坂を転げ落ちるように衰微してしまった。産業としてなんとか踏み止まろうとはしているが、それはもはや大産業ではなく、かつてのブランド力に頼った商品生産である。なぜなら、現在の八王子の織物製品は、ブラジルや中国の生糸で成り立っているからだ。

一方、日本政府は一九九八年、原蚕種管理法を撤廃した。この法律は日本が世界最大の生糸輸出国になった後、一九三四年に制定された法律であった。明治初頭の日本では、生糸と蚕種が輸出総額の三分の二を占めていた。一九〇九年には世界最大の輸出国になった。これは近代日本にとって国をあげての産業だったのである。戦後も急に衰えるということはなく、八王子織物工業組合は一九七〇年にピークを迎えている。しかし原蚕種管理法が撤廃されたということは、もうこれは国の産業ではなく、保護するつもりもない、ということを意味する。多摩地域の状況を見ても、桑畑や養蚕農家は減り続けている。八王子の養蚕農家の小谷田氏によると、「町田で三人ぐらい、八王子は私を入れて三人。村山で二人ぐらい」というところまで来ている。たった三十五年ほどのあいだで、急激に状況が変わったのである。

産業という視点から見ると、これは衰微以外のなにものでもない。しかし私はこのシンポジウムを通して、ひとつのことに気づいた。それは、産業ともブランド力とも異なる、生糸や織物づくりに対する「熱意」「関心」「行動力」が確かに存在する、という事実だ。しかもそれらはプロフェッショナルであるかどうかとは無関係に、存在する。

産業革命後に手仕事を広めようとする態度の歴史を見ると、大きく三つに分かれる。ひとつはガンディーのように、政治運動に結びつけながらその重要性を訴え、人々の政治的、経済的自立の契機にしようとする姿勢である。二つめはウィリアム・モリスや日本の茶人たちおよび織物作家たちに見られるように、芸術家として実践し広めてゆく姿勢である。三つめは柳宗悦に見られるように、衰微しようとする工芸の担い手たちを励まし、その価値を多くの人に知らせることで、日常生活の中に残してゆこうとする姿勢である。

近代日本では、大量生産品の普及のなかで比較的多くの手仕事が残った。それは、後者二つの姿勢が密接に関わりながら続いてきたからである。これは伝統的姿勢である、とも言える。たとえば産業革命以前でも、茶の湯や俳諧に見られるように、芸術が貴族や上流階級だけのものではなく庶民のものでもあり、また一方、巷の無名の職人たちも、日常生活の質を常に上げようと努力していたのである。

しかし、私が述べた、産業ともブランド力とも異なる「熱意」「関心」「行動力」は、三つのどの姿勢とも異なる。その担い手たちはプロフェッショナルもアマチュアもいて、しかも言葉の上だけでなく、自らものを作ろうとしている。流行に乗っているわけではなく、地に足がついている。まさに地道な関心なのだ。広めようとは思ってはいても、無理して人を説得しようというわけでもない。自分がまず楽しんでいる。そういう姿勢が多摩の織物の世界にはある。産業として復興しようということではなく、別のありかたを、まさに「手仕事」の価値として再発見しようとしているのである。もしこの姿勢の中に何らかの伝統があるとしたら、それは農村の人々が情報交換しながら、少しでもいいものを織ろうと努力しつつ、その過程のなかで人々と関わり、ともに働き、わからないことは教え合い、商人や別の土地の職人たちと知り合い、さらにいいものを作ろうとしてきた、そういう姿勢なのかも知れない。

ところで日本における生糸や絹は「手仕事」だろうか？　富岡、岡谷、桐生、八王子などにとって、それは機械化された最先端の産業そのものだった。多くの人がそれで生活していたので、その衰微によって生活の転換を余儀なくされたはずだ。それを「手仕事の現在」という地平で捉えようとするのは、まさに産業としての衰微をまず認め、それを前提にしている。

一方、生糸産業は今でも新しい可能性を探っている。農畜産業振興機構が発刊している『シルク情報』には、毎月、生糸絹織物産業の詳細なデータが掲載され、シルクが衣類だけでなく様々な分野に進出している様子が見える。たとえば住宅でいえばカーテンばかりでなく、障子、襖、壁紙に応用開発されている。鼈甲や石にも似せて作ることができ、ブローチや帯留めも試作されている。優秀な釣り糸にもなる。美白効果と光沢に注目して化粧品も開発されている。生体への安全性に注目して手術用の糸はもちろんのこと、治療中に傷を覆うための素材、バイオセンサー、コンタクトレンズ、人工アキレス腱、ウイルス感染治療用のインターフェロン、人工血管、人工皮膚など、医療分野での研究開発も進んでいる。

「衰微」と感じてしまうのは、一時期の経済効果があまりにも高かったためで、その差に目をとらわれなければ、生糸産業は今でも、またこれからも確実に存続する。バイオ産業としての将来性を確かにもっている以上、今までのような量の勝負ではないにせよ、これは産業であろう。しかしそちらの研究は工学系でやるべきことだ。それらの生産は業界でしかできない。

私がこのシンポジウムで注目したのは、その方面の将来性とはまた異なる将来性である。生活の近くにあった何百年もの現場の記憶を土台にして、人々がこんどは「手仕事」の地平で、「熱意」「関心」「行動力」を共有しているのである。この転換には、一九九八年の原蚕種管理法の撤廃が関係している、と考えている。つまり、蚕の種を自ら選んで購入し、好みの種類の蚕を育て、好みの糸を入手できる日がようやくやってきたのだ。むろんたいへんな手間がかかることだが、その手間を主体的に選び、技術をもつ人々の力を編み集め、流通を変え始めている。産業としてではなく、生き方として、である。

私が接し、感じ取ることができた現在の手仕事のありようは、ほんの一部である。もっともっと多くの人々が、自ら仕事として、あるいはアマチュアとして、生き方として手仕事を選んでいる。そこから、喜びを得ている。「なぜか？」と問うのは簡単だが、答えるのは困難だ。手間と時間がかかるのになぜなのか？　簡単で安価なものがいくらでもあるのになぜなのか？　かえって高くつくのになぜなのか？　すぐ思いつくこれらの問いはいずれも、「お金」か「時間」か「便利」が基準になっている。つまり手仕事は、そのどれをも基準にしないのである。

では何が基準になっているのか？　あえて言葉にするなら、それは「過程《プロセス》」であろう。それも、意のままにならない「自然」と、意識的、能動的にかかわり続ける過程である。その関わりから得た知見や技能を、積み重ねてゆく過程である。それを人に伝えることで、さらに自分が豊かになる、という実感である。自然とは手仕事の場合、植物や生物や気候や土や水だが、それだけではなく、身体を含めた自分自身でもある。これは、私が使っている「手仕事」という言葉の定義である。

ちなみに、自然のもっている偶然性に身をゆだねながら、それを編んでゆく過程になぜ人間が惹かれるのか、そこまで問うと、難しくて答えられない。

実際におこなわれている手仕事はまだまだたくさんあるが、本書では八王子を中心にした東京の多摩地域の、さらに織物だけにしぼっている。そのなかでも、さらに一部の人たちに登場していただくだけだ。であるから、これらの成果をもって日本の手仕事の現在を、ひとくくりに結論づけるつもりはない。しかし手仕事こそ、たとえ狭くとも個々の具体性のなかで語らねばならないものであり、一括して論じられるものではない、と思っている。手仕事について感じ取れるもの、知ることができるものは、その具体性のなかにこそある。まずはたとえ狭くとも、実際の人と手仕事につきあうのが、もっとも良い方法である。

この本は、第Ⅰ部と第Ⅱ部とで成り立っている。第Ⅰ部では、実践を含むシンポジウムを通して、「熱意」「関心」「行動力」を感じ取っていただきたいと思う。第Ⅱ部は、六人のかたから提出された論文と資料とで構成されている。お読みになるとわかるように、これらの論文と資料は必ず体験的もしくは実践的な内容を含んでいる。それはこのシンポジウムそのものが言葉のやりとりで終始したのではなく、手仕事の実践の立場からおこなわれたからだ。資料のなかには、染織の専門家でなければわからないデータもあるが、それだけに極めて資料的価値の高いものである。

第Ⅰ部も第Ⅱ部も、それぞれの最初に、私のリード文がついている。つまり、その対話や文章の意味や位置づけについて案内をしている。であるから、この序では、ひとつひとつの論について詳しい説明はしない。そのリード文を読んだ上で、少しだけでも、次の頁をめくっていただきたいと思うからだ。


最後にあらためて、法政大学・地域研究センター「多摩の歴史・文化・自然環境」研究会「多摩の織物」シンポジウムに参加してくださった多くの参加者の方々に、心よりお礼申し上げたい。皆さんの、押し寄せるような関心の強さがあるからこそ、私はこの本をまとめる気持ちになった。また、毎回のシンポジウムでともに司会をしてくれて、研究協力者としてさまざまに支えてくれた成蹊大学の挾本佳代助教授にも、感謝申し上げたい。

さらに、このまとめを刊行してくださる法政大学出版局にも感謝する。シンポジウム記録、という位置づけの難しい本の刊行を決断してくださったことに、心からお礼申し上げたい。

第Ⅰ部

手仕事をめぐる談話

シンポジウムとインタビューより

構成・田中　優子

1 真綿をつくる

多摩シルクライフ21研究会

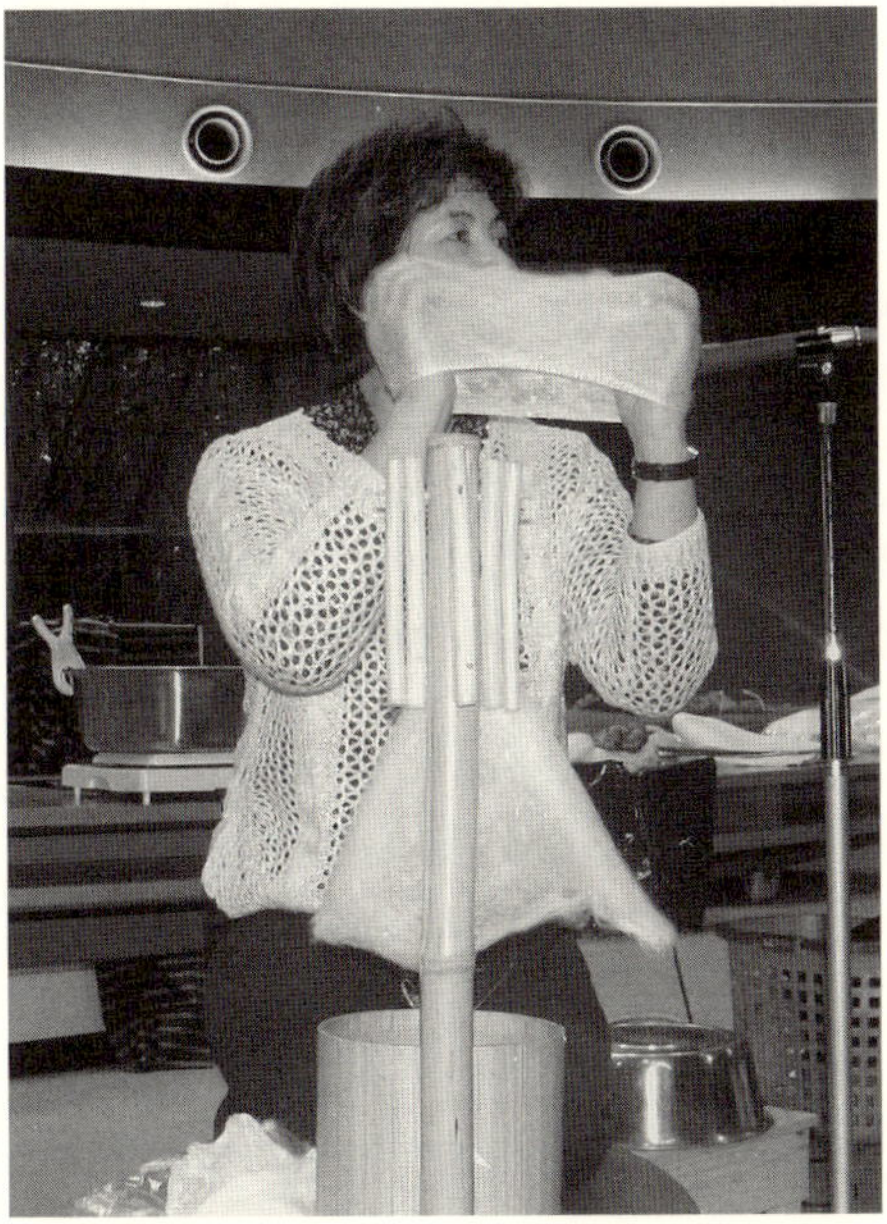

難波さんによる真綿づくり

「真綿」とは、蚕のつくった繭を精練してのばした薄い綿のことである。たいへん暖かく、かつては着物の中に入れたり、下着に使ったりしていた。上質な生糸を作れない農山村でも、身近に繭があれば真綿を作った。またその真綿から糸をひいた。江戸時代の浮世絵にも、この真綿つくりのシーンは頻繁に見られる。「多摩の歴史・文化・自然環境研究会・多摩の織物シンポジウム」は第一回に、この真綿つくりと糸づくりを見せていただき、可能な範囲で聴衆の方にも実践していただくワークショップを開いたのである。

二〇〇四年一〇月一六日の午後、法政大学多摩校舎の百周年記念館では、「多摩シルクライフ21研究会（小此木エツ子代表）」のメンバーの方たちの指導で、真綿作りが始まっていた。ここは国際会議場なので、このような実践に適しているとはとても言い難い。ただ大きなガラス張りの壁のおかげで、私たちが林の中にいる、という気分にさせてくれるのである。

シンポジウムが始まる前は、湯を沸かすための道具をそろえたり、湯がこぼれてもいいように敷物を敷いたりと、さまざま工夫した。メンバーの方たちは、こういう無理な環境の中で真綿を作ったり糸をひいたり、という作業をするのに慣れているらしく、こともなげに準備してくださる。

この日はまず二つの講演があった。最初は沼謙吉さんによる、八王子の織物の歴史についての講演（二九頁）で、二つめは代表の小此木エツ子さんによる、生糸についての講演（二九九頁）であった。これらのことをふまえて、いよいよ真綿作りが始まったのだが、すすむにつれて会場は熱気に包まれ、参加者は次々に身を乗り出してきた。それだけでなく、やがて参加者たちは席を離れて近づいてきた。「もっと近くでよく見るため」であったので、司会者である私は皆さんの行動をとめることはしなかった。

実演の最中は、何をしているのかを説明していただくために、私はマイクをもって代表の小此木さんやメンバーの方たちのあいだをまわっていたのだが、その最中に、会場からどんどん質問が飛び出す。質問者の声も拾いたいのだがマイクが間に合わない。メンバーはなんとかそれに答えながら、実演を続ける。

会場はかなり無秩序な状況になって行った。実演と質疑応答が一体化し、あちこちでさまざまな人がいろいろな質問をしては、いろいろな人が答えてゆくので、会場全体がシンポジウムとなり、全員がパネリスト、といった状態になっていった。以下はそのときの様子を縮めた要旨である。参加者の方々が何に関心をもったかがわかる。

小此木　まず真綿です。真綿というのは『魏志倭人伝』にも出ているぐらいですから、古い時代から真綿づくりは行われていたのです。何に使うかというと、一番多いのは紬のよこ糸です。それからベスト。これはあったかいですよ、皆さん。これ一枚着たら、オーバーなんか着なくていい。境さん、着ていらっしゃるんじゃないでしょうか、膨れているから（笑）。ものすごくあったかい。

それからそのベストをちょっと奇麗にすると、こうなります。これは島田さんがつくったらしいのですが、これもあったかいです。しかも軽い。お年を召した方には最適です。その真綿に、袋真綿と角真綿があるんです。袋真綿は主として福島県でつくられ、角真綿は近江真綿と昔から言われていたんですけれど、滋賀県でつくられました。紬糸というのは耳の少ない部分が多いのですが、それは袋真綿からつくるからです。そして、これが角真綿。どっちでやってくださいます？　角真綿？　じゃあ、角真綿づくりを……。

皆さん、ご紹介します。向こうを向いてちょっと立っていただけますか。研究会の素材研究部のメンバーです。こちらは境さんと難波さん。この方たちは蚕の飼育技術と糸取りの名人です。それからこちらにおられるのは新井いせ子さん。この方は、もともとアートを手掛けていらっしゃるんですけど、素材の研究に一生懸命な方です。それから岡本さんは、洋服を織っておられます。全部自分で、ざぐりから糸を挽いて、手織りで、素晴らしいお洋服をつくっていらっしゃいます。

では境さんが真綿の実演をいたしますので、見えない方はお近くにでもいらして見てください。真綿というのは、まず繭を精練します。精練というのは、膠質のセリシンを奇麗に取ってしまうことです。精練した繭を使って真綿をつくります。最初は、手掛けというのをやります。江戸時代はこんな丁寧なこと、恐らくやっていないと思います。竹とか棒に引っ掛けてずっと伸ばすという感じで江戸時代はやっていたんでしょうが、私どもは技術普及の上でこういう手掛けをやるのがいいということでやっているんです。しかし福島の真綿屋さんは違います。やり方がもっと難しいんですよね。これが手掛けですね。境さん、ちょっと高く見せてあげてください。手掛けはこういうふうに掛けていくわけです。

これね、簡単なようで難しいんですよ。そして、この手掛けをきょうは三枚枠に掛けるわけです。これを枠掛けといいます。今枠を掛ける前に、均等に伸ばしているんです。それで一番難しいのは、ここの一番端を耳というんですけど、耳を外さないように伸ばすのが難しいんです。初心者がやると、ここに世界地図ができるの（笑）。ほら、境さんのは奇麗でしょう。ねえ、素晴らしいですよね。こういうふうにして伸ばしていきます。これが角真綿ですね。

これを伸ばして、そして一番外側にゼラチン糊を吹き付けて、真綿のけば立ちを押さえたものが吹止真綿といいます。昔ちゃんちゃんことか、お布団に入れましたよね。もう一枚掛けて、角真綿は終わりです。真綿をいじっていると、アルファー波が出るという、これは実証済みなんですよ。ですから、真綿製品を皆さんぜひ体にまとってください。そうすると、穏やかな気持ちになります（笑）。

今度は袋真綿ですね。袋真綿は、福島県でやっている方法ですけれども、こういうふうに両手を入れて、袋状にのばしていくわけです。これは角真綿より耳の部分が少ないので、糸紡ぎにいいわけです。これも意外と難しいんですよ。耳の部分が厚くなったり、穴が開いちゃったりするんです。これが袋真綿です。

参加者　そのお水は何ですか？　その中に、繭の形のまま入るんですよね。さなぎはどうなっているんですか。
小此木　さなぎは出しちゃうの。
参加者　さなぎは、そのお水の中で出しちゃうんですか。
境　これを煮ますね。すると軟らかくなります。この中にさなぎは入っているんですけども、これはこのまま外で出さないで、水の中で取ります。
参加者　それは普通のお水ですか。
境　はい。水です。
田中　出したさなぎをちょっと見せていただけますか。今、私はここからは見えたんですが、皆さん、見えないかもしれない。ちょっと黒くなっていますよね。
参加者　乾燥したものですからさなぎは黒いです。生のものですともうちょっと膨らんで、きれいなあめ色というのか、優しい色をしています。
参加者　韓国で食べているのは、どのさなぎですか。
小此木　さなぎはね、生でも食べますし、乾燥しても食べられます。でも大体は乾燥していますから、乾燥したさなぎって、おいしいですよ。私、食べたことあります。
参加者　ゆでたんだか、干したんだか、それで売っているわけですよね。
小此木　そうです。あれはつくだ煮。信州辺りで売っているのはつくだ煮ですね。あれは乾燥したさなぎです、大体は。生じゃ、相当勇気がいりますね。はい、それでは境さん、ありがとうございました。
　次に、その真綿を使って結城式の手紬ぎをやっていただきます。これの特徴は、撚りが掛からないということです。信州紡糸機の紡ぎ方法は撚りは掛かりますけども、これは撚りが掛かりません。独演会をやってもらいますから、難波さんの説明を聞いてください。

繊維には短繊維と長繊維があります。短繊維は綿とかウールとかですね。それを加工していくのを紡ぐと言うのですが、絹の場合の紡ぎは、あくまでも長繊維を紡ぐということで、その紡ぎ方にもいろいろな方法があるわけです。これは長繊維を紡ぐわけですから、どこまでも続いているわけです。ずっと連続しています。

難波　結城では、保原地方で袋真綿を使っておりますけれども、こういう帽子の形です。真綿の中に両手を入れ、左右にピンと伸ばし、耳と全体を柔らかくしてあげます。層の一番厚いところを親指と中指でつまんで裏返します。そうして、ここのつまんだところをここにかけます。「つくし」というお道具ですが、ここにつめがあります。そこに掛けるのです。掛けた後、繊維の層をもう一度きちっとほぐしてあげます。きっちりほぐすことで糸を引きやすくてあとの糸引きが無駄をせず、楽にいい糸が引けるようになります。

参加者　それは一個の繭なのですか？

難波　いいえ、これは繭を五〜六個手掛けしたものです。単繭の繭を五〜六個手掛けします。先ほど手掛けしましたものを伸ばして乾かしたものが、こういう袋真綿になります。そうしますと、ふかふかとこのような綿状になりますね。そこでこういう三角形の形をつくってあげます。そして、三角形の中央部を右手の親指と中指の間にはさんで、この手をつくしの方向に動かす。そのままずり下ろすように、手前に引きます。すると、こういう筆の穂先ができます。本来はこのつくしというのは、キビベラでつくってあるんです。今、このお道具は形が簡易にできていますけど、もっと土台が重くて動かないのが理想です。

こうやって、つくしに優しくふわっとまいてあげます。なぜこの筆の穂先をつくるかというと、繊維の流れをここに集中させているわけです。そうすると、糸を引き出すときに引き出しやすくなりますね。そして繊維の出る部分を手のひら一つ分の長さで、糸を引き出して引いてゆきます。左手の親指と人差し指の先でおさえて、手前に糸を引き出し、引き出した糸の部分を右手でつばをつけて、よりおろし、この要領で、糸を引いてゆきます。紬いだ後に糸を継ぎ足していきます。そのときにこの繊維の先のところを、同じ太さにするために加減していくんです。まずここを少し引き出し、三分の一ぐらいに分けて重ねてまいります。ここで、だ液で糸を抱合して付けていきます。ここに分けておいた三分の一を付けてまいります。またさらに、上からの繊維を少しここに持ってきて抱合します。そうすることで糸が確実につながる。このように、糸はもうこれで同じ太さにつながりました。糸が切れてつなぐ時も、同じようにします。

それで後は、ひたすらつばをつけながら、糸を引いていきます。これは糸をため込む桶なんですけど、これを「おぼけ」といいます。おぼけいっぱい入った状態で真綿が五〇枚ぐらいになり、九四グラムぐらいの重さの真綿が、このオボケにいっぱいになります。だんだん重なってきますと、途中、豆などで少し押さえながらさらに入れ、糸が均一に積み重なるようにするため、時々おぼけを回転させて入れていくんです。だ液というのは糸を抱合するための糊状の成分があります。乾いたらこのようにぱりぱりの感じになります。または虫食い防止。だ液の成分が防腐剤の役目をします。

参加者　銘柄ではなく、大島紬とか結城紬とかありますね。あれは紬の製法ですか、それとも織り方の違いですか。

難波　本場結城紬というのは、大きく言って三つの条件があります。まずたてもよこもこのつくしというお道具で紬いだ糸を使うこと。二つ目は、絣くくりであること。それと三つ目が、地機で織るということ。この三つの条件を満たしているのが、本場結城紬と称します。

そのほか細かくはいろいろ反物の幅・長さ・打ち込み数など、重要無形文化財の商標を得るには十数通りも検査があるそうです。このような大変手間のかかった本場結城紬というのはたいへん高価なものです。熟練した人は、大体一反分の糸を引くのに、速い方で二カ月ぐらいかかるそうです。一反に要する糸はこれ一桶分——一ぼっちというのですが——、これが七桶、七ぼっち分必要と言われています。たて糸が若干多くて四ぼっちぐらい、よこ糸が三ぼっちぐらい必要で、約七ぼっち。ということは、七〇〇グラム近い糸を二カ月ぐらいで紬ぐということですね。

参加者　太さは？

難波　大体八〇デニールから二〇〇デニールという太さと言われています。八〇デニールというとかなり細くて、とてもじゃないけれども、私など長ーい月日を要します。こうやっているうちに、必ず節が出てくるんですけども、節のあるところは、絶対だ液はつけません。節の両脇をだ液で押さえ、節の部分を左手人差し指の上に乗せて、こう押さえて、両わきを挟みながらここでしっかりツメで節を取っていくんです。取り除いたらつばで押さえていく。そうすると節のない糸ができます。

この作業を延々とやっていくんですけども、だ液が付いていると、いま少し紬いだものが、このようにアコーデオン状にぱらぱらぱら、とこういうふうになります。これだと、要するに糊がしっかり付いているので、かせ揚げするときにトラブルがなくなります。つばのついていない部分があると、からまったりしてトラブルの原因となります。

熟練してくると、糸を挽くときにきゅっきゅっと音が出てくるんです。そうなると一人前と言われているようです。これは唯一撚りが入らない、珍しい紬ぎ方です。これが結城紬の糸です。

小此木　大島紬ももともと真綿の糸を紡いだものを使っていたんですけども、だんだん生糸に替わっていったんですよね。現在はほとんどたてもよこも生糸です。

新井さん、お待たせいたしました。それでは江戸末期に完成した左手ざぐりで糸繰りを実習していただきます。これは糸を寄せるための糸寄器というのがまずあって、そして糸を抱合して、綾振にかけて、枠に巻くわけです。これを一緒《ちょ》、二緒と数えるんですけども、現在四〇〇緒を三人でやっています。生糸生産の能率は、繭一俵つくるに要する人員で表すんですけども、昭和初期に三五人かかったのが、現在は四人ぐらいでできるようになりました。それぐらい能率が上がったんです。

写真を持ってきました。これは自動繰糸機です。四〇〇緒ざあっと並んでいるんです。そこへ二〜三人がただ巡回しているだけです。これぐらい能率が上がるようになった。ただし糸の内容は、このざぐりで取った糸のほうがはるかに素晴らしい。なぜかというと、この自動繰糸機は糸をしごいて、しごいて、しかも丸い枠へ巻き取ったまま乾燥します。高度な緊張状態で乾燥されるわけですから、針金のような糸になっちゃう。だから私どもは特注で、ゆっくりした速度で、製糸工場で糸をつくってもらっているんです。

しかしざぐりの巻き取り速度も結構速く回すんですよ。「じゃあ、何でこの糸はいいの」って言われるんですよね。こっちも速度が速いじゃない、自動繰糸機と同じぐらい速いじゃないかと言われるんですけども、この小枠がいいの。小枠に、糸が斜めに掛かるの、こう。斜めに掛かるというのは、糸が呼吸できるんですよ。だから、緊張されたまんまで乾くのと、呼吸しながら乾くのでは、呼吸しながら乾くほうがはるかに糸にとっていいわけですよね。だから弾力のあるいい糸になるわけ。

だから今でも高級物を織る方は、私どもの素材部の取ったざぐりの糸が欲しいっておっしゃる。普通、いま自動繰糸の糸は、市販では三〇〇〇円から五〇〇〇円でしょう。皆さんが特注で取る糸は、キロ七万円ですけれども、欲しいって。それぐらい価値がある。その代わり、何でもない織物をつくったんじゃあ、全く意味がないんですよね。付加価値の高いものをつくって、消費者に届けるというやり方でないと駄目なわけですね。

参加者　それは繭からやっていますよね。さっきのおけにためたもの。あれも一緒に掛けるんですか。

小此木　違います。例えば、最近「紬」といっても結城のようにたて糸も真綿、よこも真綿というものもありますし、たてが生糸でよこが真綿の紡ぎ糸というのも紬というんです。それから、たてが生糸でよこが生糸でも大島紬というように、紬の範囲が非常に広くなったんです。

田中　小此木さん、八王子の織物そのものは中国やブラジルの生糸で実際にいま織っていますね。それに対してこの「多摩シルクライフ21研究会」は、こういうふうにご自分たちで研究しながら糸をつくっていらっしゃるわけですが、そうすると産業の部分とはまた違うものをおつくりになっているということになるんですね。それは小此木さん自身のどのような考え方から始められたのか、そのことを最後に伺いたいんです。

小此木　非常に難しいですけれども、蚕糸業というのは今、産業という部門にはとても入り切れないほどの衰退ぶりでございます。いま私たちがやっていることは、素材から組み立てて製品化するという過程を極力自分たちでやりながら業界へいろいろな提言をしている、という状況です。ですから日本絹業協会もそうですし、農業資源生物研究所でもそうですし、そういうところからいろんな糸の提供を受けたりして、それを製品化したり、あるいは私どもでも独自に蚕品種を改良してやったりして、多くの蚕糸・絹業に携わっている人たちにいろんな提言をしている、という段階ですね。

田中　ありがとうございます。「多摩シルクライフ21研究会」の活動を見ていますと、今までのような産業ということではなく、また作家の方の個人個人の努力ということでもない、全く新しいやり方が始まったという気がします。歴史と研究を踏まえて皆さんがやっていらっしゃる。糸取りをする素材部の方も、織物作家さんたちも、そういうところから新しいつながりを持つようになってきているのですね。

これはワークショップのごく一部だが、真綿をつくりそこから糸を紡ぐという、日本の歴史上ほとんどの時代であたり前におこなわれていたことが、私たちはわからなくなっており、それだけに「具体的に知りたい」という欲求が非常に強いことがわかった。「具体的に知りたい」というのは知的好奇心だが、数回のシンポジウムでわかったことは、それ以上に「ものに触れたい」「仕組みを知りたい」ということが強い、と感じた。これは単なる頭の中の知的好奇心ではなく、身体的な知への欲求である。プールで泳ぎを習ったりダンスをしたり、というのも身体的に何かを覚えることだが、創造性と結びついた身体知というものもあり、また自然に属するものに触れることによって精神が何かを得る、ということもある。現代社会における「手仕事」は、人間のそういう欲求と関係があるのだろう。

2 「多摩シルクライフ21研究会」とは？

小此木エツ子

「日本の絹展」での生糸づくり

前の章では、最初にいきなり実践のシーンに入ったために、これを見せてくださったのはいかなる研究会なのか、あらためて説明しよう。この会の会員は、八王子を中心とする多摩地域の養蚕農家が作る繭をほとんどすべて買い取り、その繭で生糸を作り、染織品を生産している。研究会では一定の条件を満たした絹製品を「東京シルク」と名付けている。養蚕農家を含めて、会員は現在四九名。多摩地域の養蚕を絶やさないようにすることと、作家たちが自分の望む糸を入手することを目的にした任意団体である。一般の顧客は時々おこなわれる展覧会の際に、会員たちの作品を問屋などを通さずに購入することができる。

八王子織物工業組合専務理事の多田さんのお話によると、八王子の織物業者は、生糸を中国とブラジルから仕入れ、八王子の生糸は「外」に出てしまっているという。その場合の「外」とは、「多摩シルクライフ21研究会」のことで、この研究会のメンバーは、都内や八王子市、日野市、あきる野市だけでなく、横浜市、小田原市、栃木市などの近県都市や、佐渡市、岐阜市、大津市など、様々な地域にまで拡がっていて、東京シルクを使った製品を生産している。そのため、この会では生糸の供給が需要に追いつかないという。

さらに具体的に知るため、私が「日本の絹展」という展覧会場で、小此木エツ子氏にインタビューしたときの様子を紹介したい。

田中　桑や蚕は、このように展示でもしないと、もう今では見る機会もなくなってしまいましたね。

小此木　そうです。（展示されていた実物を前にして）これはまぶしと云います。蚕をひとつひとつまぶしの枡目の中に入れてあげるのですが、狭いところに置くにはこういう形が美しいのでこうしています。

田中　小さな繭ですね

小此木　江戸時代から日本で飼いつがれている日本在来種、小石丸と云う品種の繭です。皇居でも飼っています。多摩シルクライフ21研究会ではこの小石丸を多摩の桑園で、蚕種が孵化したときから桑の葉をきざんで育て、出来た繭を出荷して、一部は糸をつくる所にまわし、研究会のなかでも素材部の皆様が糸を作る、私たちはそこからやっています。

田中　（展示されていた桑園の写真を見て）あの多摩の桑園はどこにあるのですか？

小此木　八王子市の堀之内です。

田中　スタッフの方たち、どなたかが世話をしておられるのですか？

小此木　会員の境さんを中心に、この研究会の素材部の人たちが世話をしています。

田中　では桑園は研究会の持ち物なのですか？

小此木　いいえ、養蚕農家が持っているものですが、その養蚕農家が会員なのです。そして会のスタッフたちが小石丸や青熟と云った特殊蚕品種だけを育てています。その他の現行品種を育てることは、八王子の養蚕農家におまかせしています。

田中　養蚕農家には桑園だけでなく、収納施設などもあるのですか？

小此木　収納や乾燥はしないです。私どもでは、繭になったらすぐに生のまま糸を繰ります。そして、それも作家さんである研究会員の希望に合わせて、絹糸にして行きます。

田中　では、作家さんは、糸を何本、このような撚り数で撚って呉れなどと、指定が出来るわけですね。それは凄いことですね。

小此木　そのように、素材の糸から組み立てて、最終製品を作っていくのが、私たちのやり方です。

田中　それは運動としてもたいへん大きな意味をもっていますね。これはまた小石丸とは別の品種ですね。さらに小さいです。
小此木　これも特殊品種で、「青熟」と云います。江戸時代から育てている日本の在来種と中国種をかけ合わせて作った品種です。これは糸が細くて柔らかいので、作家の皆さんには人気があります。
田中　非常に艶がありますね。
小此木　艶があって柔らかいのです。とても喜ばれています。生のまま糸を取るのです。
田中　こちらはたいへん美しく黄金色に輝いていますね。染めてあるのですか？
小此木　生糸そのものの色です。中国古代からの在来種で、「四川三眠《しせんさんみん》」と言います。特色のある色なので、染色家の石月まり子さんが、好んでお使いになります。このようにしじら織りになさって、今年の春の日本伝統工芸新作展の東京都教育委員会長賞をとりました。
田中　糸はかなり黄色いですが、織物はうっすらとした肌色ですね。
小此木　繭糸はフィブロインとセリシンという二種類のタンパク質からできているのです。内側にフィブロインというタンパク質があって、その外側を水になじみやすい溶けやすい糊のようなセリシンというタンパク質が包んでいます。そのセリシンの方に色がついているので、精練するとセリシンの色が抜けて糸は白くなります。それが絹糸です。カロチノイド（動植物界にある黄色、だいだい色ないし紅色の色素）はほとんど、糊状のセリシンの中に入っているのです。
田中　それは精練すると取れてしまうので、それで絹糸は白いのですね。
小此木　そうです。しかし、石月さんは完全にはセリシンを取らないで残して、さらに丁子香の葉で染めています。
田中　それでこのような微妙な色が出るのですね。じつに美しい色ですね。
小此木　これは現在使われている品種の繭です。大きいでしょう？
田中　ずいぶん大きく見えますね。

小此木　繭も大きいです。ところで、ふつうは繭を保存するために百度位の熱風を四時間ほど繭にかけて乾燥します。繭が出来て二週間もすると、中から蛾が出てきてしまい、繭に穴があいて糸の取れない繭になってしまうからです。熱風をかけると、中のサナギは死にます。一般にはそのように処理して保存するのですが、私たちは蛾が出る前に、生のまま糸を取ります。

田中　ふつう乾燥してしまうのは保存のためですか？

小此木　そうです。しかも生のまま糸を取ると、染まりがいいし、風合いがいいのです。山崎桃磨さんはご存知ですね。たいへん著名な染織家ですが、山崎さんはこの現行品種の糸を使っておられます。

田中　会員の皆さんに供給していると、糸が足りなくなりませんか？

小此木　足りなくなってきました。今までは東京の春の一番いい繭だけを買っていたのですが、年間通して買わなければならなくなりました。

高尾で組紐をしておられる峯史仁さんは、この東京シルクを使い、植物で染めて糸を作っている。会場では「カゴ打ち組み」の実演をしておられた。経糸を小さな織り機にかけ、三センチほどの竹を緯糸のように差して平織りにしてゆく。

峯　厚みを出すために竹を差すのです。昔はこれが主流だったんですよ。糸が少なくても厚みが出るからです。

田中　たいへん厚くてしかも弾力がありますね。

峯　これは紋付きに使うものでしたので、すたれてきました。そのうち化繊のものが出てきましたが、化繊はすべるので使いにくいですね。それでさらにすたれてしまったのです。

田中　通常の機織りとは違い、しっかりと留めてゆくのですね。

峯　竹は随時、抜いてゆくのです。

田中　緯糸を抜いてしまうようなものですね。ふつうなら、ばらばらになりますが。
峯　バイアスに柄を動かしてとめてゆくので、糸がばらばらにならないのです。
小此木　「縄文の青」を見せてさしあげてください。
田中　深い静かな青ですね。
小此木　これは古木につく苔で染めたのです。
峯　腐食菌と言えばいいのでしょうか。まち針の頭ぐらいの小さなきのこです。
田中　そういうもので、この青が出るのですね。
小此木　素晴らしい青でしょう？　私はこれに「縄文の青」という名をつけました。
田中　イメージがわく命名ですね。他にも落ち着いた色が様々あります。
峯　桜、びわ、宵待草、黒米、柏の葉などで染めています。
田中　ほとんど何でも染まるのですね。このように注文して生産したシルクに天然染料の組紐はもう、極めて珍しいです。

手描き友禅作家の田中宣子さん、染織家の岡響子さん、佐賀錦の真坂節子さんなどにも加わっていただき、展示の説明をして頂いた。

田中　このあたりもすべて、東京シルク使用の作品ですね。
小此木　そうです。紬には緯糸に真綿が入りますから、経糸が東京シルクで、緯糸が真綿です。最近、真綿の原料の玉繭が日本だけでは間に合わないので、中国から入ってきた玉繭や真綿を使うこともありますが、私どもでは東京産の繭を原料として、その繭で真綿をつくるのが原則です。
田中　矢村璋子さんのこの布は、全体が絞ってあるようで、大変特徴がありますが。

田中宣子　何倍もの強撚をかけた糸を一緒に織り込み、織り上がってから仕上げをするとこうなります。最初にどのくらい強撚をかけるとこうなるか、計算して作ります。
田中　東京シルクを使っておられる最も遠方の染織家、佐渡市の西橋春美さんの作品も出展されています。
田中宣子　こちらは私の友禅です。私には織りができませんので、東京シルクで織ってもらった白生地に手描きで描きます。ふつうでしたら、白生地が布の状態で目の前に出てくるだけですから、それがどのように作られたかを知ることはできません。しかしこの研究会に参加することで、養蚕のことも、どのように絹糸や織物ができてくるのかも、すべての過程を知ることができます。それまでは、どこでできたのか、誰が作ったのか関心もなく過ごしてきましたが、改めて、絹の素晴らしさを知ることができるようになりました。
田中　それは物づくりをする方にとって、たいへん重要なことですね。ではこの研究会では、会員になると桑畑に行ったり、生産過程を見学したりするのですね。
田中宣子　こちらが知ろうと思えば、知ることができるのです。
田中　四九人の会員の中で、織りや染めをなさる方がほとんどですか？
小此木　養蚕・製糸・精練にかかわる人が八名ほど。染めと織りと染織工芸を合わせて、六割ほどです。他にも刺繍、和裁、組紐、レースなど、この研究会には多彩な方たちがおられますよ。
田中宣子　染織をする方たちは、いい糸を探し求めて、小此木先生の研究会にたどり着くのです。
小此木　いい糸がないですから、確かに、やっとたどり着いたという方が多いですね。
田中　そういうことなのですね。ますます会員は増えますね。東京の養蚕農家は会員の方たちの購入によって成り立っているのですか？
小此木　専業では無理ですね。アパートをもっていたり、さまざまな兼業です。
田中宣子　会員の境さんなどは、緑を残したいということから会にお入りなっています。

田中　染織だけでなく、自然保護という観点から活動なさる会員もおられるのですね。関心があれば、誰でも会員になれるというのは嬉しいです。

岡　これは私の作品です。東京シルクを八丈島で泥染めにし、東京で織りました。

田中　奄美大島と八丈の黒は微妙に違いますね。黄八丈の色も大変渋くて、江戸らしい好みです。まさに東京の原料で、東京で作ったものなのですね。

真坂　私は東京シルクで、佐賀錦を織っています。佐賀錦の糸はすでに色が着いている材料ばかりですので、白糸を探して、やっとここにたどり着きました。

田中　金箔を使って織られるのですね。

真坂　佐賀錦は、金箔紙を裁断して、経糸にします。緯糸には絹を使います。たとえば、この緯糸は、梅で染めたグレーです。

田中　金箔とグレーの渋さはいい組み合わせですね。この文様は何ですか？

真坂　網代です。この網代の柄がもともとの佐賀錦の柄です。これは和紙に黒漆を塗って糸にした経糸です。それを竹べらですくって、緯糸を入れて行きます。私は手織りで作っていますが、今の佐賀錦は機械織りばかりなので、皆さんも手織りのものと区別ができなくなりました。

田中　手織りがなかなか市場に出て来ないので、比較ができませんね。いいものを見る機会がなくなると、違いが分からなくなります。こういう手織りの佐賀錦を拝見する機会は、ほんとうにありがたいです。

田中宣子　これは福嶋泉さんのボビンレースです。ヨーロッパでレースをやっていらした方ですが、やはりレースに使う糸もいいものがなく、この研究会にたどり着いたのです。また、このストールは山村多栄子さんの作品です。山村さんは貝紫を使って染めておられる方です。このストールは小石丸の繭からとった糸で織ったものです。小石丸の糸はこういう張りがあるのが特徴です。着物を着る人が少なくなったため、このような洋装のストールを試みておられるのですね。糊づけなどで出した張りではなく、山村さんは糸自体の張りを使って様々な形を作っています。

田中　貝紫の絞りの振り袖も作っておられますね。

田中宣子　山村さんは東東シルクで織った白地を有松に出し、絞ってもらって、ご自分で染めたのです。こちらは、代々、手術糸を作って来られた張り撚りの森博さんです。

森　外科医が傷口を縫うのに使う絹糸を作っている者です。これは五日市の泥染めです。私で三代目です。父の時代は医療用だけでしたが、今はそれ以外のさまざまな試みもしています。やしゃぶしで染めて泥につけ込んで、一五回重ねたものです。江戸時代、この色は、粋筋の方の半襟に使われたそうです。

田中　ほんとうに粋な色ですね。こちらは糸の状態で展示しておられますね。

森　手作りをなさる方たちの絹糸材料です。ワイヤーを入れて絹糸でくるんだ、アクセサリー用の紐もあります。さまざまな形になるので、楽しいです。

田中　現在も手術用の糸を作っておられるのですか？

森　手術用の糸も作っています。

（二〇〇四年八月、日本橋高島屋「日本の絹展」にて）

「多摩シルクライフ21研究会」は、作り手が集まり、組織的に制作活動をしている会である。販売の方まではなかなか力をそそぐことができず、インタビューに訪れた「日本の絹展」のように、著名デパートも一体となっての即売形式は初めてという。

「多摩シルクライフ21研究会」の会員の制作した布、その他の製品は、素材づくりから始まり、誰が養蚕し、誰がつむぎ、誰が染めて、誰が織ったのか、最初から最後まですべての制作者が分かっている他に例を見ない作品ばかりだ。

こういう、「物づくりの原点に戻って、皆で作ってゆこう、という運動を続けているのが、多摩シルクライフ21研究会なのです」と、会員の方たちが語っていた。「このような試みが分かるかたに、私たちの情報が届いてほしい」とも。

多摩地域でつくられている布は、現在、外国の糸による業者の製品と、多摩地域の人たちが関わった糸による純東京産の工芸作家作品とに二分されているといえよう。

蚕糸・絹業は、小此木代表が云われるように、日本の産業・工芸の象徴的な存在であり、そのような意味において、日本の将来を考えて活動している「多摩シルクライフ21研究会」は、純東京産の絹をぎりぎりのところで支えている砦とは云えないだろうか。

なお、小此木エツ子氏の論文およびシンポジウムにおける基調講演は、第Ⅱ部に収録されている。この研究会の趣旨と活動の詳細および、糸づくりの詳しい説明は、そちらで読んでいただきたい。

3 多摩の織物史

八王子織物を中心に

沼 謙吉

沼 謙吉 氏（シンポジウムでの基調講演）

二〇〇四年一〇月一六日、真綿のワークショップをおこなった法政大学多摩校舎の百周年記念館では、最初に、多摩の郷土史研究者として知られている沼謙吉（津久井町史編集委員）氏から、かつての多摩の織物について話をうかがった。

その話は堅苦しい講演というものではなく、まるで往時の八王子が目の前に蘇ってくるかのようだった。それは沼氏自身が八王子のご出身だからで、できるだけ具体的な感触をもって織物を知りたい、という私の意図にぴったりだった。ここにその語り口そのままに、講演内容を要約して紹介する。

沼氏の背後には大学の林が、まだ紅葉しないまま緑に拡がっている。会場のテーブルの上、沼氏が立たれているマイクの前には、日本各地とアジアのシルク布を、インスタレーションしていた。

●講演

私の子供の頃

私は昭和七年（一九三二）に八王子で生まれました。八幡町大通りに八王子織物組合がありますが、織物組合の北裏です。そのあたりは機屋がいくつもありました。山田さんという機屋さん、両角さんという機屋さんが朝早くからガッチャン、ガッチャンと音を立てて織っておりました。そしてそれに関連する染屋さんがあります。仕立屋さんもあり、引込みという仕事もありました。そういう中で、私はずっと子供の頃から、生活をしていたのです。

機音も今でいいますと公害と言われてしまうのかも知れませんが、その当時は当たり前で、朝七時半か八時ごろに始まりまして、夕方まで織っています。私もそういう工場をよく見ました。機屋さんに行きまして、何をやっているのかなと思いまして中をのぞきますと、激しい音の中で女工さんが機を織っているのです。

女工さんは一人で小幅の織機を大体二台か三台持っておりまして、目配りをしながら働いていました。よく歌を歌っていました。どんな歌か、今ではよく覚えておりませんが、流行歌です。昭和一〇年代の初めです。私の家は父が早く亡くなりましたので、母が機《はた》関係の張り屋の賄いの仕事をしておりました。私の姉も機屋に入りました。妹も同じようにそこで働いていました。ですから八王子の織物と申しますと、特に小さい頃は私は本当に体に染みてよくわかっているような気がします。

私も、子供の頃張り屋さんに行きまして、母の手伝いで子守をしておりました。張り屋の前に染屋さんがあり、夕方になりますと、職人が染め上がりました糸を担いできます。それを張り屋さんで糊を入れまして、干す。できましたものを機屋さんに持っていく。そのような手順で作業をしていました。その様子は、今でもよく憶えております。あとよく印象に残っていますのは、昭和一八年（一九四三）のことです。織機が壊されまして、うずたかく空き地に積んである光景です。その上に雪が降り積もっていました。昭和一八年、企業整備が行われたのです。機屋さんは、軍需工場に替わっていかなければいけない。そのことで、東条内閣の商工大臣・岸信介が八王子にやってきまして、それを訴えた。その詳しい経緯は後に、私が『八王子織物史』の仕事をやりましたときに知ったのですが、機屋さんは軍需工場に替わっていったのです。

私の知っております機屋の山郡さん、山田郡治さんは戦後、八王子織物組合の理事長にもなりましたけれども、その山郡さんも横河電機の下請けを始めました。そのようなことが二年ばかり続きましたが、昭和二〇年（一九四五）八月二日の戦災ですべて焼けてしまい、二週間後の一五日には終戦ということになるわけです。それから昭和二二年（一九四七）に、また再び不死鳥のように八王子の織物は再生していきます。それが私の子供の頃の八王子の織物でした。

古代・中世の養蚕と織物

さて、その八王子の織物ですが、一体いつごろそれが起こったのでしょうか。最初は大和朝廷の時代と思われます。私は今は津久井の歴史を調査しておりますが、たまたま藤野町史を担当していたときでした。『新編相模国風土記稿』の佐野川村のくだりに雄略天皇の一六年（四七二）天皇が桑の適地の国や県に桑を植えさせる触れを出したとあります。それを受けましたのが、佐野川の住人、多強彦《おおのすねひこ》でした。この人物が蚕種を取って貢献したというのです。

この津久井は大変狭いところです。そこで多強彦はもっと広い多摩の横野の原、これは現在の八王子地域になるかと思うのですが、そこに桑を植えまして、それを近くの国々へ分けたと『新編相模国風土記稿』にあります。これを書きましたのは塩野適斎と八木甚右衛門でした。この二人は八王子千人同心のなかでは立派な学者でした。彼らが『日本書紀』雄略天皇一六年（四七二）秋七月のくだり「桑によき国県《あがた》にして桑を植ゑしむ。また秦の民を散《あか》ちて遷《うつ》して、庸調《ちからつき》を献《たてまつ》らしむ」というくだりを引用したのです。

さらに奈良時代に入りますと、渡来人によって養蚕や機織りの技術が伝えられました。現在の埼玉県高麗郡に渡来人が移動を命じられまして、そこで養蚕や機の技術を伝えていくということになるわけです。その五〇年後には、新羅郡も同じようにできます。この新羅郡はまもなく新座郡に変わりますが、現在の新座市というのはそれから生まれた名称です。要するに高麗郡ができ、新座郡ができ、そして養蚕の技術、さらには機織りの技術が大陸から朝鮮半島に渡りまして、日本に伝来することになるわけです。

奈良時代には『万葉集』に詠まれた歌のなかに、「多摩川に曝《さら》す手作りさらさらに何そこの児のここだ愛《かな》しき」（多摩川にさらす手作りの布のように、さらにさらに、どうしてこの子がこんなにかわいいのか）があります。調として官に納めた布、という意味で調布の地名がつけられて現在使われています。奈良時代はそのような、万葉に歌われた布をつくるということが行われていたわけです。

平安の時代に入りますと、平安の末期、鎌倉の初めと言われておりますが、西行法師が登場します。西行法師は各地を歩いていますが、この西行法師が歌ったと言われております「あさかはをわたればふじのかげきよく　桑の都にあおあらしふく」があります。ここに「桑の都」という言葉が登場してきます。桑の都、桑都です。江戸時代に塩野適斎は、『桑都日記』という本を書いております。このように桑都と言いますのは、西行法師が八王子地方の景観を見まして歌った歌である、と言われております。この辺は正しいかどうかわかりませんけれども、歴史的に大変古いものであるということになるわけです。

それから戦国時代に入っていきますが、ご存じのとおり戦国時代に、八王子地方は北条氏によって支配されていました。瀧山城から八王子城に移っていきますが城主は北条氏照です。北条氏照が作ったと言われている「桑都青嵐」の中の「蚕かふ桑の都の青あらし　市のかりやにさわぐもろびと」という歌があります。

この歌は八王子の城下町を歌ったものといわれています。八王子の城下町とは、現在の元八王子の諏訪神社の辺りであると元八王子の歴史家で故人の村田光彦さんは言っています。そこに八日市場ができたのだと。そういう情景を歌いましたのが、この「蚕かふ桑の都の青あらし　市のかりやにさわぐもろびと」であるというわけです。きわめておおまかですが、以上が古代から中世の歴史です。

江戸前半期の八王子織物

さて江戸時代、近世にはいりますと、いよいよ本格的に八王子織物が登場します。八王子というところですが、もちろん江戸時代に機業地の中心であることは言うまでもありませんが、ここを中心にしまして機が織られたということではないのです。確かに生産地でもあったのでしょうけれども、八王子は、四八の六斎市がたったところでそれが八王子の宿の役割です。

市は具体的にどこにできたのかといいますと、横山宿と八日市宿です。今は横山町、そしてまた八日町と呼ばれております。この横山、八日が八王子の中心ですが、そこに市が開かれたのです。それでは八王子の織物の主な生産地はどこかというと周辺の村々でした。

ここに織物があります。この織物は、津久井の根小屋の方が持ってこられたものです。津久井といいますと、江戸時代は川和縞という織物が大変有名です。江戸の後半期に生産されるようになりました。津久井の人でもこの川和縞を見たという人はあまりいないようです。経(縦)糸に生成された生糸を使い、緯(横)糸は玉糸を使うという紬です。ふだん着に使われました。染料は、藍染、それからあとは草木。このようなものを使いましてつくられたものが川和縞で、全国的に宣伝をされた織物ですが、現在はまさに幻の織物で「これが川和縞である」と断定するのは、なかなか難しいように思われます。

津久井というところはすぐ近くなんです。この法政大学は町田市で、すぐ北が八王子市で、津久井ははるか遠くの方だと思うかもわかりませんが、ここから歩きまして一五分もかかりません。小さな川があり、その川が境川です。境川というのは相模の国と武蔵の国を分けている。その向こうが、もう津久井郡で城山町という町です。

八王子周辺西部の山村に明治二二年(一八八九)の町村合併で横山村、恩方村、元八王子村、川口村、加住村ができ、北には西多摩郡につらなり、そして秩父になります。

八王子周辺や津久井で生産されました織物が八王子に集められ、八王子から江戸へ運ばれ、江戸地廻り商品として江戸庶民に供給されます。それから関西の方にも市場を拡げていったのです。要するに八王子は、生産地であると同時に織物の集散地であったということになるわけです。

では、この八王子の織物は、一体いつ頃から全国に知られるようになったのでしょうか。具体的にいいますと、江戸時代の前期、正保二(一六四五)年に『毛吹草』という俳諧の本が出ました。その中に、「滝山横山紬島」という名前で、八王子織物が紹介されているのです。さらに元禄五(一六九二)年のことですが、蚕の卵である種紙の商人たちが、八王子で全国的な会議を行った記録があります。

このように周辺の地域で生産された織物が六斎市に八王子の横山宿、八日市宿に集まりました。次第に市が大変混んでくる。そんなことから織物の市とほかの市を分けることになり、織物の市が朝の八時頃から一〇時頃に開かれるようになる。要するに午前中に織物の取引は終わりにする、というように決まります。これがいわゆる「桑都朝市」と言われた市です。一体いつ桑都朝市ができたのかということははっきりしません。でも、江戸の前半期、元禄の時代から享保ごろまでのことではないか。享保は徳川時代の真ん中ということになります。ちょうど江戸時代の中頃までにできたのではないかと考えられています。

津久井の織物は、『毛吹草』が出る前、すでに年貢（小物成＝地方の特産物）になっていました。津久井の一番奥は青根というところです。「富士隠し」といわれている大室山のあのふもとまでが青根です。寛永五年（一六二八）の年貢は、紬を小物成として青根から出しています。これが公式的な記録になるわけです。

八王子と同じく青梅も織物生産で知られていますが、青梅といいますと綿織物の青梅縞です。この青梅縞も『毛吹草』の中に登場します。青梅縞の場合には「木綿縞」と書いてあり、かっこの中に武蔵と書いてあるのです。「木綿縞」（武蔵）、これは青梅縞に間違いないと言われております。以上が江戸の前半期の状況です。

江戸後半期の八王子織物

それでは江戸時代の後半期はどのように展開したのでしょうか。実は大変な事件が、八王子の宿場で起こりました。宝暦七年（一七五七）六月の三河屋与五兵衛事件です。三河屋といいますから、三河から来た商人でしょう。これは買継商です。この買継商が、土地の名主と結託しまして、幕府に上納金を納める代わりに八王子に集まってくる様々な織物から税金を取って町の利益にしていこうと考えたわけです。

それを知った周辺の村々――周りの村のことを「在」と言っていますが――つまり「在」の買継商（織った布を八王子に持ってくる仲介者）、それから織屋農民（八王子地区の周辺村々で機を織っている農民）が結束しまして、三河屋与五兵衛に反対し、それと結託をした宿の名主に焼き打ちをかけたのです。それはもう大変なことであったと、千人同心の碩学と言われました塩野適斎が『桑都日記』の中に克明に書いています。この事件は在の買継商、それから在の織屋農民たちが大変力を持ってきたということをはっきり示しています。

さらに文政年間（一八一八〜二九）に入りますと、八王子の市が全国の市の中でも大変繁栄をしているのです。当時、全国の市、生産地、商業の取引の中心は、西においては京都の西陣で、関東では東の西陣と言われていました桐生です。そのほか関東には足利、伊勢崎があり、この桐生、足利、伊勢崎と同じように、八王子の名前が全国的に知られるようになっていったのです。

八王子で取引をしている織物は、地元以外では甲州郡内の都留郡、北都留郡、さらには南都留郡というようなところがありますが、その地域で生産された織物で知られているのは何と言っても甲斐絹《かいき》です。それから津久井で生産をされました川和縞、さらには信州の上田縞、そして八丈、岸島。川和縞の別名が岸島です。あと青梅縞、さらに秩父織物がある。それらが江戸後半期の八王子の織物市場で取り扱われていた織物でした。

この文政年間に、八王子は全国で名前を知られるようになっていったのですが、実は技術的にも大変進歩しました。技術的に進歩をしていったそのわけは、機業の先進地帯であった桐生や足利から機業家が八王子に移住をしてきたからです。八王子の生産地帯、機業地帯に先進技術をもたらしたのです。その技術は高機です。今でもこの高機は使われております。それまでは地機でした。座って、腰で引っ張るようにしまして織る。今では栃木県の結城などで使われている織機が地機です。

八王子等の高機は正式には半京機と言っていますが、桐生の人（福田某と言われている）が高機を持って横川村（現在の横川町）に移住してきました。水無瀬橋からすぐ渡りますと横川というところがありますが、あの横川です。地機から高機に替わっていったのは、江戸時代後半の文政年間のことでした。

その次の天保年間に入りますと、縞買仲間（反物に生産された織物を買う商人たち）が織屋農民に不良製品について苦情を提言します。問題は、幅が狭い、さらには丈が短いなど丈幅の問題です。あとは糊を混ぜたということです。糊を混ぜる理由は風合を出すためもありますが、織物に重さを持たせるために入れることもあります。重い反物はいい反物であるということなのです。そのためにも糊を混ぜた。ところがそれは粗製濫造の中に入ってしまうのです。米沢の織物は染めの段階で重くしていくというのです。八王子の染屋さんも、研究しなければいけないというので後に米沢に行きました。そのようなことで江戸時代から八王子の織物は、丈幅の問題と糊の問題がありました。

明治時代に入りますと織物組合ができました。織物組合の役割は、この粗製濫造を防止するということにあったのです。ですから、江戸時代においてはそのような役割を縞買仲間が行ったということです。それに応えまして織屋農民も、縞買仲間の言うことを聞きました。例えば色八丈織屋仲間という織屋の組合があったのですが、今後一切糊入れはいたしませんということを縞買仲間に約束しています。

この江戸時代後半期ですが、津久井織物では川和縞が創案されました。川和縞は、川和というところでつくられたので、川和縞の名称が付いたのです。津久井町の日赤病院の辺りを川和と言っています。そこで川和縞は生まれたのです。成瀬という名主がおりました。その母親がこの川和縞を考案したと言われております。先ほど言いましたが、経糸は生成された生糸を使います。そして緯糸は玉糸とかそのほかの、くず糸のようなものを使ったのです。この辺の織物は先染めです。白布を織りまして、後でいろいろ色付けをしていく、これは後染めですが、八王子辺では糸を染めまして、それを織るという方法を取っております。

川和縞に目を付けましたのが、先ほどちょっと出ました根小屋の久保田という商人です。久保田の主は川和縞と名をつけ、その織物を上野原の市に持っていったのです。市場の人は、素晴らしい織物だと太鼓判を押しました。そこで久保田はそれを江戸に持って行き大丸に紹介した。それによって、津久井で生産されました川和縞が一気に全国に広がっていったと言われています。

持って行きましたこの久保田は、反物を扱ったのはそれが最初であったといいます。そして久保田は津久井だけではありません、八王子に進出しました。明治・大正・昭和を通して仲買商で第一人者というと、紛れもなく根小屋の久保田ということになるのです。根小屋の久保田の社長さん、代々久保田喜右衛門とか惣右衛門の名前を襲名しておりますが、特に秋になりますと久保田家では菊づくりが盛んで、八王子の小学校では遠足で久保田へ菊見に連れていくのが年間行事の一つであったと言われています。この久保田の先代によって紹介された川和縞が、全国に知られるようになっていきました。

さていよいよ幕末に入っていきます。一五〇年ほど前の嘉永六（一八五三）年六月三日にペリーが来航しました。ペリーは翌年早々再度やってきまして、幕府は神奈川条約を締結しました。日本は開国をすることになるのです。それから間もなくハリスがやってきまして、日米修好通商条約が締結されたのが、安政五（一八五八）年です。そして安政六（一八五九）年からいよいよ貿易が開始される。それによって横浜から外国に輸出をされましたのが言うまでもなく生糸です。

生糸が大量に輸出されたことで、八王子周辺の織物生産者は原料の生糸が高くなって困ってしまいました。もう機は駄目だということになるのです。皆さんが「絹の道」などと言って、大変ロマンチックな名称で呼んでおりますけれども、その「絹の道」ができた頃は、機屋農民が大変苦しんだ時です。幕末から明治の初めは、織物が沈滞の時でした。

明治時代の八王子織物

いよいよ明治の時代を迎え、八王子織物も、明治七（一八七四）年に八王子に絹木綿仕入人仲間ができました。八王子織物会所を設立し、そこで織物の取引が行われることになりました。明治の時代に産業の発達に大きな役割を果たしましたのは、何といいましても博覧会と共進会です。八王子織物は博覧会、共進会に積極的に参加をしていったのです。

まず明治一〇年（一八七七）に第一回内国勧業博覧会が開催されました。日本の産業は、博覧会と共進会によりまして飛躍的に伸びていきます。ペリーが日本人を見まして、日本人は大変器用で、日本人に西洋の過去と現在の技術を与えたら、日本という国は強力なライバルになるといっております。まさにこのペリーの予言の通り、日本は強国になっていきました。近代化の方法は、西洋の技術を取り入れ、全国の生産者に、追いつき追いこせと競争をさせていったのです。第一回の博覧会は明治一〇年、西南戦争のさなかに大久保利通の指導によって行われました。

この博覧会に、八王子の地域からも参加をしました。小比企の高橋仙之助ですが、何と高橋が織りました織物はジャカードを使っているのです。明治一四（一八八一）年には八王子が主催をしまして、四県聯合共進会を開催しました。さらに明治一八年には、五品共進会が東京の上野で行われます。実はこの五品共進会は、八王子にとって転機となる共進会だったのです。といいますのは、共進会での八王子の織物は五位と不名誉な成績で大変な不評でした。しかしその中から八王子の織物は立ち上がっていきました。問題は、染色にありました。

何しろ雨の日にこの八王子織物を着ますと、染色が落ちてしまう、このようなものをつくっていたわけです。これは何とかしなければいけないということで、仲買商により八王子織物組合がつくられまして、染色講習所をつくることになりました。染色講習所は明治二〇（一八八七）年に発足します。ここで重要なことは八王子が招いた講習所の講師の中村喜一郎という人物です。

この中村喜一郎は明治六年（一八七三）、万国博覧会がウィーンで開催されたとき、日本の政府は多くの青年を派遣し参加させましたが、その中の一人が中村喜一郎でした。彼は博覧会が終わりました後も残って、染色を研究せよという命令を受けたのです。中村はドイツで染色を研究し、一年後に日本に帰って京都の染殿で染色の研究に従事していました。八王子はその中村に注目しました。中村喜一郎を高給で迎え、染色講習所の講師としました。その当時としましては、中村喜一郎は、日本の染色界におきましてまさに第一人者で、その人物を八王子は指導者にしたということです。仲買商には非常な決断があったと思われます。

その結果、即座に効果が現れました。明治二三年（一八九〇）のことですが、第三回内国勧業博覧会が開かれました。その博覧会で、八王子の織物は上位になったと、八王子の織物業者は胸を張って書いています。明治三〇年代に入りますと、売り上げで一位が西陣、二番目が桐生、そして第三位が八王子になります。しかも三位と四位の間は格段と差が付いているのです。全国で第三位まで上がっていった。そのように非常に活躍をするわけです。ですから明治の前半期は、別の言葉で言うならば、博覧会、共進会への積極的な参加期と言えるわけです。

では明治後半期は、どのように展開していったのか、明治三二年（一八九九）に八王子織物同業組合がつくられました。この組合は仲買商と機業家が一つになった組合です。そして明治の末年には力織機が導入されました。八王子の織物は明治時代に飛躍的に発展をしていった。それを受けまして大正時代にはいります。

大正・昭和戦前期の八王子織物

大正時代は八王子織物の転換期でした。まず手機から力織機への転換です。これが第一です。そして二番目には織物が男物から女物へ変わります。八王子の織物といいますと皆さんは女物だと考えているかもわかりませんが、そうではないのです。江戸、明治の時代はずっと男物が主体でした。女物も一部あったのですが、非常に地味なのです。「女房には八王子織物を与えよ」と言う格言がありますが、要するに地味な製品なのです。八王子織物は非常に無難、地味なものです。その八王子織物が、大正時代に男物から女物へ、婦人物へと変わっていったのです。それからいまひとつ、取引です。従来、織物取引は市で行われておりました。市場における取引から今度は店舗による取引に変わっていったのです。

手機から力織機への転換ですが、実は大正初年に経済界の好況で成金時代を迎えました。機屋にも成金が生まれ、余力が出てきたわけです。その資力をもとに手機から力織機に代えていきました。八王子の町には電力が引かれておりましたので、力織機が増えていく。反対に周辺農村の手機は減少してしまうのです。織物生産は八王子の町へ集中していく時代になりました。

昭和の戦前、戦中の八王子を眺めていきましょう。昭和初年の恐慌の時代は織物も同じように不況でした。不況のときはどのように切り抜けていったのか。方法として工場が一斉に休機をするか、さもなければ海外に織物を輸出していく努力もされました。そのような時代から、戦時下の八王子織物に入っていくのです。「ぜいたくは敵だ」という言葉が昭和一五年（一九四〇）頃出てきます。特に七・七禁令というのがありまして、それによって八王子の織物は衰退をしていくことになります。さらに昭和一八年（一九四三）の企業整備によりまして、軍需工場に変わっていきました。

ここで村山織物について触れておきます。大正時代にはいりますと、村山で生産されていた綿織物の村山絣は生産が大幅に落ちこみました。この危機的状況を立てなおすために従前の銘仙に板締の染色技法を導入し、絣柄の織出しに成功し、ここに村山大島紬が誕生しました。大正九年頃のことです。戦争中は村山織物も八王子と同じコースをたどります。

戦後の八王子織物

昭和二〇年（一九四五）八月、八王子は戦災を受けて、八王子織物は壊滅しました。その中から不死鳥のように八王子織物は復興をしていくのです。昭和二二年（一九四七）のことですが、復興資金一億三〇〇〇万円を基にしまして、八王子織物は再生します。また昭和三三年（一九五八）には、従来の絹織物から脱皮をしまして、ウールを用いるようになりました。ウールすべてではありません。絹とウールの割合はいろいろあると聞いておりますが、紋ウールを創りだしました。それによりまして、昭和三三年に何と三〇億一〇〇〇万円、前年の十一倍に生産が上がっていったのです。

それがずっと続きまして、昭和四五年（一九七〇）には二七五億まで、八王子の織物の生産は上昇していったのです。翌年は三〇〇億になるということを期待していたと、私の友人の吉水さんから聞きました。ところがそうはならなかった。昭和四七年（一九七二）日米繊維協定でアメリカに屈しまして、日本は糸で縄（沖縄）を買ったといわれています。このあたりから八王子織物は衰退をしていくことになりました。

着尺に替わって八王子織物界に登場をしたのが雑貨品です。ネクタイですとかマフラーであるとか、そういう品が八王子の織物の主体になっていきました。今日の私のネクタイも八王子織物です。こういうものを八王子織物でつくっています。それ以後、本来の八王子織物はまさに衰退の一途をたどっているわけです。八王子の織物は着尺の女物ですが、ほとんど見かけないというのが現状です。これからどのような道をたどるのか、八王子織物の指導者たちに心より奮起を期待しています。

4 中国・ブラジルの生糸が八王子へ

八王子織物工業組合に聞く

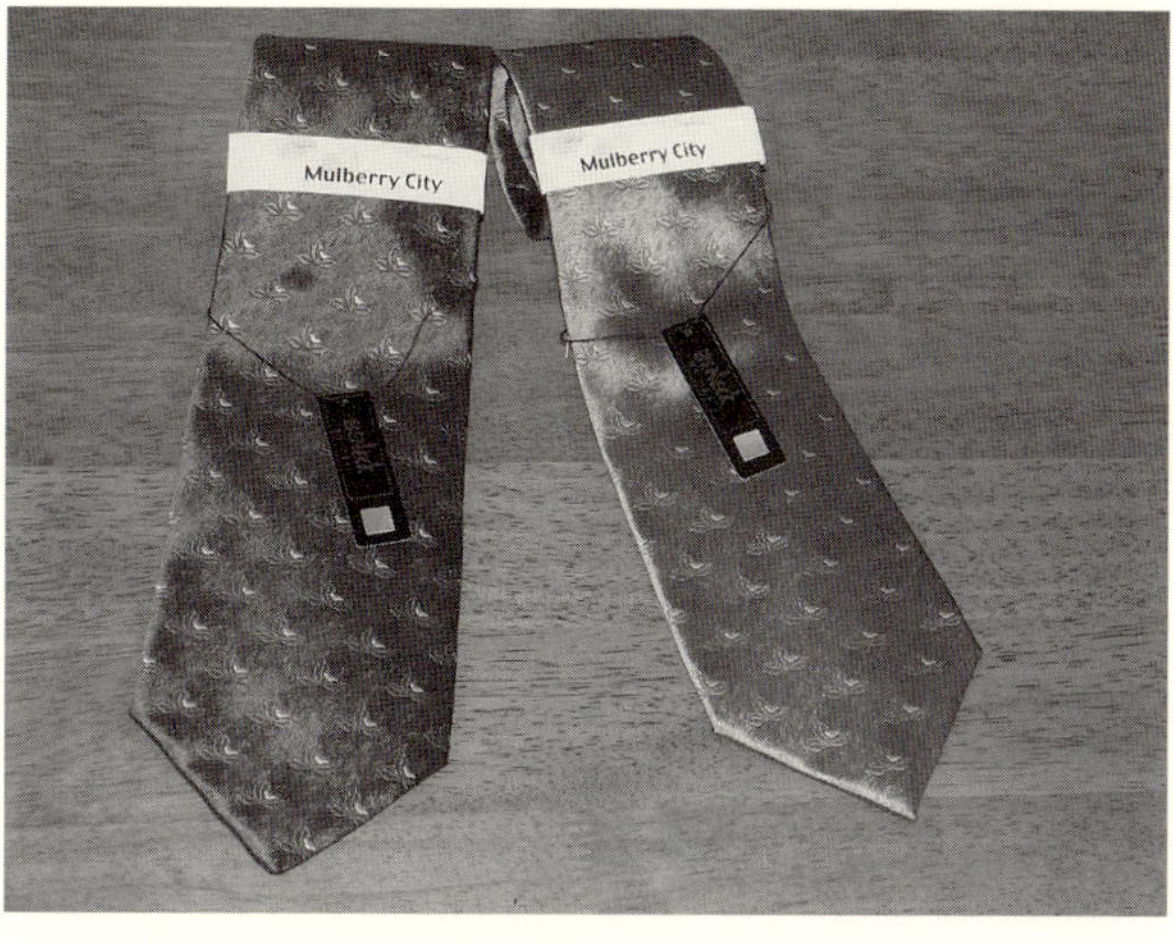

八王子織物工業組合製のネクタイ

沼さんも講演で述べられていたように、現在ではネクタイやマフラーが八王子織物の主体になっている。しかもそれらは八王子の生糸で織られているのではない。外国の生糸が八王子の織物になり、八王子の生糸が八王子以外のところで織られている。その双方のことがらを、二つのインタビューで紹介したい。

まず、八王子織物工業組合専務理事の多田照経氏に、八王子八幡町の工業組合で伺った話を紹介しよう。

田中　今日は八王子織物の現状を伺いに来ました。

多田　一九九九年に、八王子織物工業組合は一〇〇周年を迎えました。その時に編纂された『八王子織物工業組合史』は、法政大学・多摩地域社会研究センターの奨励賞を受けていますよ。

田中　多摩地域社会研究センターは現在の地域研究センターの前身です。「多摩」が抜けたのですが、やはり多摩地域の研究は必要ということで、「多摩の歴史・文化・自然環境」研究会があります。ですからこの本はよく存じております。よくこれだけまとめられましたね。

ところで、八王子には「多摩織」がありますね。多摩織の伝統工芸士さんもおられます。

多田　多摩織は伝統的な織物ということで、国から一九八〇年に伝統的工芸品に指定され、東京都から一九八二年に伝統工芸品に指定を受けています。伝統工芸に関しては（財）伝統的工芸品産業振興協会というものがありまして、国がこれに対して予算の執行をしています。

田中　多摩織は、八王子周辺の生糸で織られているのでしょうか？　まだこのあたりには養蚕農家があると聞いていますが。

多田　八王子は今でもあちこちに桑畑がありますよ。八王子には一〇軒ほどの養蚕農家があります。しかし価格が高いため、地場ではほとんどこれを使わないんですね。八王子の生糸を使っているかたは、作家さんたちだけでしょう。ここの生糸はほとんど八王子の外に出ています。八王子の業者が使うのは、中国とブラジルの生糸がほとんどと聞いています。

田中　そうですか。多摩織は多摩の生糸で織られているのではないのですね。中国とブラジルということですが、どちらを使っているのですか？

多田　機屋さんによって違いますが、大半は、中国からの輸入生糸です。そしてそれらの生糸を使って、現在はネクタイ、シルクストール、洋服地を作っています。

田中　生糸は外のものだとしても、織りはどうですか？　地元で織っておられるのでしょうか。

多田　織りは地元でやっています。というのは、ネクタイや服地などは、商品にするためにはまずマス織りという、経糸緯糸の見本を作ります。そこから始まるのです。自分のところで織らないと、見本が作れません。かつてきもの地が主力であった全盛時には地元だけでは間に合わず、「賃機《ちんばた》」と言って、山梨などに出していたんです。でも今は地元だけで織ります。

田中　それほど需要が大きかったのですね。

多田　今は、着物地の生産がなくなったためネクタイが主になりました。しかしご存じのようにネクタイもほとんどが中国で織られています。スーパーや百貨店でサラリーマンのかたがお求めになるリーズナブルな価格帯のものは、ほとんどが中国製です。そのため西陣、八王子、山梨などネクタイの生産地はどこも苦しんでいます。その一方で、高級品はイタリアやフランスのブランド製品がありますね。八王子のネクタイの生産者はそのはざまで頑張っているわけです。中国の生糸を使っていますが、日本は人件費が高いので、どうしても価格が高くなるのです。

田中　なるほど。生糸は中国のものだとして、八王子のネクタイは染色も織りも八王子なのですね。

多田　八王子では、染色と織りを地元でやっているのです。

田中　八王子ネクタイは、全国に八王子の織物としてシェアがあるのですか？

多田　相手先ブランドの委託生産なんです。つまり下請けですね。ブランドを持っている問屋さんから八王子の機屋に注文があります。価格決定権が問屋の側にあるのです。着物の場合は価格決定権が生産者なのですが、ネクタイの場合、二部《にぶ》問屋さんをメーカーと言い、価格決定権も持っています。その二部問屋さんから一部問屋さんに行き、そこから百貨店などに流れます。最近はこの流通経路にも変化が出てきています。

田中　着物はまったく異なる流通だったのですね？

多田　着物は買継商組合があり、地場の生産者から買継商を経て、東京堀留や京都室町などの問屋に入り、そこから百貨店などに流れていました。

田中　二部問屋さんは八王子織物工業組合の中に入っていますか？

多田　いや、それは都内に「東京ネクタイ協同組合」があり、ネクタイ問屋さんがそれを組織しています。現在八王子の生産は六〇%がネクタイで、あとはマフラー、ストール、洋服地ですね。

田中　着物はどうですか？

多田　着物地を織っているところは、ほんとうに少なくなりました。織っているのは男物だけです。この一〇年で着物の需要は格段と減りました。一〇〇年続いたような老舗が、東京でも京都でもずいぶんつぶれました。西陣も帯が中心で、着物は冠婚葬祭用のものや振り袖などの染め物が主です。多摩織は冠婚葬祭に関係ないおしゃれ着です。カジュアルな着物の生地ですから、着る人が限られてきています。

田中　洋服地やネクタイ地ですと、着物とは幅も違い、織り機も違いますでしょう？

多田　そうです。機械がまったく違います。手織りをするのは工房の作家さんたちだけで、八王子の業者は機械織りです。

田中　そうすると機織りの技術はなくなってしまいますね。

多田　それが、そうでもないのです。㈶伝統的工芸品産業振興協会でも教育事業を柱にして小学生に教える、ということを奨励しています。私どもは今年も小学校八校で、八王子織物の話をして、伝統工芸士が染色を教えます。また一般のかたにも、手織り機で織りを教えています。手織り機を買うかたもたくさんおられます。

以前、織物工業組合の理事長をされ現在は商工会議所会頭の樫崎さんのところでも、「美ささ手織り教室」で教えています。生徒さんは皆さん、作品展を盛んにやっています。このように、手織り技術は衰退するどころか、ずいぶん拡がっていますよ。大忠木工所さんなどで一五〜一六万円で織り機をお買いになる方もけっこうおられるようです。本業は機械化して、手織りの技術は趣味の世界で拡がっているのです。

伝統的工芸品産業振興協会でも「未来の伝統工芸士発掘事業」と言って、手織りの指導を奨励しています。八王子織物工業組合では、伝統工芸士の澤井栄一郎さんが織りや染めの指導をしておられます。所定の課程が終わると修了書が発行されます。後継者を増やさなければ衰退しますので、国が補助金を出して奨励しているわけです。

田中　大学生はどうですか?　大学生たちは地方から東京にあこがれて来ます。しかし二〜三年すると違和感が生まれる。でも就職は東京にいた方が給与がいいから、迷いながらも東京に住む例が多いのですね。そうやって飽和状態になります。そういう若者たちにとっては、ひとつの道であるような気がするのですが。

多田　しかし就職の問題になると労働条件上、賃金がいちばん問題ですね。織物の専門校を卒業して機屋さんに来られるかたもいます。しかし何年かたつと待遇上の問題などがあって、他へ行ってしまうことが多いですね。一生の職業として考えるのが難しいのではないでしょうか。昔は待遇の問題ではなく、頑張って修業して独立する人もいましたが、今は給与上のことばかりでなく、機屋さんに行ってもまず雑用がありますから、思っていたことと違う、ということになる。

田中　織屋さんには、息子さんなど後継者はおられるのですか？

多田　かつて全盛時代、八王子の税金の多くは織物業界の税金でまかなわれている、と言われたくらいでしたが、今では八王子にも別の企業がどんどん入ってきて、機屋さんの息子さんたちが他業につくようになっています。もちろん後継者はいます。青年会があり、和装と洋装とに分かれています。しかし少ないです。多摩織は三八センチか四〇センチの小幅、つまり着物地で伝統工芸品に指定されている。しかしその技術を利用して、広幅のシルクストールなどの洋装製品を作っている後継者たちもいます。

田中　八王子織物工業組合の組合員は現在、何名ほどなのでしょうか？

多田　昭和二〇年に八、九割の工場が焼けてそこから出発しました。そして織れば売れる、という時代がやってきた。一九七〇年がピークで組合員は四〇〇名ほどでした。今は八八名です。

田中　ずいぶん急激に減りましたね。

多田　八王子の交通の便がよくなりましたね。そこで宅地化が進み、大学も二〇数校移転してきた。それだけ、土地利用が進んだわけです。立地が悪いところでは土地利用がすすみませんので、織物で頑張っている面がありますが、八王子では学生寮を建てたり駐車場を作ったり工場を他業種に貸したり、ということができるためにかえって、機織りをやめてしまう例がありましたね。

田中　多摩織の伝統工芸士として認定されている方々は、皆さん今でも営業しておられますか？

多田　以前織った製品を展示会に出される方はおられますし、お弟子さんを育てている方もおられますが、実際に営業しているのは澤井さんぐらいではないでしょうか。

田中　そうですか。それでは最後にうかがいたいのですが、多摩織以外に、何か名前のついたブランドはあるのですか？

多田　「マルベリーシティー」（桑の都）というブランドを作り、一〇〇周年のときに発表しました。国と東京都から二年間の補助金を受け、その後、ファッション産業人材育成機構という財団の助成を受けています。四〇柄三色ずつ新しいデザインを生み出していますよ。さまざまなところで発表展示しています。

田中　国や都としては、国内産業を振興する目的で助成しているのですね。衰退していると言っても、組合はずいぶんお忙しいですね。

多田　本来の仕事は生産振興ですが、ちかごろは教育事業など社会貢献的な活動が増えています。かなり忙しいです。

（二〇〇四年八月一六日、八王子織物工業組合にて）

非常に興味深いのは、最後にあるように、組合も生産振興から社会貢献活動に比重が移ってきている、という点である。つまり小学校などで教える活動だ。産業を柱としている業界でも、織物はもはや「もの」ではなく「歴史」となりつつあるのかも知れない。このなかに「多摩織」という言葉が出てくる。多摩織はかなり厳密な定義をされた多摩地域のブランドだが、製品として拡がっているというより、多摩織を織る活動として拡がっている（七三頁参照）。

次に、「多摩シルクライフ21」を通じて予約生産をおこない、そのすべてが八王子以外の作家のところに配分される養蚕農家の話を紹介したい。

5 八王子で養蚕を極める

小谷田昌弘さんに聞く

小谷田 昌弘 氏

八王子市堀之内で、仕事として養蚕をなさっておられる小谷田昌弘さんを訪問した。大正一五年生まれの小谷田さんは、八王子の最後の養蚕家のひとりだ。また「多摩シルクライフ21研究会」に繭を供給しており、実際に使っておられる方々の声を聞くと、「もうこれ以上は望めない」というかたが多く、単に養蚕をなさっているのではなく、非常に高い質の繭を、しかも注文された量だけきちんと作ることのできる、希なプロフェッショナルだということがわかる。小谷田さん宅の敷地には、大きな蚕室の建物がある。まずそこに訪問した。季節は五月。五齢めの蚕が桑の上で盛んに音を出して成長していた。

田中　ここはもともと蚕室として作った建物なのですか？　もうあまり見ない建物ですね。

小谷田　蚕室として作っている建物は、昔から少なかったですからね。

田中　最初から蚕のために使っていたのですか？

小谷田　そうです。蚕のために大正の初期に作った建物です。私は大正一五年生まれなので、建ったときは知りません。

田中　ではお生まれになったときはもうあった、ということですね。

小谷田　そうです。今はトタン屋根ですが、私の記憶では瓦屋根でした。本格的な蚕室だったので、空気抜き用の天窓が二つありました。

田中　小谷田さんのお宅はずっと養蚕をやっていらしたのですか。

小谷田　父が特別に勉強したので、父の代からです。蚕種も作って周辺地域に売っていましたし、指導していました。

糸は私が覚えて母が引いていました。父はハイカラで、三揃えのスーツを着てオメガの懐中時計を持っていましたね。
挾本　蚕が桑を食んでいる音がしますね。
小谷田　これは五齢の蚕です。つまり四回脱皮して、五回めの成長に入っている、ということです。これが糸を吐いてサナギになるわけです。これが蚕としての最後の期です。
挾本　これは春蚕《はるご》なのですね。
小谷田　そうです。いわゆる春蚕です。そして六月三日に蚕が生まれて、それが届くと、二回目が始まります（春二番）。
田中　では今ここで桑を食べている蚕たちは、六月三日あたりにはどういう状態になっているのですか。
小谷田　二階で繭になっています。
田中　ああ、二階に入れるのですね。そうして、新たに来る蚕がまたここに入るのですか。
小谷田　ここでは温度が足りないので、他の建物の二階の小さい部屋で育てます。初めのうちは二八〜二九度の温度、湿度が八〇〜九〇％ぐらい必要なのです。温度を上げながら湿度を保つのは、至難の業です。
田中　それを保つのは大変ですね。
小谷田　それなりの手だてを尽くします。
田中　八〇〜九〇％の湿度はどの段階まで必要なのですか。
小谷田　二齢めまで、約一週間は必要です。それから徐々に下げてゆきます。
挾本　ここにある桑は食べ尽くしてしまうのですか。
小谷田　食べ終わったらすぐにやりなさい、と言われますね。蚕の成長にはそのほうがいいとわかっているのですが、なかなかそうはできませんので、朝六時、昼十一〜一二時の間、夕方の六時の三回やります。夕方の六時から朝の六時までは一二時間ありますから、桑の量を二倍にしています。

田中　ずいぶんやるものなのですね。

小谷田　そうですね。糸ができるまでは食べるのが仕事ですから。

挾本　桑の栽培も大変です。

小谷田　いや、大変とは思いませんけどね。除草が大きな仕事ですね。

挾本　最近は桑畑が少ないですね。

小谷田　そうですね。私の家は五〇〇平方メートル以上の農地が二カ所あり、生産緑地として登録していました。五〇〇平方メートル以下の農地は、使い道がありませんので桑を植えています。宅地なみの税金は払っていますが。今はすべて桑を植えています。

田中　他に野菜など、お作りではないのですか。

小谷田　一部は作っています。一アールぐらい野菜畑にしました。

田中　以前に比べて、どのくらいの桑畑が無くなったのですか。

小谷田　最初に桑畑が減ったのはニュータウンの買収のときです。三〇〇〇平方メートルは減りましたね。

田中　現在の桑畑の規模と蚕室の規模から見て、どのくらいの量の蚕を育てることができるのですか？

小谷田　この空間では一回に蚕四万～五万頭ぐらいが適切な規模なのです。

挾本　蚕四万～五万頭で出来上がる生糸はどのくらいの量なのですか。

小谷田　ふつうの蚕（現行種）ですと生繭で九〇～一一〇キログラムぐらいはできます。しかし私の場合は特殊蚕と言いまして、半分ぐらいの量です。小此木先生のグループ（多摩シルクライフ21）はこの蚕を必要としているのです。

田中　何という種類の蚕ですか。

小谷田　「支21×青熟」で、青熟改良種と言います。
挾本　蚕の大きさは大きいですね。それで六〇キログらいなのですね。
小谷田　そう、六〇キログらいで、特殊蚕の場合、一〇％が生糸になります。
田中　六〇キロはどの段階の重量ですか。
小谷田　繭が乾燥していない生繭の重さです。
田中　その中で生糸になるのは一〇％なのですか。
小谷田　ふつうの蚕は一七〜二〇％ぐらいです。特殊蚕で一〇％です。
挾本　春蚕、夏蚕、秋蚕のすべてをお作りになっておられるのですか。
小谷田　かつてはやっていましたが、今は夏蚕はやらないですね。質が落ちるので、求められないからです。温度が高すぎますし期間も短いので、質も量も落ちるのです。それで養蚕家も夏はやらないで、春を二回やるか、秋を二回やります。昭和四〇年代ぐらいまでは、夏蚕を含めて七回ぐらいやった人もいました。
挾本　桑は春と秋で違いますか。
小谷田　秋は十月の半ばになるともうだめです。それ以後は人工飼料でできますが、コストが高くなります。温度も二三度〜二五度ぐらいに保たないと、蚕の食が進まなくなるんですよ。
挾本　桑は蚕に与える直前に収穫なさるのですか。
小谷田　そうです。天候をみながらです。夕立でもあるといけませんので、昨日は六人ぐらいで取って来て貯桑庫に入れました。二〜三日はそれを使えます。
田中　では収穫後二〜三日はもつのですね。
小谷田　ふつうの農家ではしなびてしまいます。うちは貯桑庫があるのでもつのです。貯桑庫と言っても、山に穴をうがったものですが。

挟本　収穫したての桑のほうが、蚕は好みですね。
小谷田　古くても食べますが、栄養が落ちるのではないかと思います。日数がたつと葉がぼろぼろ落ちてきますので、そうなったらもうやれないです。
田中　桑の葉はどのくらいでこの大きさになるのですか。
小谷田　四月の中～下旬に芽を出して、急速に伸びます。二回、三回、丸坊主に切っても枯れないくらい強いのです。まだ今は六〇％ぐらい残っています。この後、六月の三日掃きに二万五〇〇〇頭来ます。それは四川三眠という黄色い品種です。二箱注文した養蚕農家の人が、ひとり怪我をしたのでどうしたらいいか、と相談してきまして、私のところでやるしかないのです。私の場合、ふつうの養蚕農家の倍ぐらいの時間、蚕についていますから大変ですが、是非やってください、ということなので、やらないわけにはいきません。
田中　毎年の頭数は、生糸をお買いになるかたがどのぐらいいらっしゃるかによって決まるのですよね。
小谷田　そうです。そのオーダーで私に来るのです。ふつうの蚕ですと稚蚕共同飼育所に持って行って群馬あたりで掃き立てているのですが、特殊なものなので私のところに注文が来るのです。自信をもって飼っているわけではないのですがね。管理だけは充分やります。
挟本　養蚕農家はこの地域に何軒ぐらい残っているのですか。
小谷田　町田で三人ぐらい、八王子は私を入れて三人ですね。村山で二人ぐらいでしょう。
挟本　この蚕室でさらに蚕を増やすことは可能なのですか。
小谷田　増やしても五〇〇〇か六〇〇〇頭ですね。この入れ物（巨大なプール状のもの）をもうひとつ増やして二階建てにすれば六万頭ぐらいは飼育できるのではないでしょうか。
田中　シルクライフ21研究会には小谷田さん以外の養蚕家からも供給しているのでしょうか。
小谷田　現行品種は八王子全域から出していました。ところが養蚕家は皆やめてしまいました。山崎桃麿先生はひとりで五〇〇キログラムぐらい、購入しています。ところが今は、八王子からはせいぜい二〇〇キロ集まるか集まらないかだと思いますので、多摩全域の春・秋の繭を求めているようです。

田中　では、小谷田さんの生糸はすべて山崎さんのところに行っているのですか。

小谷田　いや、山崎さんがお使いになるのは現行品種です。ここで育てているのは特殊な蚕ですから、シルクライフの数人が買っているわけです。

田中　そうですか。ではやはり、シルクライフのメンバーがすべて購入しているのですね。

小谷田　もう少し欲しい、というのですが。頭数だけたくさん飼って、できた繭が半分、という養蚕家もいますからね。

田中　そういうこともあるんですか。

小谷田　単に面白がって飼っているんでしょうね。二箱で六万匹、三箱で一〇万匹近く飼っています。ここの倍になります。蚕室もこの倍必要なはずです。それで出来上がってくる繭は五〇キロ程度です。糸にしてみてもろくな糸は取れない、という結果になっています。

田中　そういう糸はシルクライフさんの方では買わないわけですか。

小谷田　そうもいかないでしょうね。足りないのですから、買っているんじゃないのかな。良い糸というのは、一二〇〇なら一二〇〇の長さのなかで、蚕が休まず、最初から最後まで切らさずに吐くこと、そして太さが同じであること、そういうのが条件です。それは飼育中・吐糸中の管理に影響されているわけでしょう。

田中　そうでしょうね。お飼いになっている方によって糸のできかたが違うということは、やはり異なる管理のしかたをしている、ということなのでしょう。

小谷田　どこが違うのか、わからないのです。皆さんは私の糸が「とにかく一番だ」と言ってくださるのですが、自分で糸を吐いているわけではなく（笑）、ただ桑を食べさせているだけですから、どこが違うのでしょう。「引く手あまたなのです」と言われておだてられています。そして、より励まないといけないな、と思ってしまうのです。

挾本　何がもっとも違うのでしょう。

小谷田　飼育管理でしょうね。とくに上蔟（繭を造らせるためにまぶしに入れること）後の、糸を吐く時期の管理です。最初から全体にホルマリン消毒をするのですが、そこらが不足なのでしょうね。

田中　消毒をするにしても、きちんとしなければならないわけですね。

小谷田　そうです。病気がいちばん怖いからです。病気になると管理する人まで精神面で病気になりますから。私も生涯で一度だけ経験しました。五〜六年前、五齢になってから全部だめになったことがあります。どうしようもなく、山に持って行って、深さ一メートルの穴を掘って燃やしました。

田中　私たちは何も消毒せずに蚕室に入ってきてしまっていますが、問題ありませんか。

小谷田　大きな問題はありません。

挾本　五齢になった段階やその前の段階で、今年の繭の善し悪しをどう判断されるのですか。

小谷田　まず生まれた時点です。卵が一万個二万個と種紙について来ます。その中で、生まれた卵は透けて真っ白に見えるのです。ところが生まれないのがいると黒いから、そこでパーセンテージがわかるわけです。生まれた卵のパーセンテージが……

挾本　糸を吐くパーセンテージと対応しているのですね。

小谷田　そういうことです。出生率ですね。力のある卵は一〇〇%、まで行かなくとも九九%は生まれていますね。今回はとても良いのです。五齢まで来るあいだに四回脱皮するわけです。そこに遅れが出ます。それを区別して置いてあります。その量によってもわかります。今回、遅れたのは二〇〇〇頭近くいると思います。

田中　卵はどこから取り寄せているんですか。

小谷田　卵は蚕糸研究所から買っています。二年ばかり自分で卵をとってみましたが、徹底的に消毒し白衣を着てマスクをかけて作業するなど、とても大変ですので、今は研究所から取り寄せています。一年前に頼まないと買えないです。

田中　研究所のほうも注文を受けてから準備するのですね。蚕糸研究所はあらゆる種類の卵を持っていると聞いていますが、種類も指定するのですか。

小谷田　そうです。ここの場合は「青熟×支21」とか「青熟×支25」「四川三眠×支21」とか、そういうふうに注文します。去年は一回目に小石丸を、二回目に今年と同じ「青熟×支21」をやりました。去年の小石丸は最初からだめだな、と思っていましたらやはり良くなかったです。

挾本　毎年、違うものをお買いになるのですか。

小谷田　そうですね。しかし安定して糸になることを皆さん望んでいますから、そのような選択をします。計画立てて取れませんでしたとは言えません。この春に繭になったとしても、皆さんの目に織物として出るのは来年なのです。

（ここから蚕室を出て、庭でお話を伺いました。多摩シルクライフ21の難波多美子さんが加わってくださいました）

難波　ふつうの蚕は、生繭の一七～二〇％ぐらいが糸になります。今育てているのは多くて一〇％～一四％ほどです。だいたい一〇％で計算します。

田中　残った部分は何なのですか。

小谷田　まずサナギです。次に、緒糸つまり糸を繰り出すまでに、まわりについているものがあります。また糸を繰った後に残るものがあります。

挾本　サナギになったものや残ってしまった部分の処理はどうなさるのですか。

難波　繭から糸にしたり真綿を作ったりします。さらに残った部分は畑に埋めて肥料にします。

小谷田　昔は金魚屋が金魚の飼料や鯉の餌に持って行きました。

難波　庭に埋めておくと、鳥が掘って、まわりのくず繭は残してサナギだけを全部ついばんでゆくそうです。においでわかるんですね。掘って埋めたはずなのに、朝になってみると散らばっている。そこで、埋めないでそのまま置いておいたら、きれいになくなっていたそうです。

挾本　そうやって循環するのですね。

難波　ですから捨てるところはないのです。くず繭はふし糸にしますしね。作家さんたちも、節のある変わった糸をお求めになるようになりました。ですからくず繭も使えるのです。

挾本　今作っておられる品種の最大の特徴は何ですか。

難波　何を作るかによって、蚕品種も決めるのです。現行品種だけですとその幅が少なくなります。そこでいろいろ研究の結果、今の品種に決まったのです。このあと育てる四川三眠という黄色の糸は、古代裂の復元に適した品種として選ばれたと思います。

挾本　糸の長さや太さはどうなのですか。

難波　特殊品種蚕は糸が短いですね。太さで言えば、春と秋でも違いますし、毎回異なるのです。小谷田さんのところで作る現行品種の繭糸が二・九デニール、今作っている青熟改良種の繭糸が二・五デニールぐらいです。青熟は青系の白です。ふつうはアルカリで練り処理するのですが、糸がしなやかですので湯練りだけで使えます。

撚りの回転数で言えば、ふつう着尺は一五〇〜二五〇回くらい撚ります。光沢を避けるのに、撚りを少し強くする方もいるようです。丹後ちりめんは二〇〇〇〜三〇〇〇回くらい撚りがかかっていると思います。どういうものを作るかによって、撚りも含めて糸を考えることになります。

繭糸は最初と最後で糸の太さも違うのですよ。ものによっては急に細くなる。糸の外層、中層、内層でも太さが違いますから、繭数の四対三対三の割合で繰糸します。

毎回違ってきますから、これらのデータをその都度とって、作家さんの要望に応えるようにしています。もうひとつ、私たちが実践しているのは、サナギを殺さないで糸を取る生繰《なまぐ》りで糸取りをすることです。ふつうのやりかたでは高温でサナギを殺し、乾燥して保存し、それから糸を取ります。高温乾燥することでタンパク質が変化して糸質も変わります。私たちは生のまま糸を取ります。そうすると艶のある良い生糸が出来ます。それが「東京シルク（多摩シルクライフ21が供給しているシルクのブランド名）」の特徴です。この方法による糸は、染めの時に染めつきが良いのです。ふつうは染めるたびに糸は痩せてゆくと聞きます。しかしこの糸は、むしろ次第にふっくらとしてくるそうです。作家さんたちもいい糸を経験してしまうと、もとに戻れなくなるようですね。

田中　小谷田さんのお作りになっている繭でないと、という声も高いようですね。

難波　はい、技術が最高なのです。私も他の養蚕農家をまわっていますが、育てる方の違いが出てしまいます。手順は同じですから出来上がった繭は同じはずなのに、なぜか違うのです。繭の大きさも違いますし、糸を引くとすぐにわかってしまいます。小谷田さんの繭は、引いていて眠くなるぐらい、いつまでも繰ることができるんです。ほぼすべての繭がそうです。養蚕家によっては、「はなつき繭」と言って、中でサナギが死んでいる繭があったりします。引いているとわかってしまいます。

しかし小谷田さんは稚蚕飼育をなさいますから、細やかな配慮が息づいているのだと思います。ストーブを焚いたりしながら、温度と湿度を調整しています。

挾本　温度と湿度を同時に上げるのは難しいですね。

田中　ストーブでなさるのですか。

小谷田　昔は炭でしたが、一定に火力を保つのが難しいので、今はストーブ二台で温度を上げ、しょっちゅう床に水をまいたり、水を含んだ新聞紙を置いたりして湿度を保ちます。

難波　何万頭といますので、ばらつきが出たら困りますから、手がかかります。
田中　桑にも違いがありますか。
小谷田　稚蚕用桑というものを使います。少し葉が柔らかいのです。肥料も稚蚕用肥料ですね。
田中　多摩に、他には小谷田さんのような養蚕の名人はおられないのですね。
難波　私たちはここで一緒にやって、その場で糸を引いていますからわかりますが、農協で一斉に出荷してきた場合はどれがどなたの作ったものかわからないです。
小谷田　良い繭を生産できる腕のある人は大正生まれです。それに、家族とともにやらねばならないので、協力が得られないとできなくなるのです。
かつては周辺農家の七〇％は養蚕をやっており、「若い衆」「やとい」などを入れていました。私の家も雇っていました。昭和三〇年代から多摩ニュータウン建設のための買収で養蚕ができなくなり、養豚、酪農に転じました。一九八八年ごろから養蚕が激減しましたね。一〇年前は四〇数件でした。
難波　私たちは一九八八年から出入りさせてもらっています。小此木先生の門を敲いて繰糸方法など教えていただき、小谷田さんにお願いするようになりました。
田中　多摩シルクライフの皆さんからの要望があるからこそ、小谷田さんの養蚕が続いているのですね。
小谷田　はい、やめられなくなりまして（笑）。
難波　体力が続かないから、とおっしゃるのですが、私たちは労働のお手伝いはできても、齢期が変わるごとのタイミングは小谷田さんでないとわからないのです。どんなに経験を積んでも無理です。たとえば「眠に入る」という時期があります。ある程度以上の数が止まった状態にならなければ、石灰をまいたりできません。「どのくらいが眠に入ればいいか」と聞くと「全部」とおっしゃる。何万頭もいて全部起きているのか、何割起きているのか、わからないです。

脱皮したら蚕の口が大きく腫れてくるのです。しかしそれを全ての蚕について見極める力は、十年以上通っていてもつかめないです。そういうタイミングの見極めがあるので、労働の負担はしますが、とても私たちだけではできません。

田中　手間さえかければ、と思ったのですが、それだけではないですね。

難波　生き物ですからタイミングなのです。「陽気の虫」と言われるくらい天候に左右されます。上蔟までは二五日、と言いますがそうはなりません。冷夏だったりすると三〇日かかったりします。逆に、お天気がよかったりすると、今日上がるはずがない、と思っていても突然、上蔟しなければならない状態になって慌ててやります。その判断はまず、私たちには無理です。小谷田さんのゴーサインが出なければ動けません。多摩シルクは小谷田さんでもっているのです。

自由化の波が来る、というときに、養蚕農家は考え方を変えなければなりませんでした。その点、小谷田さんは進んでいました。それで、多摩シルクライフ21研究会にも参加してくださっているのです。ふつうの養蚕農家に、「こういう特殊な品種の繭を育ててください」と言っても、皆尻込みしてしまったのです。「そんな面倒なことできない」と。それを「やってみましょう」という行動に踏み切れる人は小谷田さん以外にいませんでした。

田中　品種が違うとタイミングも違うはずで、大変なことですね。

小谷田　いやいや、基本的には虫ですから（笑）。

挾本　虫の気持ちにならないと、タイミングはわからないのでは。

小谷田　私も勘どころで勝負しているんで、完全にマスターしているわけではありません。

難波　奥様の判断と微妙に違うことがあって面白いです（笑）。

小谷田　私は二〇歳ごろから蚕に接していますが、「眠」のタイミングはほんとうに難しいです。わかっているのですが、口元を比べてみてどこが違うか、わからなくなることがある。しかしそれを判断して、何万頭かいる中から、遅れ蚕を拾ってゆくのです。

挾本　その段階で分けてしまうのは、どのような意味なのですか。

難波　遅れる者がいるといっせい上蔟ができず、また手間がかかるからです。遅れた者は日を改めて上蔟の作業をするのです。

小谷田　三段階ぐらいに分けて上蔟作業をおこないます。もし一緒にすると、まぶしに入ってからさらに遅れるので、最終的にはそれを捨てることになるのです。

田中　大変ですね。

小谷田　今年からやめるつもりでいたのですが（笑）。

難波　そうならないよう、押しかけています（笑）。来年はまた大変なのです。伊勢神宮の二〇年の遷宮に使う糸を、小谷田さんの繭を使ってやることになりました。

挾本　伊勢神宮のためにどのくらいの量の糸が必要なのですか。

難波　糸で六キロですから、生繭で六〇キロです。

挾本　ということは一年分すべてですね。

難波　そうです。

（二〇〇五年五月二五日、小谷田家の蚕室および庭にて）

小谷田さんのお話から、多摩ニュータウン建設が多摩地域に大きな影響を与えたことがわかった。養蚕農家は一九八八年ごろから激減したという。八王子織物工業組合の多田さんは、八王子の養蚕農家を一〇軒と数え、小谷田さんは三軒と数えている。基準が違うのであろう。それにしても、養蚕農家の毎日がどういうものか、小谷田さんを訪問することで、具体的にわかってきた。プロフェッショナルが求める素材を用意する養蚕は遊びや片手間でできるようなものではなく、生活がかかっている。それを支えることができるのは、ものを作る人たちであり、ものの善し悪しを知っていて評価できる人たちである。

「手仕事」と言ったとき、私は織物や紙漉など、最終製品の直前の仕事を思い浮かべていたのだが、じつは手仕事とは、こうぞや桑や染色用の植物から始まり、それらを育てる人や肥料や土や水、その過程で使うあらゆる道具、時間をかけて蚕や糸引きをおこなう人、その作業を支える生活基盤（収入など）のすべてをさすのだ、ということを痛感した。

そうだとするなら、手仕事を復活したり継続するということは、土や水をはじめとする生活環境全体、そして実際に植物を育てる農業を復活したり継続する、という意味なのである。今回のプロジェクトでかかわったすべての人が、そのことを認識しながら、一歩一歩地に足をつけて歩んでいた。手仕事の現在とは趣味の領域ではなく、生き方の領域なのだ、と思う。

そのことを、織りの立場でわかっているかたに出会った。「手作り絹工房・洞《どう》」というグループを主宰しておられる早川たか子さんである。次に、早川さんのお話を伺ってみよう。

6

農村の生活技術を継承する

手仕事の思想

早川たか子さんに聞く

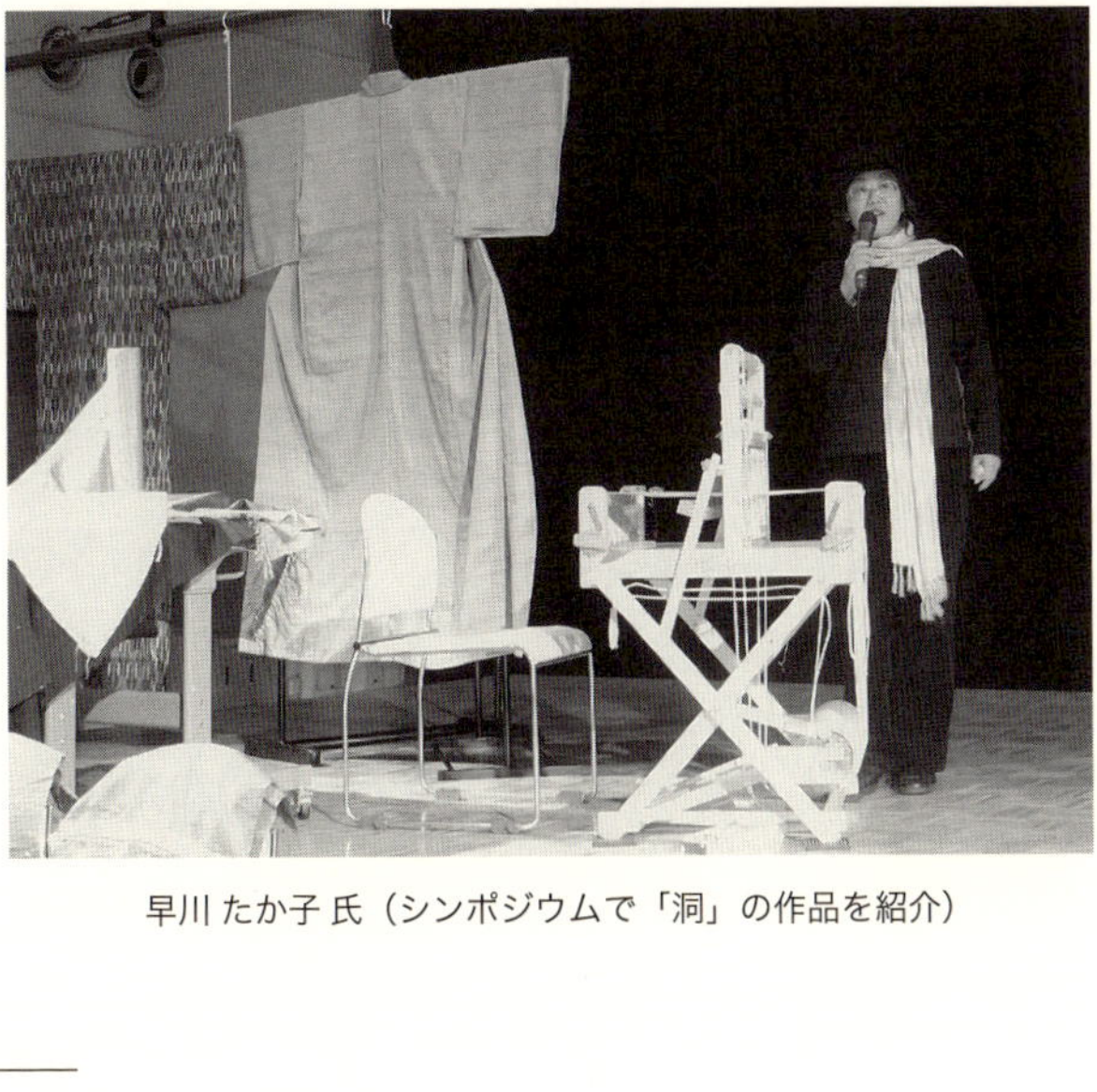

早川 たか子 氏（シンポジウムで「洞」の作品を紹介）

「かつて農家などで行われていた技術がありますね。私たちはそういう伝統的な生活技術を、今の生活様式に見合った生活技術として継承して行こう、という活動をしているのです」――私は、この言葉に衝撃を受けた。早川たか子さんは、「手作り絹工房・洞」というグループを率いている。洞は、染めと織りを学び継承してゆくグループなので、私は失礼ながら、「染織の素晴らしさを受け継ぎたい」「織りが好きだから」「趣味です」などという言葉を予想していたのである。ところが違った。

現在は他のところに移られたが、当時早川さんの工房は、法政大学多摩校舎に隣接する団地の中にあり、部屋に入ると、早川さんを含め四人のメンバーのかたが、まさに立錐《りっすい》の余地もないほどぎっしりと布や機織り機や道具や糸に囲まれ、作業しておられた。メンバーのかたたちはいずれも寡黙で真剣。とても趣味で気軽に来ている、という雰囲気ではなかったのである。私はとたんにその空気に呑み込まれ、挨拶も名刺交換もせずに、いきなり質問を始めてしまった。

八王子には「多摩織」という伝統的な織物がある。「手作り絹工房・洞」は、その多摩織の規格を学んで、それを独自のかたちにしながら継承しているグループだ。ならば多摩織を織ることができればいいのか、というとそういうことではない。織り、という具体的な作業の背後にある「かつての生活技術」全体が、ここでは重要視されている。土、水、動植物、農業という自然環境だけでなく、人間関係という社会環境も含むのである。織りがそのような意識まで含んでいることに、私は驚いた。

田中　素敵な布がたくさんありますね。

早川　これは初めて織りをやった方の作品です。
田中　え？　これが初めての方の作品ですか？　驚きました。まるでプロのかたの絹織物みたいです。レベルがとても高いですね。
早川　きちっと論理的にやればできるんですよ。
田中　きれいな色ですね。染色も初心者がご自分でおやりになるのですか？
早川　そうです。たまねぎ、藍、お茶などを染めに使っています。
田中　日常生活の中にあるもので、こんなに美しい色になるのですね。
早川　庭にガス台がありますので、そこでやるんです。これは紅茶で染めたんですよ。
田中　とてもきれいですね。いいですね。こちらには皆さんがお稽古しに来られるのですか？
早川　いいえ、稽古ということではなく、「洞」は、多摩織の規格から学んで、それを継承してゆこうとする人たちの集まりです。伝えるために学びたいという人たちの研究会なのです。
田中　そうですか。では単に趣味でということではなく、多摩織を継承してゆこうという覚悟と意志をもった方たちの集まりなんですね。ところで、糸はどちらから購入なさっておられるのですか？
早川　私は伝統工芸士の中山壽次郎先生に習っておりましたので、中山先生から分けていただくこともありますし、製糸会社から生糸を共同購入してそれを撚り屋さんに依頼して自分たちの望む糸を作ったり、撚り屋さんで作った糸を試しに緯糸に使ってみたりします。そうやって、まったくの初心者が使ってもきれいに織れる糸を、ああでもないこうでもないと研究するんです。繭を共同購入して座繰りをすることもあります。
田中　（機織り機を見て）初心者のかたはこれをお使いになるのですか？
早川　はい。これを三丁杼で織るんです。
田中　三丁杼ですか？　初心者のかたがずいぶん高度なことを。

早川　それはいろいろな考えがありますよ。道具を工夫して使っています。業者にやってもらっても微妙な調整ができないので、ホームセンターでさまざまなものを買って自分たちで工夫しています。

田中　きれいな色ですね。

早川　染めは、すおう、紅茶などを使っています。糸はこれが絹糸、これが真綿からつむいだ糸、これはふつうの生糸を森田撚糸で撚り糸にしたものです。私たちは自分たちの糸を作ろうと思っているんです。

田中　糸を作る、というのは養蚕するという意味ではなく、撚糸の段階で独自の工夫をする、という意味ですね

早川　そうです。購入した生糸を、撚糸屋さんに注文して自分たちのオリジナルの糸にする、という意味です。自分たちで座繰りで糸を引いて使うこともあります。真綿を作ってそれを「つむぎ糸」にして緯糸にもします。蚕から最終的な衣服までの、かつて農家などで行われていた技術がありますね。私たちはそういう伝統的な生活技術を、今の生活様式に見合った生活技術として継承して行こう、という活動をしているのです。たとえば大きな機では団地では使えません。そこでこういうコンパクト織機を使うことにしたのです。これなら使わないときは折りたたんでおくこともできますし、ここで練習して織れるようになると、車に積んで家に持ち帰って自分の家でもできるようになるのです。

田中　メンバーは何人ぐらいいらっしゃるのですか？

早川　今、活動しているグループは継続グループと、新グループの二グループあります。七人のグループと三人のグループでしょうか。それに、随時の特別研究会が組まれます。

田中　研修がおこなわれるんですね。

早川　三カ月単位の研究・研修会活動があります。

田中　かなりはっきりとサイクルがあって、システムがきまっているんですね。

早川　研究会をやる中で、こんどは自分の地域で他の人たちに伝えてゆく継承活動をしてゆく仕組みです。農家の縁

先で行われたような、昔の土間のコミュニティを再現しようということなのです。

田中　確かに、農家では女性たちが集まって作業していましたね。

早川　年代に関係なくやっていましたね。盛んに行われたころのように擬似体験をしてゆかないと、こういうことは続きません。

田中　ということは、メンバーは女性ばかりですね？

早川　いえそれが、研究会は、家族も入っていたり、専門家だったりと特定されていません。会員制をとっているわけではなく、テーマごとにやる、という仕組みですから。

田中　単に作るというだけではなく、もの作りの環境まで含めて継承しようという、たいへん興味深い方法ですね。（古い大きな織機をみつけて）この織機も使っていらっしゃるのですね。

早川　これは大島の織機で、廃棄されるところを引き取りました。これも使います。他に、多摩織の場合はコンパクト織機だけでは無理なので、八枚綜絖の織り機もあります。

田中　着物に仕立ててあるものを拝見しましたが、衣類になるまですべての工程を、グループの中でなさるのですか？

早川　それは様々です。二〇年和裁をやっておられる方もいらっしゃいます。機屋さんで働いておられるかた、手描き友禅をしているかた、機を見て育ったかたなど、さまざまなかたがおられます。初心者も入って来ますが、ひとつだけ条件があります。それは、「次の世代に伝える意志のあるかた」ということです。自分のためだけになさりたい方は、またほかの方法があると思います。また研究会活動は、あくまでも実用的生活技術として伝えてゆく方たちと一緒にやっています。

田中　どういうことでこの会が始まったのですか？

早川　ある時、八王子ニュータウンのみなみ野小学校に行きましたら、「多摩織って何ですか？」と聞かれたんです。

多摩織って何か、さあ、答えようがない。私は紬織りを織ったことしかなかったものですから。それで村野圭市先生のところに行って、「多摩織ってどういうものでしょうか」と尋ねました。そうしましたら、「最近はもう多摩織はなくなってきている」ということなのですね。それで、この一月に亡くなられた伝統工芸士の中山壽次郎先生のところにうかがいまして、もう一度、「多摩織ってどういうものですか」とうかがいました。しかし、お話を聞いても全然わからなかったのです。それで、「先生申しわけありませんが、私に多摩織を、せめて子供たちにこういうものですよと話せるぐらいに教えていただけませんか」とお願いし、ひと通り織らせていただきました。

中山先生のところに集まった時、私一人で習うのはもったいないので、参加している若いひとたちと一緒に教えていただけませんかということで、「多摩織研究会」というのをつくりました。その前に、繭がどうかとか、蚕から糸がどういうふうにできるんだろうかというのは、自分たちが疑問に思ったことを専門家のところを訪ねていったり、専門家に聞いたりしながら、繭から絹糸を作る研究会、勉強会をテーマを決めてやってきていたわけです。

つまり、みなみ野小学校に行って多摩織を聞かれてわからなかった、ということがきっかけで、実際に中山先生のところで織りを習うことになったのです。しかし大きな高機でした。これは絶対に家には置けない。それならばもっと小さい、コンパクトな織り機はないだろうかというので、旅行に行くたびに機を作っているところをのぞいていたところ、たまたまこの織り機にめぐり会ったんです。

田中　小学校で教えて来られたのですか？

早川　その時は、八王子市の研究指定校だったみなみ野小学校から繭の扱いについて相談されて、総合的学習のアドバイザーをしたんです。こうやって繭から生糸がとれるんですよ、真綿がとれるんですよ、ということを子供たちに伝えたいと思い、実際に学校で子供たちにそれを伝えてきました。

田中　単なる知識ではなく、身についたことを、さらに人の身に伝えるのはたいへん難しいですね。

早川　私は皆さんに「失敗しなさい」と言っています。絹をなさるかたは、教えればじつに器用に上手に織りますが、それでは人に伝えられないんです。自分でああでもないこうでもない、と失敗したり試行錯誤することで絹がわかり、人にも伝えられるようになります。糸によりそって作業できるようにならないとね。問題点を自分で発見して、その問題を解決する力がつくのが、衣食住の基本だと思っているんです。

田中　「洞」は多摩織を基本にする、ということですが、多摩織にはどのような特徴があるのでしょうか？

早川　多摩織は、秋川市（現あきる野市）と八王子市で製造される伝統的産業品ということで、打ち込みが何段、本数が何本、糸は何を使うなど、多摩織の規格というものがあり、製造工程がそれぞれ違う五つの織の統一名称です。そして伝統的産業品ですから機械機も多いのですが、私たちはなるべく機械機ではできにくいことをしています。たとえばこの変り綴は玉糸を使うことで、手織独特の風合いをだしています。逆に、この風通織りの袴は、八枚の綜絖が必要で、緯糸が意匠撚糸で打ち込み数が多く、手織機では無理じゃないかと言われましたがやってみました。座っても皺にならないそうです。

田中　とても軽いですね。しっかりしているだけではなく、なめらかです。

早川　私は一五年前に一反のつむぎ織りの体験学習をやって、その後、村野圭市先生の『手織りのすべて』を読んでやってきました。それから、さきほど申し上げた経緯で、伝統工芸士の中山壽次郎先生のところで教えてもらったのです。

昨年の三月に初めて作品展を行いました。私たちは自分たちの織りを「絹道織《きぬみち》」と呼んでいます。「多摩織」は商標のようなものでそのままの名前を使えませんし、多摩織をそのままをやっているわけではないからです。しかし多摩織はある意味で集約されたものですから、そういうものから学ぶのが近道なんです。

田中　農業とのつながりについてはどうお考えですか？

早川　私たちのグループは素人の集まりですが、織りを始めたきっかけは、養蚕農家にお蚕さんの上蔟《じょうぞく》（熟蚕をまぶしに入れてやること）を手伝いに行ったことなのです。初めて養蚕農家に行って繭の山を見ました時、すばらしい光沢なんです。そして、その繭の山のその先がどうなるかまったくわからなくて、この先どうなるか、という好奇心から歩みが始まりました。この繭が糸になるにはどのようにするのだろうか、どうしたら布になるだろうか、という疑問から絹への道を歩き始めました。

一五年程前、多摩ニュータウン近辺で養蚕農家の小谷田さん、酪農家の鈴木さんなどと一緒に、親子体験学習をやりました。体験学習では、子供たちと一緒に実際に桑の収穫や上蔟などを実践したのです。そのとき何を伝えなければならないかを話し合いまた考えたのですが、「米と蚕」ではないか、ということになったのですね。とくに桑は農薬を使うことができないものなので、都会の中の農業としては最高のものです。住宅地でできる農業です。

（二〇〇五年一月、グリーンヒル寺田にある早川さんのご自宅兼工房にて。インタビュー内容に、二〇〇五年三月のシンポジウムのときのお話を加えて構成）

早川さんの言葉には、どきりとさせられることが多い。すでに紹介した「伝統的な生活技術を、今の生活様式に見合った生活技術として継承しようと思う」という言葉は、より具体的に「農家の縁先で行われたような、昔の土間のコミュニティを再現しようということなのです」と語られる。自然環境だけでなく、農家がかつてもっていた共同作業の現場までもが、ここでは想定されているのだ。それなしでは、継承はできないという。まさしく、手仕事は生き方の問題であり、生活のしかた、価値観、人間関係にまで及んでゆく。

「洞」の仕組みは、「自分の地域で他の人たちに伝えてゆく継承活動をしてゆく仕組みです」とも言われた。「洞」のメンバーの条件は「継承しようとする意志」だという。自分の趣味だけで染め織りをしているのではない。覚悟の要る活動だが、逆に言えば、共に生きることを染め織りの中で実現してゆく、ということであり、孤独な芸術活動とは異なる新しい（いや、歴史をもった）ものづくりの姿勢である。

「何を伝えなければならないかを話し合いまた考えたのですが、「米と蚕」ではないか」という言葉も聞かれた。ここでも、視点は織物に閉じていない。織ればいいということではなく、それが生まれる現場には農業があり農家があり米づくりと養蚕がある、という環境全体が、早川さんには見えている。

最後に早川さんは、「桑は農薬を使うことができないものなので、都会の中の農業としては最高のものです。住宅地でできる農業です」と言った。これも驚きだった。都市化がすすんだから桑が無くなった、と思いこんでいた。それならば桑は復興できないことになる。しかし桑こそ都市に似合っているとしたら、養蚕まで一歩である。

早川たか子さんには思想がある。考えてみれば、思想あってこその手仕事なのだ。それなしに、このような時代に手仕事を続けてゆくことなどできない。机上の思想ではなく、言葉だけの思想でもなく、自然ととことん関わり、人と関わりながら、子供たちをまっすぐ見つめながらの思想が、手仕事の世界には生きているのである。手仕事の現在は、哲学の現場なのかも知れない。

7 布を織る技術者

絹の社会的意味を求めて

村野圭市さんに聞く

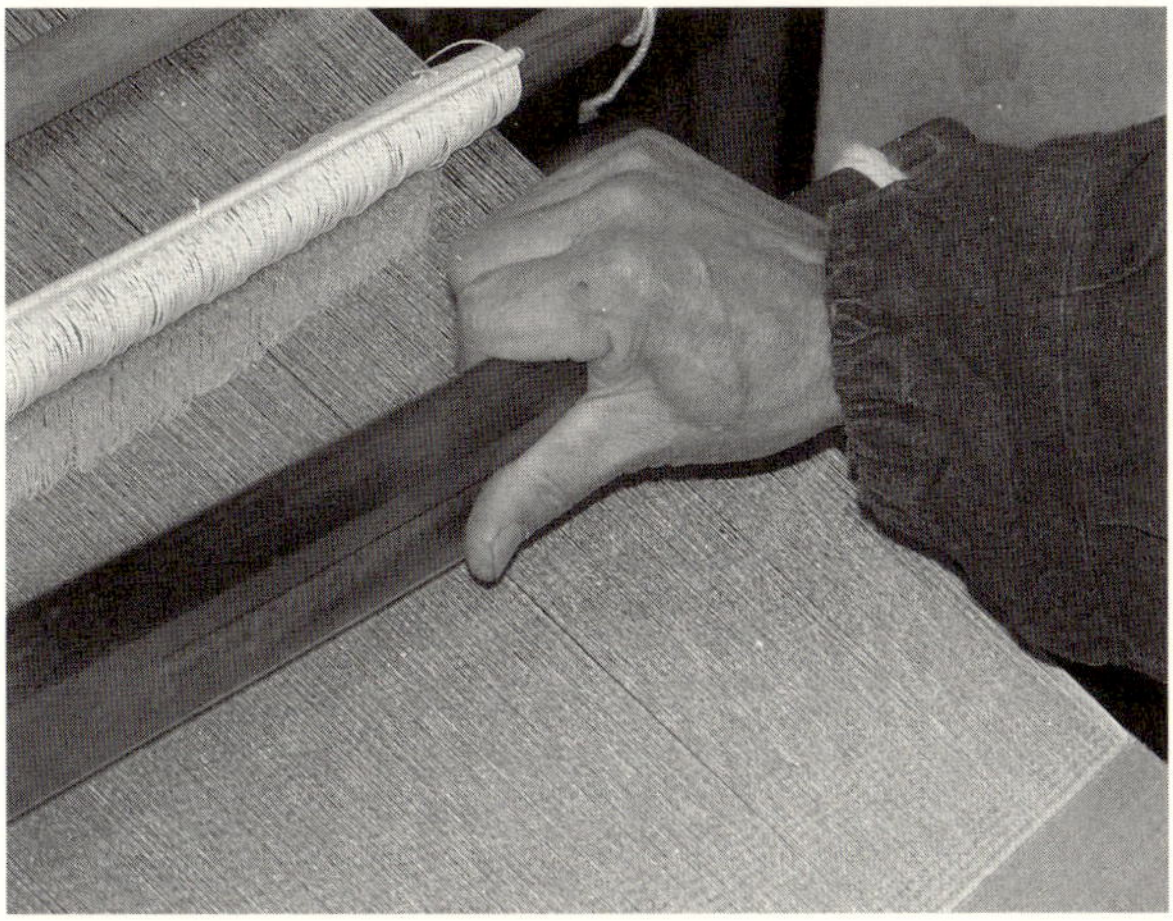

村野さんの機織り

早川たか子さんは、村野圭市著『手織りのすべて』を読みながら織りを続けてきた、と語った。同様の話は何人かの、染織にたずさわるかたから聞いた。村野圭市という名は多摩で織物をおこなう人たちだけでなく、全国のその道の人たちのあいだで知られている。

二〇〇五年一月、その村野圭市さんを、八王子市の工房に訪ねた。村野さんは長いあいだ農林水産省の技術者として蚕糸の研究にたずさわっておられ、同時に地機で絹を織って来られたのである。「序」で述べたように、蚕糸は今でも最先端の産業技術である。かつては今にも増して、日本の経済を左右する重要な技術であった。その技術の最先端で役人として仕事をしながら、なぜ手織りをし続けてこられたのだろうか？　なぜ、多くの手織りの作家たちの拠り所になるような本を書くことができたのだろうか？　それを知りたくてお訪ねしたのだった。

田中　村野先生は各地のさまざまな織物を研究しておられると聞き、今日はうかがいました。

村野　そもそも農林水産省の蚕糸試験場におりました。最初は絹糸物理研究室で、次は農村生活関係のところにいたものですから、各地の織物に触れるようになりました。

田中　そのお仕事をなさる前から実際に織っていらしたのですか？

村野　私は八王子工業高校で織物の教育を受けているのです。卒業してからは機屋に入りました。

田中　そうですか。研究者でいらして機織りもなさるのはすごいことですね。機織りの職人さんでいらして、次に公務につかれたということなのですね。

村野　多摩結城という紋織りお召があったのです。当時は非常に売れていまして、八王子の看板の織物でした。それを作る工場にまず私は入ったんです。そこには二年しかいなかったのですが、若いころの二年ですから、織物技術はそこで身につきました。その前にも絣くくりなどをアルバイトでやったりしていましたし。

田中　五日市ともご縁があるとうかがいましたが、ご出身は五日市なのですか？

村野　母が五日市出身なのです。五日市に廣徳寺という寺がありまして、その近くです。八王子は戦災で焼けましたので、私は中学生の時、五日市に疎開していました。戦災で住む場所がなくて、母の家に居候したのです。当時は着るものもなかったので、家族は自給自足していました。納屋にあった手機を引っ張り出して織ったんです。私は子供ですから自分で織ったわけではないんですが、それを見ていました。

田中　そのことがあって、織物を専門になさったのですか？

村野　それが原点です。が、旧制ですので中学一年というのはすでに八王子工業高校の生徒だったんですよ。

田中　ご家族は代々、織屋さんでいらしたのですか？

村野　そういうことではなく、織物をすることになったのは巡り合わせです。

田中　織物をなさっていらした方は、代々の織屋さんが多かったのではないですか？

村野　そうですよ。ですから私などは異色です。しかしそのなかでずっと織物で生活してきたのは、私を含めて非常に数が少ないです。多くの方が途中でやめましたが、私はまがりなりにも織物とかかわってきたわけです。

田中　八王子の多摩結城さんに二年間いらして、その後は他のところで機織りを続けられたのですか？

村野　そうです。他のところで給料取りになりました。つまり農林水産省の蚕糸試験場に勤めることになりました。

田中　蚕糸試験場は研究所ですから織りそのものはやらないわけですね？

村野　ところが蚕糸試験場には製糸部というところがあり、そこで糸を作り、資料づくりとして織るわけです。

田中　蚕糸試験場で糸を作ったのですか？

村野　そうです。その中で私は織りをする部門にいたわけです。生糸の判定をするために、織物の物理性能を試験するのです。たとえば新しい蚕の品種ができるとしますね。そうすると、その繭はひきやすいかどうか、糸の色はどうか、織るとどういう輝きになるか、布としての硬さ柔らかさはどうか、などを試験するのです。ほんのわずかな違いなのですが、柔らかさを測る機械などもあり、その機械をどう作ればいいか、色の測定器はどうするか、適切な試験器がない場合は自分たちで試験器を作らねばならないわけで、それをどう工夫するかなど、そういう仕事をしていたのです。

昭和三〇年ごろになると合成繊維が出てきました。そうしますとこんどは、静電気の問題が出てきたのです。そこで私は電気の知識がないから、夜学に行って電気を勉強をしようと思い、電機大学に行って勉強しました。そこから始まって静電気の研究を一〇年いたしました。

田中　電気の勉強をなさったのですか。そうすると、そのときは化学繊維の研究をしていらしたのですね?

村野　私の研究の主体はあくまでも絹ですが、化繊と絹を混ぜることで、絹を使ってもらおうとしたのです。絹は帯電しません。正確に言えばするのですが、電気抵抗が小さいから電気が逃げてしまいます。それで、外に害を及ぼさないのです。合成繊維の場合は電気抵抗が非常に高いので、静電気の害が起きます。また多くの場合、マイナスの電気を帯びます。しかし絹はプラスの電気を帯びるのです。ならば混ぜ合わせたらどうなるかと考え、化繊と絹を混ぜたわけです。これはうまくゆきました。静電気の害は起きなくなりました。

田中　化繊の良さを持ちながら、帯電しない繊維ができたわけですね。

村野　絹の良さを持った織物用や編物用の撚り合わせた糸ができたのです。

田中　ならば絹だけでもいいわけですね。なぜ化繊との混合をお考えになったのですか?

村野　合成繊維のメーカーに対して、「絹を使ってください。そうすれば帯電しません」と言うことができるからです。

田中　化繊使用がのびてゆくなかで、絹を使ってもらうためのご研究をなさったわけですね。

村野　たまたまそれが、昭和新宮殿ができるころでした。その絨毯をどうするか、という課題がありました。お客様が歩いてドアにふれたとき、パチっと静電気が起きないようにするにはどうしたらいいか、という問題です。その時にこの理論が注目されました。その後、絹と化繊のハイブリッドが出てきましたから、この理論が役に立ったのではないか、とひそかに思っています。

田中　ハイブリッドという言葉で思い出しましたが、蚕種そのものが、さまざまなハイブリッドを試してきましたね。蚕糸試験場はそのような実験もやっていらしたのですか？

村野　もちろんです。蚕糸試験場（現・独立行政法人農業生物資源研究所）は現在、六〇〇種ぐらいの原種を持っているはずです。一時は一〇〇〇種以上もあったのですが、代を継ぐための人手がたいへんなのです。

田中　毎年入れ替えるそうですね。制限もなくなり、どんな蚕種でも使えるようになりました。

村野　が、新しい蚕品種が量産の軌道にのるには最低三年はかかります。

田中　村野さんは織りをなさるとき、糸はどうなさっておられますか。

村野　糸は買います。私は染めるところからやっています。

田中　織り上がった作品はどこかお店に出しておられるのですか？

村野　そういうことはしていません。買っていただくこともありますが、基本的には自分で着るぐらいです。

田中　蚕糸試験場を退職なさってからどのくらいたちますか？

村野　一二年です。

田中　退職後に織りをなさっておられるのですね。

村野　退職後もひきつづきといえるでしょう。

田中　ではお勤めなさっているころから手織りをなさっておられるのですか？

村野　そうです。そもそも手織りをするようになったのは、静電気の研究をしているあいだに、自ら織らないと糸のことがほんとうにはわからないのではないか、というところから始めたんです。蚕糸試験場の機織り機は動力織機なのです。動力織機どころか、世の中はシャトルの無い革新織機、たとえばエアージェットとかウォータージェットを使うようになるということで、それを使っていたのです。羽二重用の絹糸は生糸で硬いですから、糸を水で濡らして柔らかくして織るのです。そこで水滴と共によこ糸を飛ばせて織る革新的なウォータージェットを導入した方が、合理化できるのではないか、という方向に蚕糸試験場は動いたのです。試験場もマスプロを追いかけたのです。そういう方向に生糸を適合させようとしたのですね。そこで私も、同じ方向で研究をすすめていました。しかし私は他方で、羽二重のような高級絹織物とはちがう庶民的な織物、つまり玉糸やつむぎ織物の研究を志向していました。手織りを個人的にすすめていたのです。

田中　では村野さんは蚕糸試験場の中でも手織りをなさっていたのですか?

村野　中ではやりませんでした。帰ってから自宅でやったのです。

田中　そうですか。蚕糸試験場という存在そのものが、明治以降のマスプロに適応させるための研究をしていたわけですね。近代工業を支えるために機能していたわけですね。

村野　そうです。そのとおりです。いつでも合理化を追いかけていました。その思想が私が退職するころもつづいていました。技術革新によって蚕糸業の衰退を克服しようという方向でした。

田中　蚕の研究もそれに合わせて、機械織りに適合する性質を求めたわけですね。

村野　そうです。機械織りに適合する、そして省力化に適合する蚕品種に改良する、ということです。桑園のほうも、より大規模養蚕に適合する仕立て方にしてきたのです。

田中　しかし今日のように日本の生糸生産が少なくなったとき、蚕糸試験場はそれにどのように対応しましたか。存在理由が変わってきますよね。

村野　変わってきましたよ。それで現在のように、昆虫機能の利用という方向になってきたのです。そこで私は田中先生に、絹の社会的意味、ソフト面の位置づけの研究を期待したいのです。そういう面に関心をもっています。私は技術者なのですが、絹の社会的意味、技術の社会的位置づけを背負ってきたつもりなのです。社会的側面、文化的側面、あるいは絹が背景とする物語をなんとか作れないか、と考えてきたのです。

田中　村野さんはそういえば農村生活の研究もなさって来られましたね。それは、生糸が作られてきた背景を研究なさったということですか？

村野　それは背景ではなく、中心的な問題です。農村は高齢化が進んでいます。環境問題も起こっています。つまり、農村そのものがさまざまな問題をかかえており、それが都市の問題でもあるわけです。それらをどこかで食い止めるためには、農山村がしっかりしなければならない。そこに絹をはじめとする天然繊維全体の問題を重ね合わせているわけです。

田中　天然繊維を農産物として捉える、ということですね。

村野　そうです。私は「農業研究センター農村生活研究室」という社会科学系のところに移動したものですから、これを幸いとして、手織りをもって私の農村生活研究の中心に据えようとしたわけです。また農作物の複合生産活動の中に手織りを組み込んで、農山村の振興のお手伝いをしようと思ったのです。おこがましくもです。

田中　養蚕や苧麻栽培によって、何かを変えてゆこうという試みですね。

村野　そういうことは年齢性別を問わず、プロセスのどこかで自分の能力を生かせるわけです。

田中　多摩地域は養蚕を行ってはいますが、どんどん縮小してきていますね。八王子の多摩織りの生糸はコストの安いブラジル産と中国産で占められています。そういう事態はどのようにお考えになりますか？

村野　機屋さんは工業的な意識なんですね。私も機屋の位置づけは最近になってはっきりしてきたんです。蚕糸試験場にいたから、「地域に根づく」という農業的な発想ができるようになったのだと思います。農水省の所管は製糸までなんです。かろうじて製糸は農業だということです。しかしやはり製糸屋さんも意識としては工業ですよ。

田中　大量生産しなければならないという意識をもっている、という意味ですね。
村野　製糸屋さんは蚕糸業の生産体系の関所なんです。製糸を合格しなければ、改良した蚕品種も世に出なかった。たとえば繭を煮る鍋を持っていますね。一定の容量の鍋にたくさんの繭を泳がせるので、大きな繭だと困るんです。しかも糸ができるだけ切れないように泳がせる。節が出てもいけない。しかし実際には織物には節が出てもいい布もあります。（作品を見せてくださる）この織物には節が出ていますね。これでいいんです。しかし製糸屋から見ればこういう節だらけの糸は問題にならないんです。これはたぶん岡谷の製糸のくず繭の糸です。ざくろで染めました。ところが、画一的に羽二重、ちりめん向きの生糸を志向したのです。もちろん、製糸のきびしい関門ゆえに蚕糸技術の向上があるのです。なんといっても合理的な繭の利用法は、蚕が吐いてくれた順序に糸を解《ほぐ》すことですから。
田中　素晴らしい色ですね。ほかにはどういうもので染めておられるのですか。
村野　庭にある植物や、この黄色は街路樹のえんじゅです。
田中　街路樹でも染められるんですね。さまざまな糸を見て来られたと思うのですが、多摩地域特有の糸あるいは、多摩の糸の特徴というものはあると思われますか？　それとも地域的特徴はないものなんでしょうか。
村野　本来はあると思います。しかし私が知っているのは平均化されてしまった糸です。中央集権化された糸です。本来は今ごらんにいれたような糸が八王子の糸だと思います。蚕糸試験場の責任もありますね。蚕糸試験場は地方の特徴ある技術を集めて中央集権化したんです。
田中　モデルのようなものを作ってしまったんですね。
村野　そして中央集権化した技術を地方に配ったのが蚕糸試験場なんです。
田中　標準語放送によって方言がなくなってしまったようなものですね。
村野　もっと地域を活かせば特徴が残ったのですが、集めて標準化してしまった。マスプロ化なんです。それが、その時代の大きな役割であったのですが。

田中　工業化、規格化ということですね。その過程で地域的特色は無くなっていったということですね。村野さんはご自分で織られているので、商品としてではなく、ご自分の織りをなさるのだと思います。その村野さん独自の織りは、色の感覚や手触りとか、そういう面で五日市や八王子の影響を受けておられますか？　個人の作家さんは地域の影響を受けるものなのか、それとももっと広くごらんになるので、まったく地域的な影響を受けずに個性を生み出されるものなのか、私にはよくわからないんです。

村野　個性かも知れませんね。羽二重や縮緬などののっぺりしたものよりも、節のあるゴツゴツした野性的な織りのほうになります。それが地方の特徴でしょうし、個性でしょう。こういう発言はいつのまにか野党的な位置に立ってしまう。野党の発言を少し続けましょう。なんとかして地域特有の絹を見出し、地域特有の絹織物を創り出して、それなりの経済的評価を受けたいと希望しているのです。そして現に同じ方向に立って、私の手織りなど比較にならないくらい高いレベルの機業家がいます。

（二〇〇五年一月、八王子の工房兼自宅にて）

村野さんの中に、苦悩が見えるような気がした。「蚕糸試験場は地方の特徴ある技術を集めて中央集権化したんです」と、かつての職場をそう語らざるを得ない。近代を走ってきた工業品としての絹を担いながら、それでも村野さんは日常生活のなかで、その向こうを見つめつづけてきたのだ。織物を通して、日本の自然、農村の暮らし、地域のありよう、人間の生き方、絹の社会的文化的な価値と意味を、考えつづけてきたのである。

その基本はまさに、地域のなかにあった。自分を育ててくれた八王子と五日市の織物を、村野さんは忘れることができなかった。生糸・絹そのものが背負っている、工業製品としての存在と手仕事としての存在、という二重性こそ、そのまま村野さんが負っているものである。村野さんはそのはざまで、自らの思想を鍛え上げてきた。そして多くの手織り作家たちを、その著書で支えている。

村野さんは今でも、手織りと研究を両立させておられる。しかしある時期から、その研究は産業としての蚕糸の研究ではなく、農山村における生糸の文化的な意味を考える研究になった。二〇〇五年三月二六日のシンポジウムで行われた講演から、その一端をうかがってみよう。戦後すぐの、村野さんの「織物についての原体験」から、お話は始まった。研究とは研究者にとって、原体験への旅かも知れない。手仕事もまた、そうなのかも知れない。私はこのとき講演をうかがいながらいつの間にか、自分自身の今までの研究の軌跡を重ね合わせていた。

8 生活とものづくり

織物と農業と自然

村野 圭市

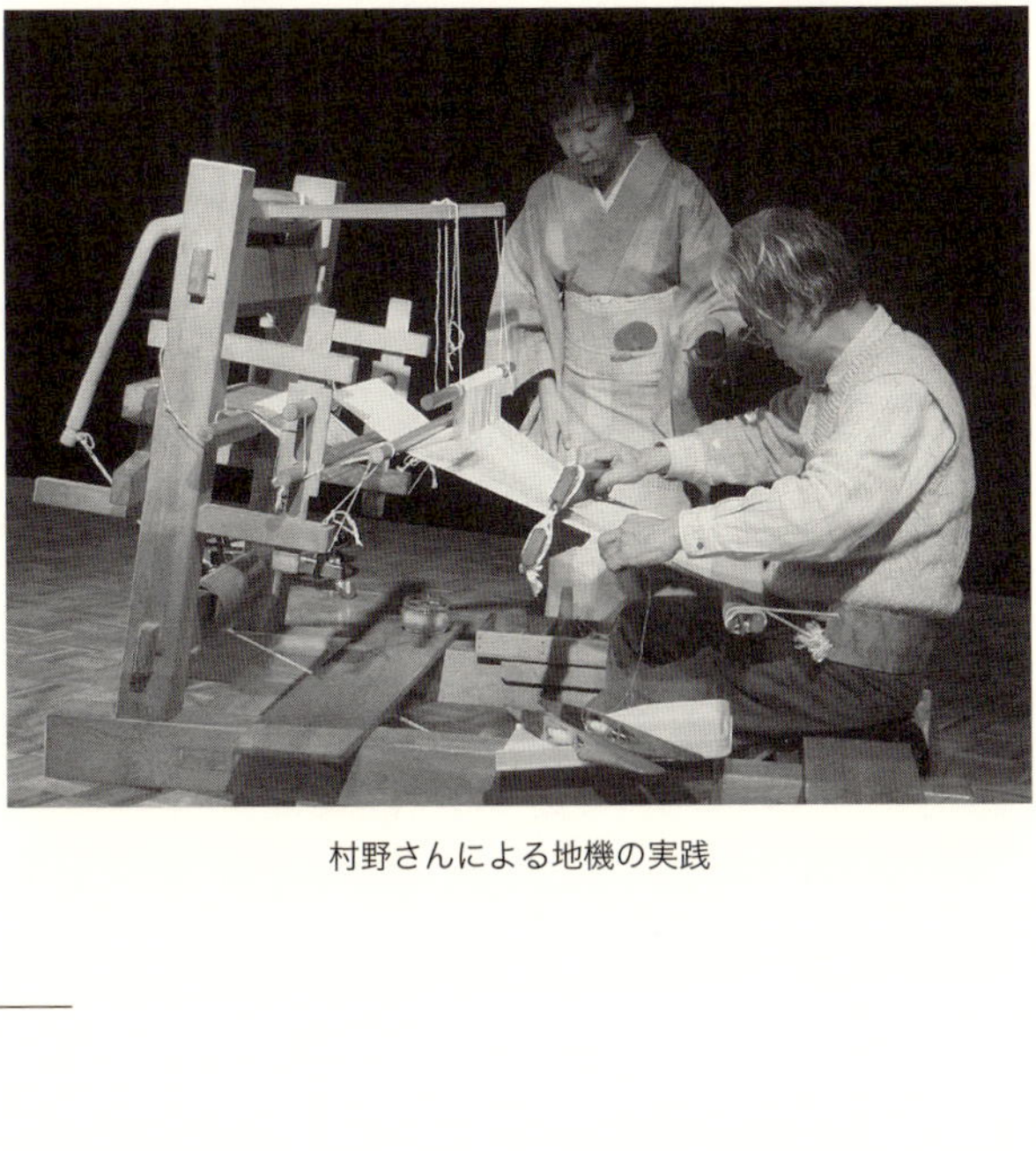

村野さんによる地機の実践

中学一年の時に戦争が終わりました。その時の衣の生活は乏しかったですね。私も戦災を受けまして、多摩地域の、五日市の母の生家に居候をしました。その時に衣類の代わりに軍の落下傘、パラシュートが配給になりました。それは、まっ白い絹の羽二重でできていました。母は落下傘の傘の部分はほどいて三角の部分はシャツとか衣類にしましたし、紐の部分はほどいて手機で織って、ズボンにしたりして、子供たちの衣類をまかなってくれました。そのようなことが織物の原体験としてありまして、いまだにそれが私の手織りの原点なのだと思います。

今日持ってきたのは、落下傘をほどいた三角の部分で作った着物です。当時のお母さん方が絞り染めで作った落下傘の着物です。あとでご覧になってください。型染めも持って来ました。地域の染め屋さんで染めたのだと思います。たぶん濡らすと泣きだして色が落ちてしまうような弱い染めでしょう。

ご年配の方はご記憶にあると思いますが、昔、中学一年から軍事教練の時間がありまして、ゲートルという巻き脚絆を使いました。絹のゲートルです。ウールのものがありませんので、絹が代用品です。おばあちゃん方が孫に織ってくれたものです。私が使ったゲートルを持ってきました。あとでご覧になってください。今年は平和記念のフォーラムや、戦中戦後の文化財をどのように保存、修復してきたかといったフォーラムが都内でも開催されました。私も関心が深いものですから、出席してきました。戦後六〇年、感慨深いものがあります。

中央の織物、地方の織物

織物にはいろいろ種類があります。大きく分けまして、まず大企業の織物があります。いま皆さんがお召しになっているのは多くは企業の織物です。帝人とか東レといった織物が大部分だと思います。そのほかに地域で織られている織物があります。地域の織物をさらに二つに分けると、一つは中央の織物です。西陣とか堺とか博多とか、かつて貴族の特需に応じた織物です。華やかな織物ですね。貴族、僧侶、能とか芝居といった需用に応ずる織物です。

いま一つは私たち庶民のカジュアルな織物です。それは紬や絣を主体にしたものです。いま私が地機で織っているのは紬です。ごつごつした織物です。私はこのようなものに関心を持ってきました。それをどのように織ってきたかというと、農家の地機で織ったのです。織物は当時の生活の中に入っていまして、特別なものではないのです。織物の用具もほかの民具と同じ立場にありました。

また福島県には現在も麻(紵麻)の栽培地域があります。栃木県にも麻を作っているところがあります。自転車のリールの周りに麻の種をくくりつけて、歩きながら等間隔で麻の種を蒔いています。五月ごろに蒔いて八月ごろにはもう収穫します。大麻です。知事の許可がないと作れないのですが、このように地域で苧麻とか大麻を栽培していましたし、また綿花も作っていました。農業と結びついていたのです。

群馬県では養蚕が盛んでした。蚕室が各地にありました。地域の共同飼育所というところがありまして、稚い蚕を育て、大きくなると個々の農家の蚕室へ持って帰って大きくさせたのです。こういうことで集落の連帯もできてきたわけです。蚕が大きくなりますと、質のいい繭は出荷してお金に換えていきますが、質の悪い繭やお金にならない繭は自家用にします。自家用の織物にするために釜の中で煮られて真綿にします。真綿はそれぞれの家庭の中で作られています。売られる繭ではなく、自家用の繭や真綿から糸を引くのです。私がいま織っている緯糸はこの糸を使っています。

染めについてですが、自らの周辺で手に入る材料を使って染める、という生活が続いていました。現在でもたとえば八丈島の染材にはシイの木があります。細かく砕きまして染料を煮出しやすいようなかたちに加工します。そしてそれを煮出して布を何度も染めます。次に、その色を固定するために媒染という仕事があります。泥の中の鉄分を糸に付着させて色を発色させるのです。この付近、五日市あたりでは黒八丈を染めました。その場合は、ハンの木の実ややヤシャの煮汁で染めて、それを近辺の池や田んぼの泥で染め、黒色を発色させました。現在、これは復元されています。

村山大島（タテ糸、ヨコ糸ともに片撚り玉糸を用いて手織機で織る、東京都武蔵村山市を中心に製織される紬織物）の場合、用いる絣糸は、板締で染める絣が特徴です。そもそも染める仕事というのは防染の技術です。まるまる染めてしまえば事は簡単ですが、私たちは何とかして模様をつけたいと思うわけです。そうしますと染めないところを残さなければなりません。染め残す技法については、絣とか型紙とかいろいろな技法がありますが、村山大島紬は板締めといいまして、下駄の歯を合わせたような型で絣を作る夾纈の技法をとります。

また縞も、庶民のいわば農家の織物です。村山大島を織る場合には自宅で織る場合もありますし、マンションの中でも織ります。狭いところで織らなければならないので、そのために織機が短くなってしまいました。タテ糸の伸び縮みが制限されて、織物のためには不都合ですが、それを犠牲にして、我慢して織らなければなりません。しかし、絣柄には都合がいいのです。村山大島紬には、集団で一カ所に集まって手機で織る工房ができました。一方、産地として動力織機を導入し、能率を上げて作ろうという方向も出てきました。工場です。それが、八王子が志向した方向でした。

さまざまなカイコ

産地が選択する方向はいろいろあります。そこで使われてきた絹は、さまざまな絹がありますので、それを振り返ってみたいと思います。私は今まで「繭」と言ってきましたが、その種類もたくさんありまして、大きく分けて野蚕と家蚕があります。私たちが家畜として飼い馴らしてきたものを家蚕といって、ふつうカイコと言いますが、そのほかに野蚕、すなわち野生の蚕がありまして、それも多く利用してきました。代表的なのが天蚕、山繭と言っているものです。山繭は量が少ないことと、家蚕とは違う淡い緑色の美しさ、輝きがあって、最近見直されています。

化学繊維はシルキー合織などと言われて、最近、和服の世界へどんどん進出していますが、絹を手本として工夫されてきたのです。なぜそうなのか。繭は蚕が頭を∞の字に振ってうまくカールしたかたちで糸を吐いてくれる。繭を糸にした場合、このかたちがうまく縮れたかたちで残るのです。イレギュラリティーがそのまま糸の中に残っていることが一つの大きい特長なのです。∞の字のかたちを延ばすと約五ミリぐらいあります。繭糸の長さは約一二〇〇メートルと見ていいと思います。それが、まっすぐではなく、ちぢれているのです。太さも一定ではありません。

その断面を切ってみますと、真ん丸ではありません。吐きはじめから四分の一ぐらいがいちばん太くて丸に近く、両端はつぶれたような三角形で細くなっています。私がいま締めているネクタイは、一本の生糸をサッと切って、その断面をデザイン化したものです。三角形のところが二つあります。これは、蚕の口が二つあるからです。目と耳と鼻の穴が二つずつあるように、糸を吐く口が二つずつあるのです。それで、二本の絹糸を、周りをセリシンという糊で固めながら吐きます。私たちは、その固めたものをアルカリで溶かして、その中身だけを使います。それが柔らかい絹になります。そういう形までを化学繊維は手本にして、ノズルを工夫して、シルキー合織を作り上げています。

天蚕は、クヌギの葉に放して飼育しています。これもなかなか難しくて、野鳥に食われないような配慮も必要ですし、とにかく家蚕に比べて繁殖力が乏しいので飼育も難しい。糸量も家蚕に比べて少ないから、大変です。糸量も多く、卵の量も多い方向に欲を出すと家蚕と同じになってしまうから、難しいところです。こういう苦労をしながら飼育をしています。こういうところはまったく農業と等しいと言っていいと思います。

八丈島のある工房では、農家の庭先で染材を干したり、養蚕をしたり、あるいは江戸時代の小石丸とか赤熟といった伝統的な蚕品種を飼育して特産の絹織物を作っています。また天蚕を野山から採取してきて増殖に使っています。八王子の機屋さんは機屋専業で生活しますが、伝統的な地域の産地は織物をやりながら、他にも酪農とか花卉といったものを組み合わせつつ、機業を興しているのです。八丈島は乳牛もありまして、ここは乳牛で日本一になったこともあります。一年間に一〇トンも乳量が出るというウシを飼育したこともあります。パパイヤの酵素を、肉の軟化材に使ったり、絹の精練剤に使ったりもしています。このようにいろいろなことをやりながら生活しています。

農業のなかの養蚕

八王子でも、絣を作ることが盛んでしたので、その伝統を背負って、伝統的工芸品に多摩織が指定をされたのです。いつの間にかそういう姿が八王子から見られなくなってしまいました。かつては村山産地でも絣織の機巻き風景が見られました。手作りの織物をやっていたのです。残念ながら今は、あまり見られません。和装の世界がグッと狭くなってしまったので、ある意味で無理もないのですが、能率を追い求め過ぎたという反省もしなければならないでしょう。今は絹のタテ糸を整える整経機もあり、手工芸のレベルを超えてしまって何十反か一気にやってしまいます。こういうことと板締めと矛盾やすれ違いがありますね。板締絣は木版刷りに例えられ、手工芸的量産も可能な技法で、今後、洋装分野に応用されてゆくでしょう。

一方、八丈島の花卉です。ヤシの一種のロベレニーですね。八丈島は、織物と花卉と酪農と水産を柱として地域の産業を興そうとしています。媒染材を作り、染料を作ります。幹の皮で染料を作りますが、煮出す時の燃料はその幹を使います。何だか豆を煮るのに豆の豆幹を焚くというのはかわいそうな気もしないでもないですが、そういう風景が見られます。

また福島県の昭和村は皆さんご存じのカラムシ、苧麻の栽培をしていて、地機でカラムシを織り、一方で絹の紬織りを織って、それで現金を稼ぐことをやっています。ここは駒止高原という池塘があって観光地としても配慮していますが、社会的高齢化がすすんだ雪深い山村です。

琵琶湖東北岸では天蚕を飼育しています。「葉かげなる天蚕はふかく眠りゐて櫟のこずえに風渡りゆく」という美智子皇后の歌が掲げてありました。琵琶湖周辺の豊かな肥沃な土地に、天蚕とほかの農業とがすっかり溶け込んだかたちで飼育していました。もちろんこのあたりは養蚕もあるし、皆さんご存じの琴糸とか三味線がこの近辺で作られています。八丈島とか昭和村とか、とんでもなく多摩地域と違うところを紹介しているように感じるかもしれませんが、多摩地域においても同様なのです。多摩地域の西多摩のほう、あるいは狭山地区でも天蚕の飼育をやっています。

八王子は秋川街道沿いの中野上町に野口さんという紺屋があります。町中ですが、藍甕を一〇本ぐらい埋めて私たちの糸や布を染めさせてくれます。鬼怒川の支流、小貝川のほとりでも紺染め、藍染めをやっています。紺屋は今の鬼怒川のほとり、守谷にあります。つくばエクスプレスも通りますが、環境のいいところです。筑波山が見えます。つまり結城です。ここはまたおもしろいところでして、結城というと、皆さん織物を思い浮かべると思いますが、結城の織物を作るためには織物だけではできないのです。織物を作るにはどうしても手の肌を大事にしなければならない。手が荒れると絹織物を扱えない。したがいまして、農業はだれかに任せたいと思うわけです。農業をお金を払ってやってもらったのではなかなか大変です。そこで、このあたりでは二毛作でお米と麦をとりますから、その麦だけは全部あげるから、お米を作ってくださいというシステムをとっています。麦を収穫するわけですが、請け負う方は大型機械を使って麦の収穫を全て能率的にやってしまうわけです。農家のほうは、麦の現物を賃金にして、田圃を生かして米を収穫し、もっぱら結城の紬を織るというシステムをとっています。そういう方法もあるわけです。

潤いに満ちた日本の自然

私はメキシコの山村に行ったことがあります。オアハカから南東六〇キロばかり山また山の中に入ったサン・ペドロ・カホーノスという山村です。高度約二〇〇〇メートル、収入の低い村です。こういうところで、養蚕をして、蚕を飼って、繭を作って、土地の織物を作ろうとしています。織物を作るという時、地機というか、棒機なんです。地機までいかない。機がない。ただ、棒を持っているだけです。桑も桑畑があるわけではなく、生い育った桑の木から葉っぱを摘み取ってくるだけです。メキシコには古代から養蚕がありました。古代遺跡から繭も出土しています。メキシコは雨が少ないところです。日本では年間一五〇〇ミリほどの降雨量がありますが、メキシコは三〇〇ミリぐらいしかないそうです。したがいまして、平地の場合、水はロッキー山脈から引っ張ってこなければならない。それほど水がない。ですからふつう、桑は育たない。しかし桑は乾燥に強いから、何とかして養蚕を興したいというプロジェクトがあります。そんなことで私もお手伝いに行きました。

日本列島は飛行機の上から見ますと、国土が荒れたといっても緑が切れることはあまりありません。緑がずっとつながっています。しかし世界の中で、アメリカ大陸にしろ、中国大陸にしろ、飛行機の上から見て緑がつながっているところなどないわけです。砂の山に水をこぼしたように侵蝕されています。グランドキャニオンを壮大な景色だとか言うけれど、あれは砂の山の侵蝕そのものです。私が根拠地にしたのは、メキシコシティから北へ約四〇〇キロのサン・ルイス・ポトシですが、その周囲の畑は乾いて、灰の中を歩くようなものです。

あのようなところから見たら、日本列島は私から見たら頬ずりしたいほどの潤いに満ちた大地です。こんな幸せはないと思います。海へ出れば魚がいる、平地へ出れば緑がある、里へ出れば木々がある。中山間地に桑はある。その上へ行けば森林がある。さらにその上へ行けば雪をいただく岩山がある。三次元の世界でしょう。そういうところに住んでいるから荒涼たる世界がわからない。メキシコでは何とかして緑を増やしたいということで苦労して、やっと作物が大きくなります。しかも、灌漑をしなければいけない。流れも一日流れているわけではなくて、朝晩しか来ないのです。

日本には織物産地がそれぞれあります。八王子の大善寺には機神様という神社があります。織物の各産地には神社がありまして、小千谷にも機神様があります。十日町にもあります。五泉という、こんこんと泉が湧いている羽二重の産地にも、立派な社があります。諏訪湖のほとり岡谷は、いまや製糸工場もわずかですが、その岡谷には、蚕霊供養塔という立派な慰霊塔があります。

私たちは織物あるいは蚕糸に、常に、宗教ではないけれど、何かの畏れを持って生産を続けてきたのだということを、振り返ってみたかったのです。農業の中の織物、あるいは自然環境の中の衣生活について、「このぐらいやってもいいかな、このぐらいならいいかな」と、いつも畏れつつ、今日まで生産を続けてきた。それは人間の、自然への畏敬の念です。それを大切にしていきたい、と私は思っています。

これからのこと

私が現在なぜこの仕事をやっているのか、ということに触れてみたいと思います。レジュメに「将来—目標」とあります。目標という大げさなものではないですが、一番目に「創造生活の復権」と書いておきました。染織を通して、生活の中にいつも新しいものづくりをしていきたい、と考えています。二番目に「衣生活の伝統面からの見直し」と書きました。いま何でもかんでも、新しいもの、突飛なものを衣生活に取り入れています。それもいいのかもしれませんが、やはり地に着いたものをしっかり見直していく中に、新しさを見出していきたいと思っています。三番目に、私たちの仕事の中から「多摩産地の染織」の発想を得たいと思っています。

例えば、いま伝統的工芸品としての多摩織が、実際の製品としては、失礼な言い方をすれば、あまり実体がないのではないかと思います。

しかし、伝統的工芸品に指定されるについては、いろいろ条件があります。その条件は、申請した時にはそれを意識していなかったかもしれない、現在もそうかもしれないが、それはあんがい産地の理念だったかもしれないのです。今にしてそう思います。

これは八王子だけの問題ではなく、ほかの産地もそうかもしれないのです。そう考えると、これは織物だけではなく、伝統的工芸品全体に言えるのかもしれない。指定を受けるための条件は伝統的産地の理念を、知らず知らずのうちにうたい上げたのではないでしょうか。最近、伝統的工芸品の規格というか、条件から外れたことがいろいろ問題になっています。この際、条件を見直して、その路線にうまく戻すような工夫が、産地を守る方向であると、素直にそう考えたほうがいいのではないか。これが三番目の言いたいことです。

四番目は、私たちの手づくり活動には、早川さんのグループを初めとするいろいろなグループがありますが、こういうグループの活動が何らかの経済的評価を受けられるようなネットワークづくりが必要だと思います。五番目に、多摩地域の養蚕、製糸、染織が一体となった複合産業づくりができないのか。なかなか大変とは思いますが、そういう願いを持っています。

講演後の会話から――『手織りのすべて』のこと

この二〇〇五年三月二六日のシンポジウムでは、村野さんの講演のあと、いろいろなことが起こった。ひとつは、私と研究協力者の挾本佳代と村野さんのあいだで、産業の現場と手仕事の現場とは正反対のものなのか、それとも相互補完的なものなのか、という議論が起こったことである。図式的に考えると確かに正反対の立場になるのだが、そこを村野さんはどう考えて仕事なさったのか、私にとっても極めて興味深い点であった。

この会話を通して私は、村野さんの仕事そのものが、農村や手仕事についての見識を深めていったことに気付いた。それは講演内容からもうかがわれる。講演で村野さんは五日市と八王子の原点から始まって、全国の農村について述べられ、ついに海外の事例にまで触れられた。これは大事な問題を含んでいる。私たちは多摩の織物を通して手仕事を考えようとしていたのだが、じつは逆に多摩の織物のこれからを考えるためには、現在の日本とくに農村で起こっていることや、世界の農業が抱えていることを知る必要があるのではないか。村野さんは仕事でさまざまな農村を見聞し、そこからご自身の手織りを捉え直しているのである。

内容がインタビューと一部重なるところもあるが、まずそのやりとりを掲載しよう。

田中　村野さんはいまご研究とともに機織りをなさっていて、しかも、機織りをなさる方たちの教科書と言われている『手織りのすべて』という本をお書きになった。機織りの世界では著名な方です。なぜご研究と実際の機織りと両方をなさっているのか。実は役人でいらっしゃったというご経歴もあるのです。機織りの職人さんでいらっしゃったころからのご経歴をお話ししていただけますでしょうか。

村野　私は八王子工業学校出身でして、そもそも多摩結城という紋織物を作っているメーカーに就職したのです。ですから、もともと織物を作ることが商売です。高円寺に蚕糸試験場という役所がありまして、やがてそちらへ行く機会があり、研究する部門に入りました。そこで、絹の摩擦、強さ、硬さなどの研究をやっていました。そのうち、ナイロンその他の化学繊維が出てきて静電気のことが研究対象となり、化学繊維の静電気の害を防ぐにはどうしたらいいか、という課題が与えられました。その過程で電気も勉強しました、そのあいだ、糸のことをよく知るためには、みずから織物を手で織ってみなければならないのではないかと考え、昼間の、表向きの給料をもらう仕事とは別に、自分で手織りを始めたのです。

織るならば全部自分で作ってみようというので織機も作りました。この皆さんの前にある織機の原型です。自分で作ったのです。手作りするためには、鋸と鉋とノミしかないですから、それでできるものをと、全部そのような道具で作りました。織機から、糸車から、何から何まで全部作って織り始めました。そして、身の回りにあるもので染めてやってみましたら、何とかかんとかできたのです。ずいぶん失敗しました。

そんなことを始めてみて、では、自分でやった体験を、もったいないから何か記録に残しておこうと、『手織りのすべて』という本を書きました。そういう経過です。そのうちに「手織り」があちらこちらで言われるようになりまして、それから「地域」ということも言われはじめましたね。

同時に、蚕糸試験場の、産業としての背景が小さくなってきて、蚕糸試験場自体が変化してゆき、農村生活研究室に配属替えになりました。農村生活の研究をやるのだったら、私ができることといったら織物しかない。特に手織りを元手に研究しようと、昭和村とか八丈島とか穂高町といった山村に入りました。そういうところで手織りを一つの手段にした農村振興を研究テーマにしました。簡単に言えば、それが私の経歴です。その間、調査に行くたびに少しずつ、絹織物の産地をレポートにしてきたのです。

田中　産業の立場で研究なさっているということと、ご自分で手で機織りをなさっていることとは、かなり距離があるように思うのですが。

村野　そう言われれば、距離がありますね。

田中　その両方を、お仕事の場と、お家に帰って機織りをなさっていたということで、分けてずっとやってこられたということですか。

村野　そういうことになります。ただ、分けてといっても、仕事で地域の産地、例えば十日町とか結城といった地域に行きますと、手織り産地ですから、私の分野だ、という感じは持っていました。そういうところへ行くと、私は生き生きとしていました。

挾本　蚕糸試験場と手織りは距離があるだけではなく、正反対のお立場ではないですか？　工業化していくほうに加担していくのと、手織りで全て自分で作る、染める、その材料も自分の地域から採ってくる。それは、工業化と正反対だと思うんです。そのなかで、どのようにバランスをとっておられていたのか。「工業化」の中におられるのが、ちょっと辛くなられたのかどうなのか。そういうところをおうかがいしたいと思います。

村野　そう言われてしまうとちょっと困ってしまいます。正反対ということもないような気がします。蚕糸試験場の中でいろいろな研究所の会議がありますね。研究方針なり、研究のデータについての討論がありますね。そういう場に対しての私の発言の内容が、手織りから得たデータというか、私の感じというか、そういうものもかなり根拠になったと思います。私は手織りから得た感覚なり感じを研究の中で確認して、それを元手にして発言するという手順を踏んでいたと思います。ですから、まったく違うということではないですね。そこを踏まえたうえで蚕糸試験場の中でも仕事をしていたと思います。

蚕糸試験場の方針もだんだん変わってきました。蚕糸試験場だけではなく、行政の方針も変わってきましたから、そちらに対する発言もいろいろな場面に活用できたと思います。研究者の発言は、論文で発言するわけですから、私が発言する場合、研究テーマをそちらへ向けて、研究テーマに沿った論文を書いて発言するということでした。ですから、私の論文はそちらの論文が多いということです。

挾本　量産を志向する本業の蚕糸研究と、手織り研究に矛盾はなかったのですか。

村野　とくにありませんでした。なぜならば、量産研究は、いいかえれば、省力化技術の研究であるからです。桑摘み作業の辛い思い出や、指先から血がにじんだ経験をお持ちのかたもおられるでしょう。ところが今は、残念ながら、体験したくてもできないのです。テレビドラマの「おしん」の辛さは農作業全般わたって、すでに克服されているのです。これは、省力化技術が進歩した結果です。矛盾を感じない理由です。

たとえば、繭（二グラム）から採れる生糸の量は、約一八％です。これは、昭和初期の一一％の約一・六倍。養蚕の桑摘み作業は、今はありません。桑の枝をまるごと蚕に給餌するのが普通です。一定の繭をつくる労働時間は、当時の三分の一以下、しかも、一定の面積の畑から三倍以上の桑の葉が収穫できます。繭の収穫も熟したカイコを拾わずに、テント張りの蚕室内で、シートづくりの蚕座からふるい落として集め、繭が収まる大きさの厚紙製の蜂巣のような回転蔟《まぶし》に移して、カイコ自身の力で繭を作らせるのです。製糸にいたっては、糸を繰り取る作業については、人手がいらないくらいです。

日本農業は、コメとカイコが二本の柱で、社会の仕組みの基本になってきたといえるでしょう。ところが、これだけ技術的な努力をしたにもかかわらず、比較的、切迫感がうすいカイコが先になくなってしまいました。ついでに、コメの例をあげましょう。

一九六〇年を基準にして、一定の水田から収穫できるコメの量は約一・五倍になり、労働時間は三・五分の一ですむようになりました。これは、水田が一・五倍広くなり、休日だけで、同じ面積の水田が耕作できることを意味します。

コメ問題は複雑ですが、単純に食べるほうから見ましょう。かりに、一年間に三〇〇日、一〇キロで五〇〇〇円のコメを一人あたり六〇キロ食べるとします（統計上、このくらいの量です）。

六〇キロ／三〇〇日・人×五〇〇〇円／一〇キロ＝一〇〇円／人・日

カン飲料一二〇円の時代、調理に手間や燃料が必要とはいえ、たった一人一日あたり一〇〇円に社会の仕組みや環境の問題がかかっているのです。高いか安いか、考える必要がありそうです。

つまり、農業の量産研究は大きな意味があったのです。ただ、このために自然環境に負荷をかけすぎたり、素材本来の性質をゆがめたりしているので、手作業が見直されているのです。また、社会的には、先祖が営々と築いてきた、農業を基盤とした連帯の仕組みや価値観がゆらぎ、代わるべき確固としたそれらができていないところに今日的課題があります。

挾本　ありがとうございました。今日のテーマである自然と農業にかかわる、非常に深い、今の時代について考えさせる話をしてくださいました。単なる対立ではないところが見えてきました。

ところで、村野さんのご本で、もう古本屋さんに行っても買えない『手織りのすべて』という本があります。草木染めの染織をやっている方々が、まず初めに織ろうと思った時に教科書にされる。それから、いまだに何か困ったことがあるともう一度村野さんの本に帰って読んでいる。そういう本だと聞いています。その本の中でも書いておられるように、地機を作られて使われている。地機でなければならなかった理由をお話していただけますでしょうか。

村野　こういう織機を私は実はよく知らなかったのです。高機というのは当時、もっと長くて大きいものだった。ですから、自分でできるものはこのタイプしかなかった。イメージとして湧かなかったんです。これなら自分で作ることができる、というのが一つです。また、自宅に置けるのはこういうタイプだろうというのが一つです。場所が狭いですから。こういうものだったら、仕事が終われば自分一人で脇に片づけられるからです。高機でもよかったのですが、高機だともっと大きいのです。それから、材料がたくさんいる。当時、材料費は五〇〇〇円ぐらいでした。スギです。その材木で全部作ってしまいました。

挾本　実際に地機で織る時には腰に力がかかる。染織をやっている方にうかがうと、年を取ってからいきなり地機はできないから、若いうちからやって腰を痛めないような織り方を身につけて、体で覚えてやっていくものなのだ、ということです。実際にそうだったのでしょうか。

村野　それはあるでしょうね。急にやると腰を痛めるかもしれません。片足で突っ張っているんです。ですから、自動車のオートマで長く乗っていると片足がおかしくなりますよね。そういう感じは降りた時にちょっとします。しかしそれは、ずっと座っていればのことで、タテ糸を織機に仕かけるまで来れば、織物というのはちょっとの時間でできるんです。機にかけるまでの時間はかなり集中しないとできませんが、機にかけてしまえば休もうと思えばいつだって休めるわけです。それほど根をつめてやらなければ大丈夫です。

いま一つは、途中で足を、左右を交代してもいいわけだし、なるべくなら背骨のほうにベルトをかけない。腰機ですから、下のほうへ、お尻のほうへ、突っ張るところをかければ、それほど負担はかかりません。だんだんに上に上がってしまうんです。私が皮ベルトを使っているのはその理由によるんです。皮のほうが滑らない。結城などはよくケヤキの皮を使うんです。ケヤキの皮は硬くていいんですが、滑ってしまってだんだん上に来てしまうんです。そうすると、背骨にもろにかかってしまう。皮は、お尻のほうにかかっていても滑らないで、お尻で突っ張れるんです。だから、これのほうが私はいいと思います。結城へ行ってご覧になってください。女性たちが布団をいっぱいはさんでいるでしょう。あれ、厚い布団でも圧力は変わらないと思います。だんだん上に上がってしまうんです。ちょっとした工夫でそのへんのところは乗り越えられると思います。

会場からの発言

このあたりから、会場の参加者からさまざまな質問が出た。質問は、布についてなじみのない方から、農業に一家言あるかたまでさまざまだった。とくにこの回では、司会をしていた私と挟本に対し、「言っていることが抽象的だ、現実をふまえていない」という批判が、かなり厳しい口調で出てきたことを覚えている。このことを振り返ってみると、この四回のシンポジウムが一貫して、かなり真剣な好奇心で満ちていたことを感じる。それは手仕事というテーマのなかに、「農業をどう考えるか」「地域とは何か」という、これからの日本に関わる大きな問題が含まれているからである。すべてを掲載することはできないので、参加者の関心がわかるいくつかを紹介する。

参加者　先ほど先生のお話の中で羽二重という言葉が出てきましたが、羽二重の材料はどういうものでしょうか。もう一つ、羽二重と紬の違いはどうか。三点目はご婦人の喪服について関東では羽二重、関西のほうでは縮緬と聞いていますが、どうしてそういうことになっているのでしょうか。

村野　羽二重は生糸です。蚕が繭を作りますね。吐いてくれたとおりに順番にほぐすのが生糸です。その生糸を七本なり一〇本なり束ねて生糸ができますね。それを二本合わせて、撚りをかけない。それを筬《おさ》の目に二本ずつ入れます。だから、二重ですね。羽二重です。ヨコ糸はもっと多く合わせます。

紬のほうは、蚕が吐いてくれたとかそんな順序は一切かまわないで繭を煮て真綿にしてしまう。その真綿から糸を取ります。それが紬です。

縮緬と羽二重の違いですが、縮緬はヨコ糸の生糸を一メートルあたり二〇〇〇回とか三〇〇〇回とか、うんと撚りを強くして織ります。すると撚りは戻ろうとします。それをセリシンという糊の力によってためておくわけです。殺しておくわけです。撚りが戻ろうとする力が糸の中にたまっていますから、織ってしまってから糊を落とすと、糸の中にたまっているストレスが解放されてグッグッグッと撚りが縮む。そのためにしぼが寄るわけです。それが縮緬です。喪服について、関東が羽二重で、関西が縮緬というのはどういう理由かというのはわかりません。習慣だと思います。

田中　ところで、先ほど農村のお話が何度も出てきました。村野さんは農村の中で、機織りや糸作りだけではなくて、酪農をやったり、麦を作ったり、いろいろなことをやっている。そういう複合的な生活の中に織りがあるとおっしゃっていました。それが大変印象深いのです。農村というのはもともとそういうところだったと思います。そうすると、今度私たちが新しく織りを考える時、その複合としての農村をイメージできるかどうか。あるいは、これを取り戻すことができるのかどうか。そういうところが気になったのですが、どのようにお考えですか。

村野　本当に難しい問題ですね。取り戻すことができるかどうか。十日町などの産地や、米沢、小千谷、桐生、八王子、こういう産地については取り戻すのはなかなか困難な場所が多いですね。しかし、奄美、沖縄、福光、郡上、松本、昭和、栗駒というところは、いわゆる織物産地ではなく、手工芸的な伝統のある産地です。そういうところは取り戻せると思っています。また、取り戻さなければ残らないと思います。むしろ和服の世界ではそのぐらいで十分供給も賄えますし、そういう産地のほうがこれから和服の世界では残るだろうと思います。

田中　挾本さん、共同体、集落、村落の話が出ていましたが、どういうふうにお聞きになりましたか。

挾本　今の私たちの生活では洋服を着ています。洋服を作るところは工場ですし、今は中国から入ってきています。かつては共同体、村の中で染めとか、糸を取るとか、織るとか、そういうことを分業して、農業もやりつつ衣類を作っていたわけです。そういうことが今の日本の農村の中にどれだけ残っているのか、今後なくなっていってしまうのか、というところに興味があります。

田中　先ほど村野さんは、企業の織物から始まって、それから地域の織物に入っていかれました。最後のお話で興味深かったのは、岡谷、八王子、桐生など大産業地だったところより、むしろこれからは農村地域の織物なのだ、とお話しされた点です。八王子の織物業界は大変だと思います。

挾本　いろいろなかたちで復活の仕方があると思いますが、共同体の復活ができなければ無理、というお話ですね。もともと産業化してしまっているところではもう無理ですが、農村的な役割が残っているところではまだ何とかなるのではないか。その見方に関心をもちました。

田中　私たちにとって、ものづくりと言うと伝統工芸がすぐに浮かんでしまうけれど、ものづくりというのはもっと生活に根ざしているものではないでしょうか。売れるか売れないかはその土地によるけれど、売れなかったとしても自分たちが着ていた。しかも、どういうものを作っていたかは、その土地で何が採れるかということと密接な関係があったわけですね。

挾本　ものを染める時も葉を取ってきたり木の皮をはぐ。そういうところからすると、地域の色があるはずです。私たちはみな化学染料に慣れてしまっているから、赤や黄色がどこでも出せると思いますが、この地域でなければできない色というのがあるはずです。

田中　むしろ制限があるわけです。化学染料って何でもできますね。私たちはどんどん欲望を膨らませて、何でも欲しいものを手に入れる、何でも作ってしまうのが幸せなのかと思った時に、そうではなくて、その土地の制限の中で人が暮らしてきて、その制限があるからこそ共同体特有の雰囲気ができ、文化ができてくる。それが伝承されてきた、そういう歴史を歩んでいるわけです。織物のことを考えると、現代の価値観とはちょうど正反対だけど、そういう文化のすごさを感じます。

参加者　お二人の話をうかがっていると、頭が先行しすぎているように思うんですよ。大規模な産地、企業による産地と地場とがまったく対立しているというような考えは、頭が先行しすぎているのではないかと思います。

私は村野先生と年が同じぐらいです。私も農村の出身です。田舎を出るまでは毎年、本家に集まって養蚕など手伝わされました。トップのカネボウとか片倉といった工場が県内に何カ所かあって、取った繭を集めてそこに持っていきました。中世、江戸時代初め以来の地場産の織物もありました。それはカネボウとか片倉のような大資本ではありませんで、いわゆる地場、中小資本です。それが少し大きいのが八王子だと思います。それはもう衰退していますが、私は宮城県の出身ですけれど、まだ仙台平の袴の生産で少し残っています。

もう一方で、われわれ農民は繭を作って販売しますが、くず繭が残りますよね。そのくず繭から自分の家で使う真綿は自分の家で作っていました。したがって、布団は自分の家の真綿で作り、木綿の綿も自分の家で作って、麻も自分の家で使う分は自分の家で作っていました。自分の家の真綿で布団を作って、子供などが生まれるとお祝いに持っていってやったりしました。金に換える繭と換えられない繭をどう使うかなんていうのは矛盾なく両立していたわけです。対立していたわけでも何でもない。それが日本の農村だったと思います。

もう一つ、養蚕の作業は死ぬ思いでした。二四時間寝られない。クワの葉を取りに行く。クワも、四回か五回やるんですが、最後の晩秋蚕の時はクワの木を切りますからいいけれど、それまでは葉を摘みます。摘んでいる指は血だらけになります。あの重労働を日本の農民はもうやれないと思います。やりたい人は一人もいないと思います。実際に働いてみないとわからないでしょう。

そしてもちろん養蚕だけでは食べられませんから、米も作っていました。畑も作っていました。ウシも飼っていました。蚕をやる期間は春から夏の終わりぐらいまでに入ってきます。ちょうどその時は、田植えが終わった直後から始まって、何でもやっていた農業の中で水田が経営規模の中で一番大きいのですが、水田管理の手が空く時に養蚕をやっていて、そこから集めた繭がカネボウ、片倉製糸をつくったわけです。お二人の先生のお話は、頭が先行してマルクスとケインズの対立みたいなかたちで説いていましたが、そうではないのではないかと思っています。

私は日本の農業がこのように変わってきた最大の要因は、資本もあったり、経営規模も小さかったり、村野先生と議論したいのですが、あの重労働からの解放が大きかった。したがって、借金をしてまで農機具を買ってしまうということだったのではないかと思います。私が農業を継がなかったのは、こんな辛いこと、ぼくの体では一生働けない。そう思ったのが進学を決めたり、東京へ出てきたりした最大の理由です。農業とか養蚕とかが文化として価値のある、芸術的に土産ものになったり何かするところだけが、奄美とか、そういうところにたまたま残った。資本主義の枠の中でそれなりに産業化して生活できるひとが、何十人か何百人かいるというだけのことではないかと思っています。

このシンポジウムをやる時にちょうど、カネボウが織物を一切やめてしまうという歴史的な時期に重なりました。それは織物がもっと低所得の、海外の農業地に移っていったからだと思います。今の日本国民が、むかしの農業に戻せるなんていうことを簡単に言っていますが、絶対にありえない。今の農村の息子があの機械化した農業ですら跡継ぎをしないように、戻せるはずがありません。私は二人の先生におこがましいことを一言だけ言わせてもらえれば、まず裸になって泥田の中につかって田植えをするという生活を五年やってから、何か理論を打ち立てたらどうかと思っています。

田中　おっしゃるとおりで何も付け加えることはありません。ただし、生活経験のない研究はしてはならないとなると、世の中に研究も文化も情報も存在しなくなります。とくに今の農業人口のもとでは、誰も農業や自然のことを考えなくなり、それこそ危険この上ないと思っています。

ほんとうは農業の実践こそ、やるべきなのでしょうが、ここではそういうわけにいきません。せめて機織りを見せていただき、可能なら実践していただきます。今のお話は心に深く染み入りました。ですから、そのことを心に止めながら皆さんに機織りを見ていただきたいと思います。

地機を体験する

シンポジウムは必ず実践を入れる、できないときは実物に触れたり見られるようにする、というのが最初に立てた方針だった。「1　真綿をつくる」のときにそうだったように、今回も実践に入ると会場は無秩序となった。参加者のかたがたには自由に前に出て来ていただくので、質問と答えはあちこちでわき起こり、記録できなくなる。

この回では村野さんが、ふだん使っておられる地機を持って来てくださり、早川さんが、団地の部屋で使えてしかもかなり高度な織りを実現できる、小型の織機を持ってきてくださった。早川さんのグループ「洞」のメンバーが織った布を見るためにも、参加者たちは前に参集した。初心者になぜここまで織れるのか、多摩織とは実際にはどういうものなのか、多くの参加者が関心をもった。とくに地機は、写真で見ることはあっても、実際にはなかなか体験できない。それを体験できる稀な機会だったのである。やりとりの一部だけ、紹介しよう。

田中　綜絖に糸を入れるまでの作業が大変だと思います。綜絖は針金でできていることが多いのですが、これは絹糸でできているんですか。

村野　いや、木綿糸です。絹ですと滑る。木綿が適切です。

田中　左足で突っ張っていらっしゃって、右足だけを前、後ろに動かしていらっしゃって、しかも腰を常に少し後ろにしていないとタテ糸を引っ張れないので、辛い姿勢に思いますが、お疲れになりませんか。

村野　それほどではないですね。わずかですけれど、交差口を開く時（右足を後ろに動かすとき）は腰を前に出しているんです。タテ糸に無理がかからないように。開放口の時（右足を前に出したままのとき）左足は逆に突っ張っています。

田中　微妙に腰を緩めたり突っ張ったりしながら、タテ糸の張り方を調節して、ご自分が機織り機になっている状態です。会場から、「機を織るとはどういうことですか」という大変な質問が出ています（笑）。

村野　織るとは、タテ糸とヨコ糸を交差させるということです。交差させるのも、ただ並行に交差させるのでは交差したことにならないですね。ですから、タテ糸を一本おきに上下にしながらその隙間にヨコ糸を交差させなければならないわけです。例えばこの場合にはタテ糸とヨコ糸が二本単位で完結しています。一本が下がって一本が上がるわけです。それを繰り返しています。タテヨコ同様です。タテ糸が一本おきに白い糸（かけ糸）にかかっているわけです。ですから、フリーのタテ糸が上になっている時は、この隣りの糸に白い糸がかかっているわけです。これがこうなる（白い糸かけ糸が引き上げられる）ことによって一本の隣りの糸が入れ代わって上がるわけです。

参加者　上のタテ糸の数と反対側の下のタテ糸は同じですか。

村野　同じです。二分の一ずつです。約一二〇〇本あります。上が六〇〇本、下が六〇〇本。一本一本が交互になっている。タテ糸は一二〇〇本あります。ここ（緒糸）に一五メートル巻かれていますから、一二〇〇本×一五メートル。この糸はざっと一万八〇〇〇メートルある計算になります。一万八〇〇〇メートル分、ここで行ったり来たりして幅を出してグルグル巻かれているだけの話です。幅はこの竹のオサ（筬）で決めているのです。（反物を手にして、垂れ下がった一方の端を指さして）下の方に紐があるでしょう。紐が輪に通って下がっていますね。タテ糸が次々と全部一つながりになっているでしょう。これは地機だから、できるんです。タテ糸を作ってから、ここにかけ糸を掛けるだけです。

田中　地機の場合、白い糸の部分、かけ糸と言うそうですが、そこに一本一本入れていくだけなんですね。

村野　これは輪になってタテ糸をすくっているだけなんです。結果として、輪に入っているように見えてくる。

参加者　私は通しているのかと思った。

村野　いや、通しているのではない。機織りを終わるでしょう。一本の白い綿糸に戻ってしまうんです。かけ糸の上部が8の字になっているのは、二本の細い棒にからんで8の字を描かないと、隣り同士の輪が滑って大小ができてしまう。だから、摩擦を大きくするために8の字に捲きつけてあるだけです。8の字を消すと一本の綿糸に戻ってしまう。

参加者　シルク兼用の機ですか。
村野　本来は木綿です。本来はというのは、普通は地機のことを木綿機と言っているんです。高機のほうは絹機と言っているからです。
参加者　よくかけ糸の長さが同じ長さに……。
村野　それはべつにそれほど難しいことではないんです。定規みたいなものを作るんです。篠竹をワニ口みたいに二つ割りにするんです。ワニがガーンと口が開いたようなものでパチッと、五、六センチの突っかい棒をはさむんです。竹を割るでしょう。口をパーンと開かせてパッとはさむんです。ワニの口がエッジになるじゃないですか。この先を定規として、輪を作るんです。
田中　大変な人気で人がどんどん周りに集まって質問が始まっていますが、そろそろ次のお話に入りたいと思います。いまお聞きになれなかった方のためにちょっとだけマイクで翻訳します。白い部分がありますが、あの部分は糸綜絖とも言います。かけ糸とも言いまして、あの白い糸はたった一本の連続したモメン糸でできているそうです。それを同じ長さにずっと巻いているだけです。そこに、ザクロの皮で染めたタテ糸を一本一本通しているわけです。普通の機織り機と違う機構で、皆さん、関心をおもちでいろいろな質問が飛んでいます。私も初めて地機を間近で見まして、大変興味深いことばかりです。

9

色は生きている

「草木染」の本来

山崎桃麿さんに聞く

山崎 桃麿 氏（シンポジウムでの基調講演）

多摩で織物をなさるかたたちは恵まれている。お手本になる作家さんや職人さんや指導者たちが近くにいるからである。村野さんはそのひとりであったが、多摩織を伝承した故・中山壽次郎さんや、青梅の染織家の山崎桃麿さんの名前も、たびたび耳にした。山崎桃麿さんは染めの世界では大変よく知られたかたで、しかも可能な限り八王子産の生糸を使っておられる。お弟子さんも多い。山崎桃麿さんの織りを「月明織」という。

しかし山崎さんはその作品で知られているだけではない。私たちがふだん使っている「草木染」という言葉は、じつは父上の山崎斌《あきら》氏が作った言葉（つまり概念）だったのである。山崎家の染めはいわば「元祖・草木染」というべきもので、それだけに、染めに対するこだわりは徹底している。

山崎桃麿さんは一九二六年、伊豆で生まれている。父上は作家で「草木染」の命名者、兄上は、『草木染』『草木染染料植物図鑑』などの著書がある、草木染研究者の山崎青樹氏である。山崎さんは両親のもとで染織を学び、一九四九年、川合玉堂のすすめで青梅に工房をかまえたという。同時に「草木染・月明塾」を主宰し、今日まで草木染と手織りの技術を伝えておられる。都心で定期的に個展を開催し、その他さまざまな展覧会に招待作家として出品されておられる。

私は二〇〇五年五月、挾本佳代と一緒に月明塾を訪ねた。他の追随を許さないこだわりの染織家、という印象があり、非常に緊張していた。しかし、拍子抜けするほど愉快なかたで、林を吹き抜ける風と一緒に笑いながら話を伺っていた。肩の力が抜けている。偉そうにしない。ご自分の手がらを語らず、むしろ「弟子たちがみなやっている」とおっしゃる。山中の仙人さながらのおひとがらで、不思議な会話になった。

田中　いつもお忙しそうですね。今年のご予定は？
山崎　一〇月の二〇日からが塾展です。ここはまず「手織り塾」があり、もうひとつ「草木染友の会」という地域のグループが自主的に活動しています。その両方とも指導しているのです。両塾の合同展覧会を一年おきにやっていまして、一〇月二〇日から立川の朝日ギャラリーで一週間やることになっています。
田中　では、準備などで大変でいらっしゃいますね。
山崎　いや、私は準備はしません。
田中　お弟子さんたちがなさるのですか？
山崎　そうです。指導はしますけど。
田中　ここには随分大きな工房がありますね。
山崎　あそこは教室です。施設を皆さんにお貸しするだけです。
田中　そうなんですか。
山崎　はい、私は教えることはしません。見てあげることはしますけど。勝手なんですよ。施設使用料だけをもらっている。それはいわゆる月謝になりますけどね。月曜日は休みになっていまして、それを除けば月に一回来ようとも、毎日来ようともかまわない。ここを使って染め織りをするのだったら、自分でやりなさい、という方法です。
田中　それで、何かわからないことがあったら先生に。
山崎　聞きなさいということです。まず私より先輩に聞け、と言います。カルチャーセンターなどでは全部教える。しかし全部教えてもだいたい覚えないんですよ。自分で勉強しろ、そして自分のものをつくれ、と私は言います。私の作品はあの工房では一切作りません。時には指図をして、私の糸も染めてもらっていますけどね。
田中　では、先生ご自身の工房はどこなんですか？

山崎　ここ（インタビューしている場所）です。全部物置きです。仕事場です。
田中　え？　こちらで？
山崎　この物置でやってますよ。
田中　見せていただいてもいいですか？
山崎　いや、見せないです。物置きになってます。使ってない。
田中　……！（気を取り直して）先生は染色がお仕事ですから、糸はどこかから買っておられますね。
山崎　糸は全て小此木先生のところの「多摩シルクライフ21」から買っています。せっかく多摩で織物をするのですから、多摩の糸を使おうじゃないか、東京のブランドを使おうじゃないか、と言うことから、小此木先生に骨を折っていただいて集めていただいているわけです。多摩シルクが集めている糸の大半は私が使っているようですよ。それほど皆さん、糸をお使いになるわけではありませんからね。
田中　そうですね。今は織りも染めもなさるかたは少ないですからね。
山崎　でも、この工房では三〇名ばかりが織っていますよ。その人たちが自分のものを作っているわけですから、その人たちも多摩シルクを使うわけです。
田中　三〇人も……。
山崎　この工房には初めてのかたも来られます。かえって初めてのかたのほうがいいですね。素直に覚えるし勉強してきます。女子大出た人はだめですよ。大学で習う人たちはプロになろうとするからね。仕事にしようとする。そうするとどうしても、手仕事の手間を省くのです。自分のものを作りなさい、というと、手間を省くことはない。自分でやりたかったら、自分でやればいいわけです。私のものを作らせるわけではないですから。私の気持ちが皆さんに伝われば、そしてそれで作品ができれば、それは皆さんのものですよ、と、私は言っています。
昔、ここで始めたときは今の工房のような場所がなくて、ここで教えていたんです。一人二人だったら、一から手を取って教えられます。ところがその人たちは人に教えることがないものだから、自分だけが天下になってしまうわけ。「もうできる」と思ってしまう。そうして機織り機お世話してあげて、それを自分の家に持って帰ると、だいたい一年続かないですよ。だめになってしまいますよ。その後は、自分たちが助け合って手伝い合いながらやるように、ということにしています。

田中　上のほうの工房では染めるだけではなく、織りもやっていらっしゃるのですね。

山崎　自分で染めたものをどうするか。やはり織らなければしようがないですからね。もうひとつの「草木染友の会」の人たちは自主的に来てやっていますが、これは染めのグループです。いろいろの草根木皮で見本布絞、型染などの染めを毎月一回教えています。「草木染手織塾」は糸染から機織まで、主に着物を作ってます。もっとも大変なことをやっておけば応用がきくわけです。学校のように太い木綿糸から始まって絹は最後、ということはしません。絹をなかなか教えてもらえないから、ここへ来る人もいます。うちは初めから絹です。いちばん大変なことからです。そうすれば、自分で仕事をしなければならないでしょ。自分で染めて機《はた》にかけて、自力でしなければならない。新しく来た人は、他の人を手伝いながら覚えて行きます。

田中　先生ご自身の染めはどうしておられますか？

山崎　基本的には自分でやります。今は足の具合が悪いものですから、染料の煮方は私が指導して、媒染も私がして、三〜四年やっておられる人にまかせます。私のやりかたでやってもらっています。

田中　お父様も染色にかかわっておられたのですか。

山崎　いえ、小説家です。

田中　小説家でおられて織物もやっていらしたのですか。

山崎　織物はやっていません。何かものを残したい、小説書くよりものを作らせた方が面白い、ということで、作らせましたが、実際にやったのは母です。

田中　お父様の代からここにいらしたのでしょうか。
山崎　いえ、昭和二四年にここに来ました。
田中　ああそういえば、お父様は長野のご出身ですね。
山崎　そうです。長野です。父が残したい、と考えたことで、染めが始まったのです。今、安曇野の美術館で父の展覧会をやっています。
田中　お父様は「草木染」の命名者でおられるということですね。
山崎　そうです。商標登録は昭和五年にしてありますが、皆さんで草木染の復興を手伝ってもらいたかったから、権利を主張しなかったのです。現在の法律では訴えないと権利がなくなるのです。事典には「小説家山崎斌の命名」と書いてあります。

父は上田の在の脇本陣に養子に入りました。父の養父が亡くなったとき、庄屋を維持しなければならなかった。そこで昭和二年に祖父の家に帰ったのです。昭和の初めは農村の不況時代です。せっかく繭を作ってもなかなか生活ができません。一等繭を片倉製糸に売り、二等繭を使って自分たちで着物を作ったらどうかと提案しました。しかしその当時はもう染色が廃れていましたので、長野県の村々を指導して歩いたのです。

民芸運動の柳宗悦と同じ生き方ではあるのですが、父は「いいものを作るには二流品を作ってはいけない。手が落ちてはだめだ」と考えていました。柳さんの民芸運動の考え方は、生活するには生活の糧を得なければならないから、まず実用品を作って、その上でちゃんとしたものを作ったらどうか、という思想だったですね。しかし父は、手仕事に手間を省いたらそれっきり手をかけることはできなくなる、という指導をしてきたのです。

しかし戦争の結果、すべてが粗雑な品になってしまいました。「草木染」という名を作ったにもかかわらず、父から教わった人たちも化学染料で染めて織って、それでも何だって売れたのです。私と兄は、父がせっかく残したものを継承してゆかなければならないと思っていました。長野県の佐久にちょうど父の妹が嫁いでいました。

兄は胸を悪くしていたもので徴兵を免れ、戦争中は佐久に疎開していました。そこで佐久に「月明村」というものを作って、織物と陶器と和紙の指導所を作ったのです。そういうわけで、今は安曇野で、父の交友関係や当時作った着物の展覧会をやっています。それを兄が監修しています。

田中　この布はお母様がお作りになったものですか。

山崎　染めは母が、織りは安曇野の農家の人たちや、上田の人たちがやってくれました。

田中　上田には上田縞がありますね。

山崎　上田縞も信州縞も父が残したものです。上田縞をもってお姫様が結城に嫁に行き、上田が縞なので結城は絣と称したのです。上田縞はタテ糸を絹、ヨコ糸は真綿から作った紬糸で織りました。地が厚いのです。三〜五年殿方が寝間着にして、その後女性が着物にするといい、というぐらいにしっかりした布でした。しっかりした布にしておけば、孫の代まで伝えてゆくことができるのです。ものづくりは家族が基本でしたね。

朝日新聞の「私の一番」という取材があったのですが、私の作ったものが千年たってまだ使われていれば一番ですね。でも今は一番でも何でもないです。遊びでやっているだけですから。遊び心とは何かというと、道楽です。道を楽しむことです。ここに来ている人たちにも、「遊び心が大事だ」と言っています。たとえば美しい色を染めることも遊び心です。ものは自分の分身です。自身がそこに現れてくるのです。たとえば絵描きさんがお金を目当てに絵を描くとする。そのような作品では心が癒されませんね。絵描きさんも楽しんで描いてほしい。ところが絵が好きでたくさん描く絵かきさんは、「あまり描いたら絵の値段が下がるよ」などと言われる。お金が優先して遊び心がなくなります。

田中　山崎さんの布を入手するためにはどこに行けばいいのですか。

山崎　ここに来なければ買えません。

田中　店には出さないのですね。

山崎　出さないです。私の作ったものは、お召しになるかたに直接買っていただきたいからです。展覧会も同じなんですよ。青梅に六〇年いて先日、初めて青梅で展覧会をやりました。やってくれと言われなければやらないからです。このあたりの人で、私が何をしているのか知らない人もたくさんいます。関心がないようです。

田中　工房に来ておられるのは地域の方々ではないのですか。

山崎　東京や横浜の人です。

田中　もったいないですね。生活のなかに染め織りがなかったのでしょうか。

山崎　そんなことはありません。昔は蚕も飼っていたし、青梅縞というものもありました。

田中　そういえば縞が少なくなりましたね。

山崎　私は縞を作っています。銀座の松屋で展覧会をやると、私の縞はよく売れます。呉服部ではなく美術部で売るのです。

田中　縞が売れなくなったわけではなく、いいものに行き当たらないだけなんですね。

山崎　唐桟もなくなりましたしね。一昨年パキスタンに行ったときに、私の見本帳を見て、「この縞は四〇〇〇年前からあります」と言っていました。縞は古くからある単純なもので、色合いの組み合わせが大事ですね。私の縞は色が違います。一三〇〇年前の正倉院御物の色です。今は色が変わっては困る、と堅牢度を重要視して処理しますが。

田中　色は変わるものですね。

山崎　色は生きているのですから変わるのは当たり前です。はげてはいけませんが、変わるのです。東南アジアから買いつけて「草木染」と称して売るものは色落ちしますね。色落ちするものは植物のタンニンを付着させただけのもので、草木染とは言えません。ちゃんと洗わないで乾燥させるからですね。生活の中から生まれてきた染色とは何か、考えていただきたい。

ところで三〇〇〇万円かけて、武蔵御嶽神社の国宝の赤絲縅鎧《あかいとおどしよろい》の複製を作られたそうです。平安時代の鎧で、「あかね」の根で染めた赤緋色が、現在は真赤に変色しています。それを復元したものは「あかね」と「すおう」で赤に染めたそうです。しかし「すおう」で染めて古くなると赤茶になるのです。変化した色に近づけようとしたのでしょうが、もともとの色を染めていつ復元したか書いておけば、変化の状況が見えるはずなのですがね。

田中　先生が染められるときは、色の変化はどうですか。

山崎　六〇年たっても変わっていません。色が落ち着いています。

田中　そう簡単には変わらないのですね。

山崎　お召しになって汗をかいてそのまましまうと変わりますね。その意味で、虫干しは非常に大事な行事でした。染めは身体のためにはとてもいいのです。かつては産着も色がついていました。虫除けになる紅花の赤、くちなしや、きはだや、うこんの黄色、藍の藍色を使いました。化学染料が入ってから肌着は白くなりましたね。化学染料が肌に悪いからです。昔は敷布もしきませんでしたよ。藍染めは健康にいいので、そのまま寝たのです。戦後はふとんカバーまで出てきた。化学染料に囲まれているからですね。染料は虫に強いので、長く伝えなければならないお寺のものは、きはだで染めました。これは、日に当たって変わるとうこん色になります。

　染料は全て漢方の生薬です。人間は煎じて飲み、動物は生のままかじったのです。衣類にこの染料が付着すると虫がつかないのです。布は白から始まります。が、それではアクがなくなって虫がつきやすくなる。そこで、染めるようになりました。たとえばきはだは打ち身の薬です。ですからきはだのあまかわを肌につけて、白帯で巻いた。その白布に色が染みたら、虫が食わなかったわけです。

田中　ほんとうに、染料は薬と同じなんですね。山崎さんは染料をどのように入手なさるのですか。

山崎　漢方問屋からです。染剤屋から買うものではありません。薬屋から買います。新しいほどいいですね。ただし古いものでも染めています。もちろん工房の人たちは野の草を採取して染める、ということもしています。

兄はそういう染料の研究をしています。優秀で生真面目です。私は父親の遊び心だけを受け継いでいます。

田中　ぜひ、多摩研シンポジウムで話を聞かせていただきたいのです。何か見せていただけるものがあれば、お持ちいただきたいのですが。

山崎　植物や、糸の色見本なら持って行かれます。三〇〜四〇年前の見本帳があります。二〇年前、私はインドに行ったのですが、草木染がありませんでした。カルカッタの染色指導所に行ったら、「いまどき天然染料は使わない」と言われました。デリーの最高の工房でもそうでした。そう考えると日本は、よく草木染を保ってきたと思います。しかしインドは今では植物染料を使っているそうですね。化学染料が怖いからもう使えない、ということになったという。また植物染料の時代がやってきたのではないでしょうか。

（二〇〇五年五月一一日、青梅「草木染・月明塾」にて）

この後、法政大学多摩校舎に来ていただき、シンポジウムで講演をしていただいた。シンポジウムはここまでに「糸」「織」という順番でテーマを設定してきている。「染め」はぜひおこないたかった。しかし染めの実践は、会場ではできない。草木染の実践をするには、火を相当焚かなければならないからである。考えぬいたあげくその方法はあきらめ、今回は山崎桃麿さんから、徹底的に染めの具体的な話をうかがうことにした。

日本では、伝統的な職人技術や伝統のものづくりをどのようにして伝承してきたか、そしてこれからどのようにして伝承してゆくか、これは大きな問題である。ウィリアム・モリス、柳宗悦、そういう人たちの名前が浮かぶが、しかし、ものづくりを支え、伝えてきたもっと多くの人たちがいる。山崎桃麿さんはもちろんのこと、父上の山崎斌氏、兄上の山崎青樹氏も、伝承の方法をきっちりと持っているかたたちである。このシンポジウムは毎回、染織に関するかなり専門的なやりとりも行われるが、美術学校ではないので、それが目的ではない。今回も専門的な領域に入り込みそうな気がするが、それを越えて重要なことが聞けるに違いない。それは姿勢であり、思想である。山崎家の思想、と言ってもいいかも知れない。

当日は、工房からいろいろな染めの材料を持ってきていただいた。樹木の皮であるとか、実であるとか、あるいは昆虫であるとか、いろいろなものを使って人間は染めてきた。そういう染めの材料、実際に染められた布、様々な媒染を使ってどう変化するかを示す、見本端切れ、作品である反物、着物、そして東南アジア諸国で集められた布、会場のテーブルの上には、所狭しと、そういうものが並べられた。実践できないまでも、話を聞くだけではなく、実物を見ていただきたかったからである。実物を目の前に置くと、話が抽象的に流れるのを防いでくれる。

司会者の会話

挾本　山崎先生のお宅を訪問した際、工房を拝見しました。素晴らしい環境でした。水がきれいなところです。そうでないと、こういう色は出ないのではないでしょうか。自然の中の色が、どのように布に染められ、どのように着物になってゆくのか、染めの素材と、染めた布の色の関係をお近くでご覧になると、想像を裏切るようなことがあると思います。同じ材料で染めても媒染によってずいぶん違います。

田中　これらの布全般がそうなんですが、染めとは、自然をその中に込めてゆくことです。自然をこちら側に引き寄せ、そして布の中に入れてゆく作業です。ですから自然の気まぐれに左右されます。布の一枚一枚、糸で染めてゆく場合はその糸束ごとに、同じ材料を使っても違ってきます。いつそれを染めたのか、その木の皮はどの位の樹齢なのかなどで、違ってきてしまうはずなんです。染めは、それほど自然との関わりが密接な分野です。

講演——草木染とは何か

ここにいろいろ持ってきたんですけど、私はあまり持ってきたくなかった（笑）。田中先生が持って来いって言う。

車で送り迎えするからっていうので、仕方なくね。これは色見本、そしてこれは、それに対応する染材です。漢方問屋さんから取り寄せています。

生徒さんには、近場の自然の中から集めたもので教えていますので、そのための見本帳と染材のサンプルもあります。私は学校の先生のようなしゃべり方はできないわけで、話はあっち行ったりこっち来たりします。私の五〇年の仕事で一番見ていただきたいのはこれです。五〇年前の見本布です。何万人もの方が手にとって触れているものです。だからと言って色が変わっていることはないのです。

またこちらにあるのが現在の八王子のシルクを染めた着物です。あとは東南アジアの布です。一五年ぐらいかけて集めたものです。後ろにかかっているものは家内の着物です。平成三年（一九九一）に私は第一回の展覧会を開いて、付下げ二〇点売れたんですけども、一点だけは女房が着ているわけで、これは洗い張りを三回やっています。生地は柔らかくなっています。やはり染色というものは、洗って初めて色が出てくるわけです。月明織っていうものは田舎紬なんですから、しっかり織っているものなのです。着ていただいて水を通していただかないと、いい味が出てこない。こちらにあるのはスオウで染めたものとゲンノショウコで染めたもの。これは家内が五〇年着ている。たぶん一〇数回洗い張りをしていて、縫い直しばかりしていますが、とてもしっかりした生地で着やすいものです。

今の人たちは草木染というのは洗うとはげちゃうんだと、洗っちゃ駄目なんだと思われているのですね。そういう草木染であっては困るわけです。草木染がはげるようでは草木染ではないんですよ。ここに持ってきました東南アジアのものは、だいたい洗濯をする時は単独で洗濯をしてくださいと本に書いてある。石鹸をつけたり洗ったりなんかしますと、色がはげるし、白いものに色が付着して落ちませんよ、という注意書きがある。しかし本当に植物で染めたものなら、そういうことはありえないのです。そこから考えていただくと、そういう添え書きのある東南アジアの製品は全部が化学染料だ、というわけです。ラオスは一番の織物産地です。織物はとても素晴らしいんですけれども、植物プラス化学染料と書いてある。何も書いてないものは全部化学染料だと思って結構だと思います。植物で染めたものは色落ちがしないからです。むろん、色止めをしっかりするのが前提ですが。

この、八王子の春蚕《はるご》の生糸を使ったものは色があざやかです。光沢があります。それも大事なんです。素材は何でもいい、というのは化学染料の場合ですね。化学染料の場合、染料によって素材が腐蝕するわけですから。三カ国から、四カ国の繭を合わせて作るような糸は、化学染料でもいいのです。草木染は水を通して中へ浸透させるのです。ですから、糸は単一の繭から取ったほうがいい。さまざまな糸が交ざっていると、吸収度が違ってくるからです。鮮やかさもなくなります。色もむらになってくるわけです。繭によって細さや分子が違うのですね。

私の父が染織を始めたのが昭和三年（一九二八）です。父は小説家ですが、三十数回日本国中を歩き、とうとう日本がいやになって京城まで行きました。そこで徳富蘇峰先生と出会って日本の良さを認識し、それを大切にしようと思うようになった。父は養子でした。養子に入った先は本陣でしたから、地元の人たちのことを考えなくてはならない。そこで文筆業をやめて染織の仕事に入りました。兄の出生地は東京、私は静岡の土肥の生まれになっています。それは父が関東大震災に会い、沼津にいた若山牧水を頼って土肥に行ったからです。そこで竹藪に家を建てました。私はその家で寅年に生まれたので、生まれたときは「竹虎」という名でした。しかし私は非常におとなしくて、よく寝た子だったそうです。いつまでたっても寝ているんですね。それで「弱い子じゃないか」というんで、桃太郎にちなんで桃磨になったわけです。おかげで私は元気です。

私が生まれた昭和の初めは、農村の不況時代でした。そこで父は副業を起こしました。一等繭を売って、長持ちする布を作った。三代着てももつような布です。五〇年たってもまだ着られます。長持ちするいいものを作らなければ、ということから、それを「田舎紬」と言いました。まず家族の衣類を作りなさい、と言って広めました。

ところで不況とは何か。消費文化が盛んになったから不況になるのです。手で作るものでは時間がかかるので機械で作る。そこに人々が走った。そうやって世の中が変わった。そして不況が起こったのです。ならば自分たちに必要なものは自分たちで作ったほうがいいのではないか。そのためには化学染料ではなく、昔ながらの植物で染めたらどうか、ということで、父が北海道から沖縄まで染料を探し歩いたのです。そうやって調査したものを母が寝ずに染めたのです。そのようにして、現在の草木染が残ったのです。

その父がもっとも大切に思ったことは、「ものを大事にする心」でした。化学染料はものを腐蝕させる。植物はものを保護する。植物染料を使ったら虫も喰いません。長くもつ。長く着ていただける。手間をかけて作ったものを大事にしていただけるのです。そのようにして父が農家のかたがたに普及させ、染めについては母が指導しながら、松本で「農村工芸指導所」というものを作りました。そこには何人もお弟子さんが来ました。今でもそのころ出会った方々がおられて、この夏には父の展覧会を開きました。

しかし戦争になり、贅沢が禁止されて絹が使えなくなりました。自家用の絹ならいいのですが、売ることはできなくなりました。やがて終戦後、何でも売れる時代がやってきました。そのため、父が教えた方々がすべて化学染料を使うようになりました。私と兄は父を支えなければと思い、継承しました。兄は信州の佐久に「農村工芸指導所」を作り、一九五五年に高崎に移り、草木染では第一人者になり、私は青梅に移って草木染を続けたのです。

ちゃんとした染め方をしていただければ、できたものは私の真似でなくてもいい。皆さんがたの心の入った染色をしていただければいいのです。いちばん困ることは、日に当てない染色が多い、ということです。もうひとつは熱処理をしていない染色です。必ず一〇〇度で熱処理をしてほしいのです。塾生たちには、煮出してからなるべく早く染めなさい、と言います。まず二〇分で煮染をして、二、三時間たったら媒染をして、もう一度、沸騰した本液で二〇分染める。それが一工程です。それで薄かったらまた、同じ工程をくり返すのです。染め液は二、三日たったら確かに濃くなるものがあります。しかし濃くなることと、よく染まることとは違います。これは私の五〇年、六〇年の経験から言うのです。それと、「美しい色を染めるのだ」という気持ちから言うのです。困るのは手を省くことです。手を省かないと利益にならないので手をかけるのをいやがるのですが、手仕事ですから、染めた時の感激があるなら、一〇年二〇年、その色が残るのだ、という自信のあるような染め方をしてほしいのです。

正倉院御物の布の色は原点ですが、あれは一三〇〇年たった色です。色は生きているんです。おぎゃあと生まれた人間だって八〇歳にもなれば皺があるのと同じように、色も年代を経て優れた色になるのです。はげるような染めはよくない。今の人たちは、すぐに感激する色に染まればいいのだ、と思うかも知れませんが、それではつまらないじゃないですか。やはり五〇年一〇〇年、いい色に変化しながら保たれていったほうが楽しいのではないですか。ちゃんと染めれば、そうなるのです。

とくにこの八王子の東京シルクの糸は春蚕ですから、とてもきれいに染まります。夏や秋の生糸は吸い込みが悪いのです。たとえ染め液が濃くても、吸い込みが悪ければ中へ入りません。媒染したときに色が出てしまいます。全部吸収するような染め方をしていただきたいのです。たとえば正倉院御物のような色にしようと思っても、あれは一三〇〇年たっているわけなんで、現在の色に復元しようと思ったら無理があります。薬品処理をしてしまうことになります。

塾生たちにはペーハーではなく、明礬だったらなめて判断なさい、と言います。灰汁の場合は手のぬるみによって判断します。分量を測ってもできません。なめても健康ですよ。私は毎晩お酒二合は飲みますから。それから手も見てもらいたい。染織家の手は荒れます。爪も割れます。でも私なんぞはまったく手が荒れません。それは体にいいものだけで染めているからです。体に悪いものでは困るのです。もちろんタンニンの強いものは日光に当てるといくぶん色が変わったりしますので、ひっくりかえしながら焼けるものは焼けさせ、それから織ればいいのです。日光で色を定着させてから織ればいいのです。

父がいちばん喜んでいることは、昭和五年（一九三〇）に農村工芸指導所の作品ができ、東京で展覧会を開催した折に「月明織」を草木染と命名したことと、それが普及したことです。草木染の商標登録もしました。しかし父は、世の中に日本のいいものを残してもらえればいいので、商標をとっても独占するのではない、という気持ちがありました。ですから私どもも独占しないで今日までできています。長いあいだ権利主張しなかったもので、その権利はもうありません。が、それほどに、草木染の概念が日本全国、いや東南アジアにまで、普及したのです。父はそれをいちばん喜んでいると思います。むろん、あまりにひどい使いかたの時はご注意申し上げています。このごろは化学染料を混ぜても「草木染」と称していますからね。色の弱いものは化学染料で染める作家さんは多いです。それならそれを正直に表明すべきです。

化学染料が入る前は産着が赤、黄色、青でした。赤が紅花、黄色がキハダ、青が藍ですね。みな皮膚病の薬です。そこで、赤、黄色、青の産着を着せたわけです。化学染料が入ってから、体に悪いので産着が白になったのです。また寺のものが黄色いのは、キハダで染めて防虫加工したからです。キハダは防虫剤で、飲めば胃の薬です。過去帳やお経はぼろぼろになってはいけないので、その紙はキハダで防虫加工しているのです。色は実質的な意味があるのです。染料は漢方の生薬だったのです。生活のなかから生まれたのが染色なのです。

私の工房にはわき水があり、染色にとてもいいです。都心のカルキの強い水で染めると媒染されることになり、いい色になりません。都内のビルで講習会があり、そこでは水道水を溜めた水を使ったのですが、スオウを煮出した液ではオレンジになるはずのところ、真っ赤に発色しました。ロックウッドはふつうは赤紫になるはずですが、都心の水ですと違う紫になります。また、原液が残っていても、媒染で発色したものは使わないでいただきたいのです。

草根木皮で染めたからといって草木染ではありません。「ものを大事にする心」が草木染です。「体にいいこと」が草木染です。虫がつかないのです。未婚の方にはすすめられませんね。虫がつかないと困りますから（笑）。自然染料の場合は樟脳やナフタリンが必要ありませんが、化学染料には必要です。自然染料と化学染料を一緒にしまうと、畳紙《たとう》で包んでいても、化学染料の酸によって自然染料の色が変わってしまいます。別々にしまうのが理想ですが、できない場合は、畳紙を二重にしてください。また、湿気はだめですね。虫干しをしてください。またパールトン加工をしますと、呼吸ができなくなります。絹は呼吸をしているのです。生きているものなので、生きているような使いをしていただきたい。絹も染料も生きているのです。

座談会――手仕事の精神

ここからは、会場からの山崎さんへの様々な質問を受け付けながら、基本的には舞台のスペースで答えていただく、という方法をとった。しかし次第に会場に座っている参加者のかたが、会場からの質問に答えたり、参加者どうしでやりとりが始まった。つまり全体座談会の雰囲気になったのだ。そこでここは、「座談会」と名づけることにする。

講演が終わり休憩の時間になると、参加者の皆さんが布や染材を見るために前に集まって来られた。そしてその場で山崎さんに、どんどん質問を始めた。今回は実践はないのだが、やはり目で見て手で触れられる貴重な機会を逃すまい、とする好奇心の熱気がある。ようやく席に戻っていただいて、やりとりの記録がとれるようになった。

ところで、以下の山崎さんのところは、古今亭志ん生の声と口調を思い出しながら読んでいただきたい。

参加者　スオウは色が抜けやすいといいますが、どのように染めたらいいのでしょうか。

山崎　スオウが抜けやすい、ということはありません。スオウを煮出した液はオレンジ色です。それで染めて媒染で発色すれば大丈夫です。しかし塩素の入った水で染めるとうまく染まりません。濃い液で染めるのも、うまくいきません。熱処理をしてください。日にも干してください。湿気で斑点が出ることはありますので湿気には気をつけてください。斑点が出たら、六〇度ぐらいの湯で洗ってください。

平尾（平尾絹精練工学研究所・平尾銀蔵）　水道水のなかの塩素が邪魔になるとおっしゃっておりました。都心の人は水道水で染色ができない、と言われますが、いい方法があります。磁石で水道管や蛇口やビニール管ををはさむだけで、磁力が水に働き、消毒用の塩素を還元して遊離の塩素に直してくれます。そして水道水のなかのカルシウムやマグネシウムと反応し、遊離の塩素がなくなってしまいます。そうすれば染められます。水の中で遊離の水素ができますので、還元作用をもちます。フェライト磁石を使うことをおすすめします。そうすれば心配なく草木染ができます。しかし酸化したほうがいい染め物のときは、これをしないほうがいいですね。

（ここで、磁石について参加者どうしの意見交換や、さらなる会話が続くうちに、「ミッキーマウス」の曲が響き渡る。山崎さんに携帯電話がかかってきたのだ。山崎さんは講演席に座ったまま、電話に出て話し始める。この瞬間、私たちと客席とで、パネラーが交替した。まるで会場のほうがシンポジウムの舞台のようになり、山崎さんはすっかりくつろいで携帯電話で話をしている。この後も、参加者同士の会話になる）

田中　それにしても、染めの話が水の話になりました。太陽の光、水、植物のこと、地球上のあらゆるものが染色と関係しているのですね。

参加者　熱処理の方法について聞かせてください。

山崎　百度の温度で、沸騰してからおよそ二〇分、染めていただきたい、ということです。

参加者　天日干しはどのくらいおこなうのですか？

山崎　夏は晴れている日で三、四日、冬は晴れている日で一週間です。

挾本　春蚕がいい理由は何ですか？

山崎　水を吸収するには、もっとも柔らかい糸がいいからですが、何でですか、小此木先生？（と、客席にいる小此木先生に話しかける）。

小此木　春は桑の内容が違いますので、春蚕の糸は強く光沢があり、秋の蚕に比べて質がいいのです。隣に絹タンパクの権威が座っておられますので、話していただきます。

平尾　若い桑の葉を食べて、栄養がもっともいい状態で育っています。つまり元気がいいのです。元気がいいと、質のいいセリシンがつくのです。色が入るのはセリシンのところなので、きれいに染まるのです。秋は桑もよくないので、元気がありません。

小此木　白生地は、晩秋産の生糸がいいと言うかたはおられます。春の糸と秋の糸にはそれぞれ特色があるのです。概して春は蚕が丈夫で、糸を活発に吐くのです。

参加者　染めを勉強中です。一回か二回で充分だということですね。一回では色が弱く、何回も染めると糸に悪いのではと心配で、いつも迷います。どう考えたらいいのでしょう。

山崎　私は糸に無理をさせない方法です。簡便に染めて、熱処理と天日干しをするのがいちばんいいと思っています。時間は染材にもよりますが、二〇分以上は染めないほうがいいと思います。あとは手間をかけるかかけないか、染めるかたの姿勢です。

田中　確かに自然を相手にしているので、何分とか何時間ということは言いにくいのではないかと思います。お父様から伝承されたのはむしろ姿勢ではなかったのですか？　それはどういう姿勢でしたか？

山崎　父は姿勢を正しくすることを伝えてくれました。「いいものを染める」「いいものを作る」という気持ち、そして「遊び心」です。何時間かけるか、ということではなく、遊び心があって、いいものを作れば生活に潤いが出る、と思えれば手間を惜しみません。その手間はさまざまなかけかたがあります。染材をとっておいて、三〇回染め重ねていい色になる場合もあります。とっておくとだめになってしまうこともあります。生活のなかから、それは発見してゆくのです。また、環境破壊につながるような植物の採り方もできません。身近なものを使って染めればいいのです。

田中　姿勢ということで、ウィリアム・モリスを思い出しました。モリスは中世の職人の研究をしました。『芸術の目的』という本のなかでこういうことを言っています。「中世の職人は自分の仕事をやるのに自由であった。それで、できるだけ、それを自分に楽しいようにした。……労働は非常に少ない価値しかもっていないので、自分や他人を楽しませるためにそれを何時間、浪費しても文句はいわれなかった。しかし現代のはりきった機械工の場合には、その一秒一秒が無限の利潤にふくれあがっているから、芸術などにその一秒たりとも費すことは許されない。」と。

山崎　昭和八年に、父が『日本固有草木染色譜』を出したとき島崎藤村が序文を書きましたが、そこに父の仕事はモリスの仕事だ、とある。ほんとうに職人気質とはそういうものです。私はさまざまな染色を手がけましたが、ある人からろうけつ染めの羽織を頼まれた。とてもよくできてお客さんに持って行きました。「いいねえ」と褒められ感激されると「お金は要りません」と言ってしまう。これが職人気質です。職人はお客さんにほめられるとそれをあげたくなるのです。大事にしてもらえれば金ではない。ですからほんとうに金がなくて、結婚したての女房の着物も質屋に入れたくらいです。

私は川合玉堂先生に呼ばれて青梅に来たのですが、玉堂先生は「私は絵が好きだから絵を描くのだよ」と言っていた。絵が描けないほど客に来てもらっては困る。それに、たくさん書かなければ私の絵は残らないと。それで「不在」の看板をかかげて絵を描いた。今は、たくさん描くと値が下がるから、と多く描かない絵かきがいますが、絵を描くことが楽しいのだから描くのです。

ものは作っておかないと残りません。私の布は二〇〇反もたまっているでしょう。作っておけば、平成に桃磨の布が残る。残れば、ほかの人たちが伝承できる。染織品は作らなければ残らないのです。

「それじゃ喰っていけない」と言う人がいますが、喰うほうは、いい仕事をしていれば、どなたか恵んでくれるものです。このあいだもサンマが二〇尾も届いた。あんなうまいサンマは食べたことがない。飲むのばかり集まっているので、皆さんに食べてもらった。そうしてふるまえば、誰かがまたくださるものです。酒なんか買ったことがない。どなたかが持ってきてくれるのでたまっています。

そういうわけで、何でも無理して伝承させることはできません。好きで楽しいから受け継ぎ、残っていくのです。今は、塾生にも一から教えない。教えるとうぬぼれるようになる。できると思いこむ。しかし人に教えてみて初めて、自分の力がわかります。ですから、初心者は先輩が教えます。教えたことで、また覚えるのです。カルチャーセンターなどで手をとって教えた人たちは、結局、続けていません。自分でやらなければ。芸人と同じです。手間賃をもらいたい、ということなら続きません。楽しく遊ばせてもらっているのだから、続くのです。未来はどうなるか私はわかりません。息子は継ぎませんでした。教師（教頭）になりました。父も祖父も校長の経験者です。好きな道にすすめばいいと思っています。兄の息子が染織と、その科学的な研究をしていますので、伝承することになると思います。

水のことでいいますと、土地の色、というものがありました。それは水の色です。奄美大島は鉄分が多いので、そういう色になるのです。東京の水であればその水なりの色になります。金儲けをしようと思うのなら、植物染料はやめなさい、と言いたいです。手間を省いたらできません。植物染料で染めるなら、儲けないでください。それより「もの」を残してください。ものがなくては歴史はうたえません。本があれば歴史はわかるかも知れませんが、それ以前のものは布が残っていればわかりますが、本ではわかりませんね。残すときはあくまでも、体にいいものを残してください。

田中　「体のため」とおっしゃる視点が、今までとは違うと思います。柳宗悦も各地転々としながら、ものを見出し、「これはいいよ、すごいよ、ぜひ続けてください」と、ものづくりのかたがたを励ましていました。その結果、多くのものが残りました。そういう柳ともまた違う価値観をもっておられる、と感じましたが……（突然「ミッキーマウス」の曲が鳴る。山崎先生の携帯電話だ。山崎先生、電話に出て話し始める）。え？　先生、切っておいてくださいって言ったじゃないですか。また出るんですか？（笑）

山崎　もしもし。今、講演中でね（笑）。

田中　そうです、講演中です（まだ話しつづけている）。すみません皆さん、二〇日の展覧会のために、指示を出さねばならないのでしょう。

山崎　（ようやく電話を切って）そうじゃないよ。国勢調査の紙を取りに来たんだが、どこに置いたかって（爆笑）。

田中　その語り口、志ん生さんそっくりですね（笑）。

山崎　で、なんでしたっけ。そうそう柳ですね。いちばん大きな違いはこういうところでした。たとえば沖縄の染織を残すときに、なかなかそれでは生活ができないから、二番煎じでおみやげ品を作って、それで生活しながらいいものを作りなさい、というのが柳の姿勢でした。父は、職人が一回手を省いたら、金ができても、もう手間のかかる仕事はできなくなる。だから苦しくても伝承していきなさい、という立場をとった。そこが違いました。

機織りも染めも、いくらでも手を省けるのです。しかし家族のためにものを作ってゆけば、ものが残る。父がつけた「月明織」の月明とは、「月の明かりを粗末にしない農村の精神」です。東南アジアではその生活が見えました。朝早くから子供が刺繍をし、日が暮れても月明かりで働いてる。人間が仕事をしなければならない、というのは家族のためなのです。ものを作る喜びを味わえば、心は豊かです。確かに、父には小説家になってもらったほうが、生活は楽でしたね。印税で生活できるから。しかし父は文章を「もの」に変え、もので残したくて、そういう生き方をした。私は父の気持ちを伝承しています。

面白いものでね。金がなくなると、何かしら入ってくるのです。暮れになると北海道、沖縄からものが送られてきます。しかしそれは、ふだんそれだけのことをしているからです。自分だけがよければいい、ということではない。

田中　皆さん、山崎先生は日本酒がお好きなのです。覚えておきましょう。

山崎　もう酒はたくさんあるからいいよ。

田中　今日のお話は、とても具体的な「もの」についてなのですが、しかし山崎さんのお話からは、お人柄と思想がはっきり伝わってきます。染織と生き方と思想とお人柄が一体化しているのです。とてもお話が面白い。語り口が咄家さんですしね。

参加者　媒染の話をお聞きしたいのですが、黒っぽいものに染めるときに使う鉄媒染の方法を教えてください。煮る、とおっしゃっていましたが、そういう方法があるんですか？

山崎　私が教えている鉄媒染の方法は、水から四〇度ぐらいまで温めながら、徐々にやってゆく方法です。吸収が早いので、少しずつ媒染液を作るのです。澄んだ薄い染液の場合は、一滴でも二滴でも媒染できることがあります。一五〜二〇分置いているあいだに、まわりの液を吸収してしまうこともあります。染液の濃度によっても違うので、めやすは出していますが、すべてを数字で測ることはできません。鉄媒染はいちばん難しいでしょう。かけかたによっても違います。たとえばここにある布は、ヤシャブシで染めたものです。鉄媒染すると焦げ茶色になります。それを薄いロックウッドの液でくすませます。ロックウッドを鉄媒染すると、藍色になります。

一工程をもう一度説明します。兄が作ったテキストですと、煮染めが二〇分です。染液を取るのも二〇分、沸騰してから布や糸など染める物を入れて二〇分煮る。そのあと絹は二、三時間置き、木綿は一昼夜置きます。そして六〇度ぐらいで媒染し、二〇分たったら、一〇〇度で熱処理して、水洗いします。これが一工程です。くり返す場合は、一週間か一〇日あけてくり返します。ただし二〇分というのはめやすというだけで、染液によって、具合を見ながらそれより短くも長くもなります。

田中　山崎さんの工房には、まだお弟子さんとして入ることができるのですか？

山崎　いくらでも来ます。先日も男性が入ったばかりです。それで男性も四人になりました。親のもの、兄弟のもの、そして自分のものを織っています。

田中　好きで始められる男性の方々も増えているんですね。

参加者　織についてお聞きしたいのですが。

山崎　織は三丁杼《ひ》で織っています。慣れてくると一日二尺ぐらい織れるでしょう。私は一日に四尺織ります。ただし整経など準備がたいへんです。篠竹を通して自然におこなう整経をします。手でひっぱたりしません。ドラム整経をなさるかたは、機械織りと同じです。手織りというのは、単にヨコ糸を手で入れて筬《おさ》打ちをする、という意味ではありません。「糸に無理をさせない」「糸をひっぱらない」というのが手織りの条件です。ですから篠竹を通して整経しています。金属の綜絖も使いません。引き綜絖はしないで、かけ綜絖になります。二〇番の硬い糸をいちいちかけて、一反ごとに綜絖を作っていくのです。手間がかかりますが、植物染料でやっているなら、金けは避けてもらいたい。つくられたもので織るのではなく、自分でつくって織るのです。綜絖は自分でかけるのです。織り終わったらまたほどくのです。慣れればその方が簡単です。

手間をはぶく教え方が、学校で教える手織りです。学校の教え方は、機械織機からモーターをはずしただけの教え方です。ドラム整経で金属綜絖を使う。手で杼を入れることだけを手織りと称している。それでは困ります。消費文化ですから、早く悪いものを作って、早く捨ててもらって、また買って貰おうとするのです。私のやりかたでは金は残りませんが、作ったものはいっぱい残る。

村野　私は今から五〇年ほど前、お父上の山崎斌《あきら》さんのご講演を、横浜のシルク博物館に聞きに行きました。そのとき月明織、月明紙のことをうかがいました。私は二〇歳そこそこでして、非常に感銘を受けました。そのときはすでに勤めており、その後、勤めながら手織り植物染めをやってきました。私は別の仕事をしながら織る、という横着なやりかたをしていましたが、山崎先生は草木染だけをしておられるのが、見事だと思い、感心しております。

お父上の話は、高度経済成長の前でした。そのころもう、自然環境や文化をもっと大事にしなければならない、と気づきつつ、私たちは経済上昇期を突っ走ってきた。私もお父様の話を聞き、そのことの大切さを知りながら、経済成長の手助けをしたのです。環境に気をつけつつやってきたつもりですが、少なくともブレーキはかけなかった。今は、その結果のさまざまな弊害が出ているのですが、まだ世の中は効率化と成長を追い続けています。この研究会も、なんとかそれに歯止めをかけようとする動きだと思うのですね。

五〇年も前にお父上が気づきながら、私たちはそれとは逆の道をたどり、今またここで、桃麿さんからその話をうかがっているのです。どうしたらいいのか、今は考えられません。しかし私は相変わらず絹や手織りに関心をもち続けていますので、そのなかで、何か足しになることをしたい、と思っています。

田中　前回登場してくださいました村野さんが、前回と今回のシンポジウムの橋渡しをしてくださるとともに、五〇年前の山崎斌さんの講演と、今日の桃磨先生のお話との橋渡しもしてくださった。「私たちはこの五〇年間、いったい何をしていたのだろう」という思いは、私にもあります。会場の皆様も、どこかで同じ事を感じていらっしゃるのではないでしょうか。おっしゃるように、私たちはそういうことを気がつきたいし、何かしたいと思ってこのシンポジウムをやっているのですが、結論はなかなか出ないかもしれません。しかし今日は小此木さん、村野さん、早川さんにも来ていただき、桃磨先生にここまで深い話をしていただいて、おかげさまで、このシンポジウムが一回一回つながりながら、ひとつの価値観を柱にできたような気がします。

参加者　あそこにある布の色は非常に鮮やかですが、草木染めですか？　草木染か化学染料か、見分けのポイントはありますか？

山崎　見てもわかりません。酸で色が変われば植物染料です。あれはパキスタンの四千年前の布の復元です。地元の人は植物染料だと言いますが、そうではないです。あれは色が落ちて他の布に移ってしまいます。

化学染料または媒染で発色、色止めしていないものは、色が落ちます。落ちた液は、植物染料なら色が出ても、白いものに染め着きませんが、化学染料なら付着します。藍染めも同じです。発酵藍で染めたものは水で落ちるかも知れませんが、白い他の布に付着しません。発酵を止めたら染まらないからです。古代でも、川の水や灰汁洗いで発色し、また色がとまりました。それが媒染の役割をしていたのです。

参加者　今日、山崎先生がお召しになっているものは何ですか？

山崎　これは父が戦争中に考案した月明服です。仕事着です。たもとがないので仕事しやすいです。そのかわりポケットがあります。袴は馬乗り袴です。一尺の幅でできます。下には藍染めの木綿の半襦袢を着ています。

時に専門的な言葉が飛び交う座談会は、もしかしたら文字にすると退屈だろうか、と躊躇しながら、それでもすべてここに掲載した。ひとつは、染めの実践をしておられる方には「実際に役に立つ」という側面がある。もうひとつには、「手仕事とは何か」という問いに対する、極めて具体的な答がここにある。そして、手仕事はほんとうに、人を通して今でも明確に生きている、ということが、わかるからである。

これらのこと、やはり、志ん生を思い出しながら読んでいただけると、よりよい。手仕事には笑いもなくてはいけない。

10 手仕事の現在を語る

構成・田中 優子

最終シンポジウム（多摩校舎・百周年記念館にて）

ここでは、二〇〇六年三月二五日に開催された第四回のシンポジウムから、参加者のかたがたの言葉を収録したい。この日はまず挾本佳代の講演（第Ⅱ部に掲載した論文の一部を内容とする）と、田中優子の講演がおこなわれた。この日の田中優子の講演内容は「木綿から見たアジアと日本」（『アジア太平洋研究』三〇号、二〇〇六年、成蹊大学アジア太平洋研究センター）を要約し、映像をまじえてわかりやすくしたものである。紙数の関係で本書には収録しなかった。

しかしこの講演をおこなった意図はここに書いておきたいと思う。挾本の講演は日本の桑栽培と生糸生産の歴史的な変化を追い、歴史の流れのなかでの現状に向き合う、というものであった。同時に、手仕事が盛んに見える東南アジアの現状も視野に入れた。

田中優子の講演は、日本の木綿産業の歴史を追いながら、それが江戸時代直前に急激に勃興し、明治に入ったとたんに消滅する、という激しい変化をたどったものであることを述べた。その勃興も、技術革新も、拡大も、消滅も、グローバルな動きのなかでのみ説明できる変化である。

このシンポジウムは「多摩の織物」というテーマをかかげておこなってきたが、二人の講演はいずれも多摩のことではなかった。しかし多摩地域における生糸の盛況も衰退も、木綿衣類の発生も消滅も、明らかに世界的な産業構造の変化で起こっているもので、そのことを確認しておかねばならないのである。つまりこのシンポジウムは、多摩の織物の産業としての復興をめざすものではないからだ。完全な衰微、という現実に向き合いながら、私たちは「衰微」をいかに自分のものとして人間的に使いこなすことができるのか、を考えたかった。

私たちはこれから、さまざまなところでさまざまな衰微を目にするだろう。それは悲しむべきことなのか？　私のなかにはいつもその問いがある。私たちの目を覆ってしまうのはたいていの場合、過剰な富裕であって、貧しさや衰微ではない。逆に、衰微の中にあって発見できるものがたくさんある。それが今回のプロジェクトでかかわったかたたちから教えられたことだ。

それを「文化」と呼んで良いのかどうかためらいがある。しかし共通していることは、一時的なものではなく、ゆっくり地道に地に足をつけ、過去から受け取り、次に手渡す生き方、という点である。

この最後のシンポジウムでは講演のあとに、客席も含めさまざまな方に話していただいた、第Ⅰ部の最後に収録するのは、その中で私の心をとらえた言葉である。すでに今までの頁で掲載したことや第Ⅱ部の内容とは、できるだけ重複しないようにした。

きょう、田中優子さんから一八〜一九世紀の布や着物を映像でみせていただいたわけですが、それは、いいものだから残っているのです。今のように機械で消え去ってゆくようなものばかりつくっていると、歴史がなくなっちゃうわけです。物は残さなければ、歴史はうたえないんです。手仕事の品は、それをつくった方の真心が入ったものでなくてはいけない。

それは手間賃計算でどうのこうのではないんです。財産をつくったって、つまらない。金があれば、兄弟、息子たちのけんかのもとにもなるんですから。金はない方がいい。そのかわり、私は物をつくっていきたい、残るものをつくっていきたい。そう思って、父が興した草木染、月明織というものをここ六〇年、それ一途にやってきているわけです（山崎桃麿）。

芹沢圭介先生が染織をやったときに、山崎斌が草木染と命名したんだから、私は昔ながらの植染という言葉でいいんだよ、とおっしゃった。ですがお弟子さんたちが、植染じゃつまらないので、草木染という名前を大いにお使いになったそうです。草木染はただ色を染めて、それが何十年、何百年、千年もつのですけれども、そのように物を残す心があれば、その人の心によって染めていただきたいわけです（山崎桃麿）。

生活を文化として、自分たちが日常に物をつくる、そして、そのつくったものを使う。そのつくったものが、生活の中で共有できるようになる。その共有した技術とか感性を、共有した人たちの中でまた新たなものを生み出せる生活文化とする。そのことを求めて織物をやっています。

ものをつくるということは簡単なことではありません。私たちは絹に限定し、八王子の多摩織を出発点にしてやっているんですが、初めての人でも最初から着尺を織ることをしています。なぜそうするかというと、技術を習得するということは簡単なことではないからです。着尺一反分の糸を扱えるようになるということは、かなりの経験が必要ですから、だからこそ一反分を自分で整経して染めて、すべての工程を自分が中心になってやることによって、絹糸そのものと仲よくなれるのです。

絹糸は生きていますから、その生きているものと生きている人間が寄り添える、そういうことができるものが手仕事だと思うのです。

機械ではその対象に寄り添えないけれども、手仕事だとその物に寄り添って、その物と共存して、対象と自分がともに生きていく、また、それをつくっていく人たちがともにそこで技術や技能、感性を共有して生活していく、そういう生活文化を求めていくことができる。これは、完成するものではなくて永遠に続くものだと思います。

きのうの卒業式に、ある方が、自分で織ったものを娘さんと自分と、親子で着て参加しました。着物に限らず日常生活の中で、どうしたらもっと身近に絹を着られるだろうか、生活の中でどうしたらもっと身近に使うことができるだろうか。それを一つの課題にしています。自分たちで反物を織ったら、それをただ織るということだけでなく、実際の着物、帯、すべてトータルに自分たちの生活の中に取り入れられるようになったら素晴らしい。これは手仕事ならではのことではないかと思います（早川）。

もともと絹の研究から入って、いわば落ち穂拾いのように手仕事を始めて、それをいつの間にか生活文化の創造に位置づけるようになった。きっと後から理屈づけてきたようなことなんですね。

染織史も面白くなった。絹の産業そのものが消えかかっている状況の中で、織物技術も伝承しなければならない、手づくりの織物技術を何とかして伝承したい、身をもって継承しよう、そういう意欲も出てきました。

私は幸か不幸か、子供時代に第二次大戦を経験しております。物のない時代に、自給自足として手織りというものを経験した。それから、染め物も植物染料で、身の回りにあるもので手当たり次第に染めた。そういうことを経験した。とにかく工夫して物をつくる、という経験をしたのです。つまり手仕事を、好むと好まざるとにかかわらずやってきたわけです。それが現在の織物づくりの中に生きている、と私は思っています。

そういう経験を、少しでも織物づくりの中に押し込めてつくり上げたい。おこがましい言い方ですけれども、そのように思っているのです。そういうことが今の手織りという形になっている気がするんですね。それを後になって、今、私なりに理屈づけているのかな（村野圭市）。

日本人というのは、何かちょっと重い荷物を背負って、未来を見据えながら現在を刻んで生きる人種なのではないかなと思います。

私も実は明治後期に女性の技術者としての教育を受けた、当時では国際的にも画期的な教育制度だったんですけれども、そういう技術教育を受けた人たちの伝統を、私が受け継いで現在まで来ているわけですね。そのように、日本人というのは未来を見据えて現在を生きなくてはならない。いわゆる道筋、大げさにいえば伝統、そういうものを絶えず頭の隅のどこかに置きながら、ものづくりをする人たちが生きているのではないか、と思うわけです（小此木エツ子）。

私は、せっかく養蚕関係から製品づくりまでのすばらしい人たちが集まったのだから、やはりこの多摩の風土にしっかり根差した養蚕、糸づくり、織物づくりを結びつけた活動をしていきたい、と思ったのです。

そこで、意外といろいろなテーマをもっている方たちがおられるということがわかるようになりました。例えば、博物館の収蔵品の修復をなさっている方たちもおられる。ついこの間も国宝の鎧《よろい》を復元なさった方がいて、これは山梨県立博物館の常設展示として展示されています。そういう鎧の復元をなさる方や、その他様々な伝統工芸や古代裂《ぎれ》の復元、そういう重い荷物を背負って未来のために頑張っておられる方もいる。だから、生半可な気持ちでは繭づくり、糸づくりはやっていられないということで、特殊品種も手がけるようになりました。

私は、一つは風土に根差したい、という気持ちがあるんです。なぜ繭からこだわるかといいますと、大学時代、私は研究テーマとして、蚕品種と織物とか、繭がどのように糸になって織られるのかとか、その過程を選びました。技術者の方は、「なに、どんな布だっておれが染めれば物の見事にすばらしい織物ができる」とおっしゃったりするんですね。また、「いや、糸なんてブラジルで十分、中国の糸で十分」とおっしゃる方もいるんです。しかし実際にそんなものなのかな、と疑問をもち、大学時代にとことん、「糸づくりは本当に織物に影響しないか」という研究をしました。

つまり、温湿度調整、速度、そういうことをしっかり設定してやってみました。そのときはちりめんを織ったんですけれども、最終的に糸のつくられる過程までいろいろな設定をしてやると、見事に織物に影響を与えるという結果が出たわけです。ですから、素材の性質は繭から糸になる過程で変わり、糸から撚られて変わり、撚って染められて変わり、染めて織られて、そして、最終製品になって、さらに、そのものにとっていいか悪いかは、着てみての勝負なんです。着て変わってゆくんです。

織物は生きているわけですから、湿度の高い日、乾いている日、寒い日、暖かい日によって、きちっと繭から調製されたものは変わり方が違うんです。生きているわけです。そういうことがいろいろなことでわかるようになりました。そうやって、皆さんがつくるものに対してどういう条件設定をしなければいけないのか、どういう組み立てをしていかなければいけないのかが、私たちのテーマになったんです。

一人一人つくるものに向かって、どういう繭でどういう糸のとり方で、どう撚って練って染めて織るか。糸の太さはどれぐらいですか、偏平ですか、丸ですか、撚りはどれぐらいですか、練りはどうしますか、ということをきちんとご注文を受けて、そして、その条件に見合うように皆様に使っていただくようなことを現在も続けているわけです。

今日、田中優子さん（東京シルク・染織は山崎桃麿）と挾本佳代さん（東京シルク・染織は西橋春美）が東京シルクを着てくださっていますのが、私すごくうれしいんですね。普通は繭を熱風乾燥して処理しますけれども、全部生です。生のままの生繰りの糸で処理していますから、恐らく山崎さん、西橋さんの草木染めもすばらしい効果を上げますでしょうし、これから長く着てみて先生方のお召し物がどう変わるか、それが私はすごく楽しみです。

そのようにいいものというのは、着てからの経時変化で、それこそ一〇〇年後二〇〇年後にその威力を発揮するんですね。そのおもしろさが私を絹にとりつかせている一つの大きな要因なんです。文字どおり、蚕の吐いた糸は生きているわけです（小此木）。

今までの方全員から「生きている」という言葉が出てきました。伺っていてだんだんわかってきたんですが、今、小此木先生が「重い荷物」とおっしゃったんですけれども、その重い荷物の中の一つは、ただ伝統というだけではなくて、やはり生きているものを相手にしてきた私たち、そういうことなのかなと思いました。もう一つ、手仕事って表面的にみえるものだけではなくて、全くみえない、本当に基礎の基礎の生き物の段階から全部手仕事なんですね。大変なものだなと思いました（田中優子）。

農工大がなぜ繊維博物館をもっているか。普通は大学があって、それから博物館をつくるのですが、繊維博物館というのは最初から博物館なんです。それが大学になったのです。……

最初にいろいろな蚕の品種を研究したり、そのころ一番大きかったのは、蚕の病気を研究することでした。そのためにいろいろな資料を集めなければいけないというので、世界じゅうの蚕の繭を集めたりしていた。それが繊維博物館の所蔵品の中にあるわけです。……

学校がそもそも養蚕生糸を研究していた。それは国の政策だったのです。明治の初めにとにかく生糸を輸出して外貨を獲得しなきゃということで、全国にそういう技術者を派遣し、どんどんいい繭をつくって生糸を輸出したい、ということで始めた。国の政策だったわけですから、資料関係はもちろん、養蚕製糸関係の資料が多いんですね。……

とにかくもともと技術者の養成が目的ですので、ハードとソフトでいえばハード面なんです。生産者、消費者という方でいうと、生産者サイドです。素材と道具や機械関係が一番の目玉で、繊維製品の最終製品や使い勝手や手入れ、そういう方面の関係のものは少ない。……

蚕糸業は、農水省がデータをとるのをやめるくらい産業が減少してしまった。繊維工業自身もかつての盛んだった時代は過ぎた。工学部というのは、何しろそもそもが産業界のためで、産業界がどんどん新しくなっていったらそっちにどんどん合わせていかなきゃいけない。工学部で繊維の研究をしている先生はもういないんです。最後の先生が一九九九年に退官されてからはもういない。

そうすると、物すごく風当たりが強いです。学生も、授業の科目がなくなっちゃうんですから、もういいじゃないか、と。ただ、繊維博物館の場合はもとが大学のルーツであるということで、絶対なくさないで守ろうという先生方が代々いまして続いているんです。そのときに繊維博物館の一つの生き方として伝統工芸を伝えていこうという方向が出てきた。

博物館というのは当然物が残っているところですが、物とともに技術も残していきたい。それがこういった理工系の技術博物館の使命じゃないかと思います。それで始まったのが、サークル活動なんです（田中鶴代）。

実はこの地元で養蚕というものが新しいテーマになってきた一つの理由が、国の縛りがなくなった、ということなんですね。つまり、国の産業でしたから、蚕の種類から何から秘密を外に漏らしてはいけないということで、非常に縛られていました。ところが、国の産業でなくなったときに、この縛りが解けました。そうなったときに、じゃ私たちはこの養蚕というものをどのように考えてつないでいこうか、という発想が起こってきたわけですね。

そこで二つに分かれました。一つは科学的にもっとそれを発展させてさまざまな領域に使おうという、最先端の技術としてシルクを使っていくという方法。もう一つは、伝統工芸として手仕事の世界に入れていこうという方法、この二つに分かれたと思うのです。

二つに分かれたとき、この手仕事の世界に非常にたくさんの方が関心をもった。それはなぜなのでしょう? 一つは歴史がわかるようになる、ということですね。手仕事に関心をもつと、手仕事に限らず歴史に関心が向きます。機械の歴史まで面白くなる。

たとえば繊維博物館は、産業機械の歴史まで全部みられるんです。非常にいい展示です。機械の歴史がバーッとみえる。コンピューターの起源になったようなジャカード織りの機械から、日本の自動車産業の基本になったトヨタの技術、こういうものも織物産業の世界にあったわけですから、そういう今の日本につながる技術の歴史というものも繊維産業の中に存在する。歴史を知ることの重要さ、織物を通して歴史がわかるということの面白さがある、と思うのです(田中優子)。

私は昭和七年生まれです。そして、ずっと八王子で生まれ育っています。私の周りには織物をやっている者が大勢いたんです。そのなかに、伝統工芸士として多摩織の技術をもっている人がおります。吉水壮吉君や、それに佐藤政治さんです。

そんな関係で、機《はた》に関しましては、歴史の変化がわかるんですね。私が一番関心をもっておりましたのは、八王子の産業革命です。手機から力織機に変わった時です。明治末、大正の初めです。そのころ、ちょっと織るだけでたくさん金が入ってきた成金の時代がありました。そのとき、機屋さんは従来の手機から力織機に変わっていったんです。菅沼政蔵さんという方がいた。東京都の無形文化財多摩結城の技術保持者で、べらぼうに記憶力のいい方でした。と同時に、政治の方にも関心をもっておりまして、選挙の神様といわれていました。選挙運動というと必ず登場してきた人ですね。

その菅沼さんは八王子織物組合の理事をしておりましたが、その方から私はいろいろ聞き出したんです。本当に詳しく話をしてくれました。その話の内容というのは、力織機になって「手機よりも三倍織れたんだよ」と。手機でもって一日一反であったのが一日三反織れるわけです。同時に、景気がよかったから、飛ぶようにどんどん売れていったことなど流れるように語ってくれました。

「じゃ、一体その手機と力織機で織った反物、どのように違うんですか」と聞いたんです。これが問題なんですね。「そうですね。確かに手機よりも力織機の方がちゃんとかたく締めてよかったような感じがいたしますよ」と、このように菅沼さんは話をしておりました。それがまず第一点です。

実はつい二、三日前ですが、吉水壮吉さんから多摩織のネクタイをいただきました。吉水壮吉さんは技能士の資格をもっている方で、このネクタイも彼が織ったんです。それで今日締めてきたんです。これが多摩織です。

彼は現在、自分の家で多摩織をやっているんですね。長い間、高橋という会社で男物を織っていました。本当に子供のころからずっと反物を機械でもって織っていたわけです。最後には専務になりました。その吉水さんは現在では手機で多摩織をやっているんです。

「どう?」と、このように切り出しました。「手機で織ったものと機械で織ったものではどんなふうに違うのかね」と。彼はすかさずいいました。「いや、手機の方が風合がある」と。随分難しい言葉を使うじゃないかと、私は思いました。その「風合」という言葉を彼はしきりに使うんです。しきりにいうということは、彼に身についた言葉なんですね。自然に出てきた言葉なんです。私は「風合」という言葉を聞いた音感で大体わかりまして、ああそういうものか、と思いました。

そして、家に帰って「風合」について、早速、辞書を開きまして、どのように書いてあるのかと調べてみましたら、「織物に触れたときのやわらかさ、しなやかさなどの感じである」と。

一体手仕事はどのように違うのか。機械は何と一台――私、驚いたんですけれども――現在の最高の織機は一台二〇〇〇万円もするそうです。手機の方は一体幾らか。私は五万か六万で買えるのかと思ったらば、それでも二〇万だということです。二〇万と二〇〇〇万、これは大きな違いであります。「その二〇万でつくったものの方が風合がある。手づくりの方が、手仕事の方が風合があるものができるんだ」と、このように話しておりました（沼謙吉）。

今回のシンポジウムで四回目なわけですが、手仕事というものの浸透している社会、もしくは手仕事が破壊されてしまった社会、両方とも人間がかかわっているわけですけれども、目にみえないものを何か失くしまうのではないか、手仕事がある方がもちろん残っているわけですが、手仕事が破壊されてしまうと私たちのもっていた何かが破壊されてしまうのではないかというような気がしてなりません。

先ほど、バリ島のトゥンガナンのお話をさせていただきましたけれども、あのときに、一番最後に結婚式のところでみんなで寄り集まって準備をする。男の人は鶏をさばいて一生懸命たたいているわけですね。女の人がそれを補助する。だれも手伝わない人がいないという状態です。そこで手伝わないと村八分になる。

今の私たちの社会の中で、もちろんそういう地域が残っていないというわけではないんですけれども、殊に私は東京の世田谷に住んでいますので、隣の人が結婚式をやっていても準備には行きません。行かなくても村八分にもなりません。

バリ島のトゥンガナンは確かにグリンシンをめぐって世界じゅうの人がたくさん右往左往して入ってきて値段が上

がってはいるんですけれども、まだ人の心が破壊されていないような気がしました。

実はさきほど田中優子さんが講演でソースタイン・ヴェブレンの『有閑階級の理論』という本についてお話になりました。ヴェブレンは最晩年に *The Instinct of Workmanship* という本を書きました。これ日本語で訳すと『職人気質』という題です。それは何かというと、産業革命以降、特にイギリスの産業革命が飛び火したアメリカで有閑階級がはやって、そして大量生産、大量消費の波にワーッとアメリカが巻き込まれていったときに、職人がいなくなっちゃうわけです。職人がいなくなったことで、職人が大切にして少しずつつくってきた手仕事もなくなる。でも、それは物がなくなるだけではなくて、職人が大切にしていた気質までもなくなってしまって、そして、そういったものをはぐくんできた私たちの社会にも大きく影響を及ぼした。その社会に生きている人間の気質にも影響を及ぼすのではないかと、ヴェブレンは最晩年にいっているんです。

トゥンガナンはまだぎりぎり大丈夫ですが、私たちの今の日本は、手仕事に携わっていない人間がほとんどになっている。その重要性も忘れてしまっている。そういう状況下で私たちはどうなるのか、そういうことを考えさせられるのが手仕事です。

自然というところにもう少し広げると、風土に根差した何か、風土や風景がはぐくんで培ってきた何かを、破壊してしまう方向に向かう、ということなのでしょうか。たくさん生産できて、安価になってよかったといっているうちはまだいいのかもしれませんけれども、その果てに私たちがいるわけです。風土を破壊するものに囲まれるようになると、そこの中に生きている人間の何か、ヴェブレンがいうような気質みたいなもの、それこそ気質に風合がなくなる。そういうことを教えてくれるのが手仕事なのではないか（挾本佳代）。

私、沖縄本島のさらに南の石垣島から参りました。八重山は、その風土という観点からみますと、まだまだ祭りが日常生活の中に厳然としてあります。年中行事、それから通過儀礼、これは全部自然のサイクルに従って行われております。
その中で織物のことを申し上げますと、その祭りに参加するためには、必ずそこの繊維でとった地元の織物を着なければ参加できないというような状況がまだまだあります。これは戦時中はつくれない状況もありましたけれども、ここに来まして、やはりその祭りに参加するときには従来の八重山の着物で参加しようという機運がまた戻りつつあります。糸はもちろん、藍染めにする藍も自分たちで仕立てております。

ということで、自然がなければもちろん繊維もとれませんし、その祭りがずっと受け継がれていく、その中で生活に関連して植物が育つのも一年のサイクルなので、それをみながら、定年退職した学校の先生を初め、公務員も、農業をやっていた方はもちろん、そういう織物に携わっている。そういう島が厳然としてございます（法政大学沖縄文化研究所研究員・内原節子）。

いろいろお話を伺っていて感銘深いものがあるんですけれども、これからどうするんだということに結びついてくる話が余り聞こえてこないので、それでは今つぶれかかっている蚕糸絹業をこれからどうするんだということに向けての私の考え方を、ちょっと述べさせてもらいます。

今、蚕糸絹業の産業は分業で成り立っております。撚糸屋さん、精練屋さん、糸をひく製糸屋さん、それから染めと織り、要するに全部が分業なんです。その分業の一つ一つが今つぶれようとしています。ある分業の一部分はほとんどつぶれて、製糸工場は全国数えても二工場しかなくなっています。これをつぶしちゃったらもう立ち上げられないんですね。

撚糸工場はというと、どんどん減っています。でも、これはまだ残っています。外国から生糸を輸入して、日本で需要に合った糸に合糸と撚糸をして次の工程に移すという作業ですから、これは残っております。でも、外国で撚糸がやられるようになると、やっぱりつぶれてしまうわけです。

一たんつぶれた技術は再建できないんですね。ですから、細々とでも続けてもらわないと困るんです。私のやっていることは精練ですから、この仕事で支えることを考えました。目立たないところだけれども、世界でも一番いいものをつくるような技術を開発しよう、ということで、それができ上がってきました。たとえば、従来の精練は絹のアルカリ領域で行われましたので絹を傷めていましたが、新開発の精練は中性領域で行いますので、今までの欠点は解消します。

もう一つ、もっと気の長い話をしますと、それぞれの用途に合ったお蚕をつくり出したいということで、小淵沢の遺伝資源研究所から三百幾つの品種を送っていただいて、今、たんぱく質の分析を始めました。これは一日三品種ぐらいしかできないんですけれども、たんぱく質の分析をしますと、いい糸になるか、つまらないか、というのは一発でわかっちゃうんです。糸にひかなくてもみえちゃうんです。この技術はすでに、文化財の保存修復や複製の素材を選定する手がかりに利用されています。

これを遺伝資源として使うときには、今度はこの精子とこの卵子を合わせたらこういう糸ができるだろう、ということがみえてくるわけですね。そのデータを今とり始めたところです。ところがこれは気の長い話で、学会とか研究所に「助けてくれ」といって手紙をいっぱい出したんですけれども、助けてくれるところはどこもありませんでした。お金と人手がかかるからです。

しようがないから三年かかってでも一人でやろうと、そういうつもりで仕事を始めております。これが実るのは多分一〇年ぐらい先の話なんです。そのころには私は多分命がなくなっていると思いますけれども、よりいいお蚕が出てくるだろうということを期待しながら今仕事をしているところです（平尾絹精練工学研究所・平尾銀蔵）。

私は長野県岡谷市からやってまいりました。独立行政法人農業生物資源研究所の生活資材開発ユニットでシルクの素材開発を行っています。

ただ今、最先端の話と手仕事の話ということでお話をいただきましたが、私共では現在その両方を行っています。

岡谷地方はご存じのように大正から昭和初期にかけて、製糸の町として栄えてきました。当時、岡谷の生糸生産量は全国生産量の四分の一を占め、「糸都岡谷」として世界的に有名でした。その後、ご存じのように情勢の変化によって繭生産、生糸生産も徐々に少なくなり、現在岡谷では座繰り工場が一個所だけになってしまいました。全国的にも現在大規模な製糸工場が二社、座繰り等小規模な工場が岡谷、下諏訪、山梨の三社のみとなってしまいました。

こうした中で、私達の研究としては、これからの新規用途開発としてシルクが入り得なかった面の研究と、これまでの手仕事を生かした技術開発という二面の研究を行っています。新規用途としてのシルク素材開発では、絹のもっている機能性を生かした素材づくりを行っています。具体的には繭から糸に変わる段階で色々な形態変換加工を行うというもので、その一つには医療分野をターゲットとしています。

具体的に申しますと、人工皮膚、人工血管等の医療用基材の開発でありまして、人工皮膚は繭から引き出した繭糸一本を使いそれをランダムに広げでセリシンの粘着力で薄い紙状とするものと、繭から引き出した繭糸一本を経糸、緯糸として薄い織物を作成し、それにコラーゲンを付着させて、人の組織をそこに培養させて皮膚状のものとする方法です。

もう一方の人工血管は、細い生糸で組み紐状とする形態と、巻き形態を組み合わせて、一ミリから三ミリくらいの細い管状のものをつくり出すというものです。それにやはりコラーゲンを付着させて、人の組織をそこに培養させて人工血管用の基材とするものです。現在、動物実験を行っているところです。

一方、手仕事という面ですが、我が国では明治五年に富岡にフランス式繰糸機が導入されて以来、岡谷地方でその原理を導入した諏訪式座繰機が開発され、それが岡谷・諏訪地方、長野県内、そして全国へと普及し、日本の近代化に大きく貢献してきました。その後多条繰糸機へ移行し、昭和三〇年代には繊度感知器の発明とその周辺装置の開発により、自動繰糸機へ移行してきました。しかしながら、現在では我が国では自動繰糸機もわずかに動いている状態となってしまいました。こうした中で、私共は座繰り器や座繰器《ざそう》の良い面に着目し、手仕事のよい部分を生かし、手仕事にかわるものを機械的によりよくできないだろうか、という開発を行っています。特に玉糸、つむぎ風の糸や、嵩高のある糸、太かったり細かったりする糸を一つの機械で自在につくることができないだろうかという研究を進めています。

本日、会場にお越しの皆さんのように実際に自分で織っておりますと、どうしても自分で糸を繭から作ってみたい方もおられると思います。ところが、座繰りですとか玉糸の繰糸になりますと、非常に熟練した技術が必要となってきます。そういった技術がなくても、その機械で絹工房の片隅でいろいろな目的とする糸ができる。そういった機械ができないだろうかと開発をしているところであります。これまでは一台の機械で嵩高のあるハイバルク・シルク、扁平なスペシャルフラット・シルク、他繊維をカバリングするカバードシルクヤーン、太繊度の生糸、太細を交互に繰り返す糸等を機械の組み合わせを変えることで生産が可能な繰糸機としました。これからはもっと簡易な機構として工房の皆さんに使っていただくような機械へ開発を進めていきたいと考えています（農業生物資源研究所・高林千幸）。

初めて田中優子さんがそこの山の下の工房に訪ねてくださったときは、立錐の余地がないほどという表現をされるくらい本当に狭いところだったんですけれども、その後、八王子の伝統的な糸商さんが自分の会社の二階があいているのを使わせてくださって、数人一度に集まって作業ができるようになり、自分たちが獲得した技術や技能を共有することができるようになったんです。

これはすごく大きなことで、要するに技術や技能を共有して、なおかつ感性もその中で磨かれていける。そういう場ができたんですね。まだまだ不十分です。今は水場も何も使えませんから、織るということだけで、染めは各人がやっていますが、今この世の中で、共同で作業する場がないと手仕事は伝わっていかないのではないかと、強く感じています。ですから、つくる、使う、集う——集うことによって、また新たな一歩が踏み出せる、そういうことを見通した形で展開できれば、という願望をもっております（早川たか子）。

私は、共同体のあり方をものすごく重要視しています。先ほど沖縄の方がちょっと話されたんですけれども、日本文化というのはまず共同体ありきです。祭りというものがあって、そこにおのずから共同体が生まれて、そこに日本独自の文化が生まれたという事例が多いんです。ですから、共同体というもののあり方が手仕事を継続する上で非常に重要だと思うんです。

共同体といっても何も同じ方向を向いて同じ仕事をバーンとやりましょうということではありません。やっていることはさまざまですし、目標も違いますし、恐らく価値観も異なると思うのですね。ですけれども、お互いに協力し合わなければできない仕事ばかりなんです。例えば古代織物の復元・修復においても特殊品種の糸が必要ですし、佐賀錦、月明織、多摩織の各種、それから生絹《すずし》を復元している人もいますし、伝統的な組み紐、染織は黒八丈、手描友禅、植物染め、ボビンレースから舞台衣装づくりの人までおられるんです。

そういう人たちの集まりの中でどうやっていい仕事をやっていくか。私が一番気を使うのは共同体のあり方なんですね。だから、養蚕からやっています、特殊品種もやっていますといったって、そこまでで一生懸命やって終わったのでは絶対いいものはできないんです。そういう方たちの価値観をしっかり踏まえてものづくりをする人たちがいて、それが消費者の手に渡るところまで、きちっと何らかの形で共同体の意思や、そこに精神的な支柱みたいなものが通っていないと私たちの仕事はうまくいかない、ということをつくづく感じます。

蚕を飼う人、糸をとる人、織る人、染める人も集まると大変です。お話がみんなたまっていて。そういう交流の中で、本当にいい仕事をしていきましょう、という気持ちが生まれるんですね。養蚕農家の方たちとも同じで、私は養蚕が始まったころ、いつも一軒一軒農家のご機嫌伺いに行くんですね。それで、今年はどう？　というような話から、蚕をみていろいろお話しするんですけれども、やっとこのごろ農家の皆さんがこっちを向いて、「どうだ？　いい糸できたか」とか、そういうことをいってくださるようになったんです。そのように蚕を飼う人、糸をとる人、織る人、染める人すべて、呉服屋の社長もいるんですけれども、そういうよいものをつくろう、残していこう、こだわっていいものをつくっていこうという、共同体全体の中に流れる支柱みたいなもの、道筋、伝統ですか、そういうものはやっぱり必要だなということをつくづく感じます。

沖縄のようにまだ祭りが残っていれば、そういう日本の独自の文化が日本人のアイデンティティーを支えてきているんですね。だから、それにかわるものがこういう都市でも都下でも必要なんです。それがどういう形であらわれるかはわからないんですけれども、私たちは今、それを模索しているんですね。やがては、環境が変われば養蚕やりたくたってできないときが来るでしょうし、環境の激変によってものづくりも変わってくると思うのですね。

ですけれども、日本人がもっていた日本文化を育てる、何かそこに伝統みたいなものをこれからもつないでいって、そして、生活の質の向上のために、手仕事を楽しみながらやれる環境を私たちはつくっていかなくちゃいけないと思うのです。絶対つくっていかなくちゃいけないと思うのです（小此木エツ子）。

第II部

布を考える

論文と資料

1　テキスタイル研究の視座

自然、文化、人間の関係から

挾本　佳代

■地域のことを考えるときには、その地域の実態を知ることが重要だ。それは当然のことである。しかしともすると、地域研究は次第に詳細になり、研究テーマの価値を判断できなくなる。そうならないためには、常に広い視野をもってのぞむことが必要であろう。

■この論は、「テキスタイル研究とはなにか」という根本を問いかけている。「多摩の織物」シンポジウムは一貫して、織物と自然とコミュニテイとの関係を問い続けていたのだが、その問いに簡単な答はない。挾本佳代氏は従来の研究方法と理論を整理し、世界の養蚕の実態を数値で追いながら、さらにバリ島での事例を挙げ、テキスタイル研究をものや商品の研究としてではなく、「自然」と「コミュニテイ」とものを作る「人間」とを結びつける研究の方法として探っている。

■本著のもとになったシンポジウムやインタビューは、テキスタイル研究が、実作者や地域研究者をみつめているべきだ、という考えからなされたものだが、それはこの論のような、壮大な研究ビジョンに包含されるべきものなのである。

一　文化の中に生きる人間

テキスタイルと人間

食糧が人間の種族の存続と維持の観点から必要不可欠なものとされてきたように、テキスタイルもまた、身体保護や体温調節の観点からそうされてきたものであったことに間違いないだろう。

テキスタイルと人間の関係を読み解いていく方法はいくつもある。絹、木綿、麻といった、古から人間が使い続けてきたテキスタイルの歴史を綴る方法がある。紅や藍など、テキスタイルに深くかかわる植物と人間との関係を解説する方法もある。経済活動を含め、テキスタイルの変遷に応じた人間の生活世界の変容を解くこともできるし、製作者側からテキスタイルの流通や頒布に関する問題点を浮上させることもできる。

文化人類学の立場からではこうなる。西アフリカ、マリ共和国のドゴン族の例を挙げて、松井健はアフリカにおける世界観やコスモロジーとテキスタイルの密接な関係を説いている。そもそもドゴン族の生活では、「現実の生活世界」と創世神話との対応ははっきりと明示されることはないが、「現実の生活世界」は創世神話を祖型として営まれているとみなすことは可能であるという(1)。織りを行うこととしゃべること、言葉と布は「同じようなもの」としてみなされる。織機は多くの象徴的意味をもち、特に織機の綜絖は創世主ノンモの顎であり、織りだされる布は言葉と類似性をもつものと考えられている。このような文化人類学の立場からのテキスタイル研究は、例えばテキスタイルに織り込まれる図版や色柄から、宇宙や自然の中に生きる人間を、ある時は象徴的に、ある時は具体的に浮上させることとなる。まさに自然あっての人間の生活世界が、テキスタイルから描写される。

しかし、テキスタイル研究に「自然」を採り入れることは、実はそう容易なことではない。人間が長らく語りついできた創世神話と現実の生活世界との関連性を、事例研究として発展させてきている、この文化人類学の立場でさえもそのようだ。松井の主張を聞いてみよう。

現今の文化人類学、社会人類学、民族学という分野において、「自然」という題目はまったく忘れ去られている。これらの研究分野が、もっぱら「文化」、「社会」、「歴史」といった事象を対象としていて、それらの枠外にある「自然」が捨象されているのだとみることは一応可能であろう。しかし、別に議論するように、文化と自然が互いに交錯しない対蹠概念であるのは、それが対立する概念としてつくられたときだけであって、本来的に文化と自然が対立的であるとみなすことは、なんらたしかな基礎にたつ原理であるわけではない。文化は多様なかたちで自然を用いるが、あるとき、文化のただなかに自然がたちあらわれることもあるのである(2)。

人間が自然から生みだされた素材を利用してテキスタイルを織り出す、この事実や歴史を解いていきさえすれば、テキスタイル研究に「自然」が組み込まれたことになるのか。筆者のテキスタイル研究はこの疑問から始まっている。これと同時に懸念もある。人間とテキスタイルのかかわりが長く、深く、かつ密接なものであるために、テキスタイル研究に「自然」が組み込まれた場合、人間、テキスタイル、自然三者の織りなす世界は壮大に膨れあがる。その結果、この世界の全貌を鳥瞰することさえ至難の業となるのではないか――。

筆者は、本稿をテキスタイル研究に必要な視座を求める出発点としたい。そこで本稿では、大きなスコープから、テキスタイル研究のための視座を考えていくことにする。そこで今回は、テキスタイルを「文化」として捉えるための準備をおこなう。まず、決定的な違いはあったものの(3)、後世の文化人類学に対し人間と文化の在り方に重要な提言をおこなったA・R・ラドクリフ＝ブラウンとB・マリノフスキーの機能についての考え方から、文化の機能について考えていくことにしよう。

文化の機能

ラドクリフ＝ブラウンは『未開社会における構造と機能』のなかで、未開社会という社会システムにおける諸制度の機能を「存在の必要諸条件」と定義している(4)。さらに、彼は機能概念が社会に適応される場合、その社会の生存の必要諸条件が存在する、という前提条件がなければならないとも示唆している(5)。ラドクリフ＝ブラウンにとって、この前提条件（社会システム論でいうところの機能的要件）が存在するという仮定がなければ、機能分析を行う必然性がないということになる。また彼は、社会が変化を余儀なくされている状態でありながらも、そこにおける諸機能がほぼ社会存続のための必要条件としての役割を果たしているともみなしていた(6)。この主張も、先の前提条件がなければ成立しえないことはいうまでもないだろう。

ラドクリフ＝ブラウンの主張の明快さは、彼が社会の機能について述べる際には必ず構造が念頭におかれ、構造全体を貫く「生命」をつぎのように捉えていたことによる。「こうした有機体の構造的継続性が維持されている過程が、生命と呼ばれる。生命の過程は、有機体の構成単位、細胞、細胞が結合した器官の活動や相互作用から成っている」(7)。ラドクリフ＝ブラウンは有機体が生きている証を「構造の継続性」にもとめた。彼の論理においては、機能や生命に先駆けて、社会の構造が念頭におかれていたことがわかる。ラドクリフ＝ブラウンにとって、フィールドワークを通して解明すべきは西欧近代社会と比較した未開社会の在り方や構造であり、未開社会内部を構成する個々人の在り方や生活ではなかった。

ラドクリフ＝ブラウンと同時代人であったマリノフスキーは、どのような機能概念を方法手段としていたのであろうか。マリノフスキーの機能概念は決してやさしくはない。たとえばE・R・リーチは、マリノフスキーの機能主義がデュルケムの社会的機能概念から展開されたものであるにもかかわらず、途中で路線変更をし、「生物学的結果」

を求める生物学的有機体の欲求充足に重点をおくことになってしまった点に、その機能概念の難解さの原因を求めている(8)。

『文化の科学的理論』において、マリノフスキーは文化を把握する上での機能概念を提示している。ここで注意をうながしておくならば、先のラドクリフ゠ブラウンとマリノフスキーとでは機能を適用する対象が少なからず異なっていたということだ。ラドクリフ゠ブラウンは未開社会の構造の分析を探求する上での理論的方法手段として機能概念を用い、マリノフスキーは未開社会の文化を把握する上で機能概念を必要としていたからだ。

マリノフスキーはつぎのように述べている。「……機能とは、人間が協働し、工芸品を使用し、財を消費するといったひとつの行為による欲求の充足と定義されることにほかならない」(9)。「未開文化または発展した文化の中で調査研究する社会学者によって定義されるならば、機能とは制度が文化の機構全体の中で果たしている役割のことである」(10)。マリノフスキーは機能概念を述べる上で、人間個々人のレベルにおける欲求の充足だけでなく、未開社会の社会制度のそれも考慮に入れていた。ここがマリノフスキーの機能概念を理解しがたくしている部分である。彼が社会を構成する人間個体の欲求充足を基準にして考えているのか、未開社会というシステム内部の制度の欲求充足を基準にして考えているのかがわかりづらいからである。しかしこのわかりづらさは以下で考えるように、「生命」をもつ人間そのものがおかれている状況を考えれば、すっと納得することができるだろう。

そもそもマリノフスキーの機能概念において、生物学的要素は不可欠なものであった。決して一つには集約できない二つの要素を併存させる機能概念の定義を、マリノフスキーは以下のように行っている。「機能主義が、機能概念をただ『部分からなる全体の活動に対する一部分の活動の貢献』という皮相的な表現によってではなく、より明確かつ具体的な現実に起こっていることや、観察されうることへの言及によって定義することができないならば、機能主義は結局のところそれほど機能的ではないのであろう。私たちがみていくように、その定義は、人間の制度およびその部分的な活動が根本的な生物学的欲求、または〔そこから〕派生する文化的欲求に関係していることを提示することによって証明される。それゆえ……機能は欲求の充足を意味する」（引用箇所における〔　〕内は、筆者による補語である。以下同）(11)。

マリノフスキーが機能概念としてもとめた欲求の充足を満たす主体は、個々の人間と社会制度の両方にまたがっていることがわかる。さらに私たちが重視しなければならないのは、マリノフスキーが「欲求の充足」を満たす主体は、個々の人間または社会制度いずれか一方に決定しえない、と主張していたことである。

いうまでもなく「人間が生きていく」ということを考えるときには、個々の個体の状態で生きているということと、個体が集まって制度を築きながら社会の状態で生きているということの両者の状態の考察が必要である。いずれか一方の状態を考察するだけで、人間は生き続けているとみなすこともできないし、人類として生き延びているとみなすこともできないからだ。マリノフスキーが文化を把握する上で必要とした機能概念には、「人間が生きている／生きていく」という現実をも文化の本質として捉えるべきであるとの主張が織り込まれていたのである。理論的な首尾一貫性を求めながら、社会の構造維持に着目したラドクリフ＝ブラウンとは異なり、マリノフスキーは未開社会で人間が生きているという現実に即することを求めていた。

生きている文化

機能概念の検討を通し、マリノフスキーが「文化」に個体状態でも社会状態でも「人間が生きている／生きていく」という事実を盛り込んでいたことがわかった。それでは、彼は具体的にどのように「文化」を捉えていたのだろうか。

『文化の科学的理論』の「文化とは何か」と題された章において、マリノフスキーが文化に関し明快に述べている箇所がある。

……私たち〔の主張〕はまず、文化の理論が生物学的事実に立脚しなければならないということを意味している。人間は、一つの動物種である。それら〔人間〕は、個体が生きながらえ、種族が存続し、一個またはすべての有機体が秩序をもって維持されるように達成されるべき根源的な状態に従っている。さらに、人間は、すべての工芸品を製作し、その真価を認める能力において、二次的な環境を創造する。……もともと、人間や種族の有機的または基本的欲求の充足は、各文化に課せられた最小限度の条件であることは明らかなことである。人間の栄養摂取、生殖、衛生面の欲求から生じた問題は解決されなければならない。それらは新しい、二次的な、すなわち人為的な環境の構築によって解決される。この環境こそが文化そのものであり、永遠に再生産され、維持され、管理されなければならない(12)。

ここで主張されていることは二点にまとめられる。㈠文化の理論は、人間が動物であるという生物学的事実に立脚すべきであるということ。㈡有機体としての人間および人間社会の欲求充足は、文化の維持によって解決されうること――である。

第一点は、右記の「個体が生きながらえ、種族が存続し、一個またはすべての有機体が秩序をもって維持されるように達成されるべき根源的な状態に従っている」というフレーズに集約されている。すなわち、人間が自然という秩序に従う存在である、と言い換えることができる。さらにそうであるならば、そのような生物としての宿命を負った人間の文化もまた、自然のもつ秩序／法則に従って存続していくものであると、読み込むこともできる。人間、社会、文化は、自然という生命の根源を介してつながっていると、深く考えることもできる。

第二点は注意して読み解かれなければならない。まず右記の文言において、マリノフスキーは人為的に文化が構築されることに力点をおいてはいないということに着目しなければならないだろう。ここで彼が主張したかったのは、文化が存続・維持され続けていくということである。そう読み解かなければ、「文化の機能」で検討してきた機能概念の適用対象としての文化についての考え方にも抵触することになるからだ。

実はこの二点にわたる判断は、参与観察を通し、「クラ」という文化の在り方を明確にしたマリノフスキーの『西太平洋の遠洋航海者』を紐解くことで正当化されることがわかる。

マリノフスキーの苦悩

トロブリアンド諸島におけるフィールドワークの集大成である『西太平洋の遠洋航海者』のなかで、マリノフスキーは「クラ」という儀礼的な贈与交換の体系をつまびらかにした。「クラ」では、ソウラヴァ（soulava）と呼ばれる赤い貝の長い首飾りとムワリ（mwali）と呼ばれる白い貝の腕輪が、未開人の手を介して、諸島をそれぞれ逆方向に回される(13)。このソウラヴァとムワリは祖先から使い古されてきた装飾品であるが、誰の所有物でもない。マリノフスキーは、民族誌学者の仕事とは未開人の支離滅裂とも思われる諸行為を探りながら、さまざまな兆候を社会学的に組み立てていくことであり、儀礼的なクラの交換が多数の部族を結びつけ、諸部族がひとつの大きな有機体を形成するという役割を果たしていると述べている(14)。しかし、マリノフスキーは「クラ」の社会的機能そのものについては一切明言することはなかった。

なぜマリノフスキーはクラの機能を明確にしなかったのだろうか。その原因のひとつは、彼が人類学の先達であるJ・J・フレーザーやE・B・タイラーらの人類学的調査手法および機能概念に、本質的に満足していなかったことによる。「……当初、私は彼ら〔原住民〕との、非常に詳しく明確な会話にまったく入っていくことができなかった。私は、このことに対する最良の対症療法が具体的なデータを集めることだとは熟知していた。それゆえ、私は村落の人口調査を行い、系図を書き、地図を描き、親族名称を収集した。しかしこれらすべては死んだ資料のままであり、真の原住民の心性や行動へのさらなる理解を深めてはくれなかった。というのも、私はこれらの事項に対する原住民による適切な解釈を獲得することも、部族生活の呼吸と呼ぶべきものを得ることもできなかったからだ」(15)。

トロブリアンド諸島で参与観察を開始するにあたり、マリノフスキーは人類学者第一世代のフレーザーやタイラーらにならって人口調査や系図や親族名称を収集した。しかし、実地経験を踏まえないところで構築された知識によって要求されたデータは、マリノフスキーにとって単に「死んだ資料」でしかなく、彼の目指す部族社会の「呼吸」を看取するような深い分析をするに足る資料とはならなかった。厚東洋輔はマリノフスキーの不満をつぎのように解釈している。「『実地調査』に対するマリノフスキーの不満は二つある。一つは対象とする地域が広すぎること、もう一つは描き出される文化が骨組みだけで、血肉が与えられていない点である。この二つの批判は、結局のところ、切り出される全体像が表面的で深さがない、という一点に帰着させることができるかもしれない」(16)。

マリノフスキーは「死んだ資料」では、一個の全体性をもつ「文化」に言及できないことに気づいてしまった。部族内の人口調査や系図という、バラバラで部分的にしか存在しえない資料から、一部族全体を組み立てるということの限界に直面してしまったともいえる。そこで、彼はその理論的手法を捨て、棲み込みという参与観察を選択することになった。

そもそも学問上の方法手段として、未開社会を記述して分類する場合、人類学者には自らの所属する社会と観察対象とする社会を比較する「機能」という概念しかない。例えば、「未開社会でのAという儀礼は、私たちの社会ではBという制度にあたる」などと記述される。このように、人類学者にとって機能概念とは、彼らが自らの属する近代社会に立ち返り、未開社会の習慣を解説する説明原理なのである。事実マリノフスキーも、「クラ」において交換される一見無意味にも思われる「財宝」が、歴史的な人物を経てきたという歴史上の価値を内包したものであることに着目するならば、あたかも戴冠式において用いられる宝石や家宝に相当すると論じたり(17)、呪術が「……人間に自然の力を征服する力を与えるものであり、それは四方から襲いかかってくる幾多の危険を防御する武器と甲冑」(18)に相当すると述べたりしている。これは説明原理としての機能が、マリノフスキーの中で用いられた稀少な部分である。しかし、先にも述べた通り、彼の機能概念を用いる本意は、こうした事実と事実の対応関係を明示することにはなかった。マリノフスキーはつぎのように認識していたはずである。すなわち、有機体や文化において、ある「機能」は存在しない。存在するのは、ただ、諸部族を結びつけ有機体を形成する「機能」を果たす「クラ」だけなのである、と。

「クラ」という文化

E・E・エヴァンズ＝プリチャードが『人類学的思考の歴史』の中で、『西太平洋の遠洋航海者』では「クラ」よりも呪術が多く言及されており、五〇〇ページを越える大著であるにもかかわらず「クラ」はわずか五〇ページしか紙幅が割かれていないと、興味深い指摘をしている(19)。エヴァンズ＝プリチャードの指摘を待つまでもなく、『西太平洋の遠洋航海者』はトロブリアンド諸島で行われる「クラ」にまつわる呪術を克明に記述した民族誌であると言っても過言ではない。むしろ、それだけマリノフスキーが呪術を重視していたということだ。それゆえマリノフスキーの文化概念を十分に把握するためには、出発のカヌー製作から帰郷に至るまでの一連の「クラ」の活動に必ず随伴する呪術を軽視するわけにはいかない。

本来的に「クラ」は神話に根ざし、伝統的な慣習に支えられ、儀礼の諸部分を支える呪術に取り巻かれた公的なものである(20)。「クラ」に必然的に随伴する呪術に関し、マリノフスキーはつぎのように明言している。「したがって、……呪術は決して作られることはないということができよう。……本質的なのは、それ〔呪術〕が人間によって作られたり発明されたりすることが不可能であり、人間によって変更されたり修正されたりすることに、全面的に抵抗するということである。それは森羅万象始まって以来ずっと存在してきた。それは〔森羅万象を〕修正するが、それ自体は決して修正されるはずのないものである」(21)。マリノフスキーという観察者のみならず、トロブリアンド諸島の原住民である被観察者さえも、呪術がいつ作られ、どのようにして知られるようになったのかについてはわからなかった(22)。つまり、「呪術は、常にそこに存在するものとして受け渡されてきた」だけなのである(23)。

「クラ」を支える呪術は、未開社会の歴史上、人の手を介さず民族によって古くから育まれてきたものであった。逆にいうならば、呪術は未開民族の伝統に根ざした文化として育まれてきたものであるがゆえに、人為的な構築が不可能なのであった。文化は、人間が存在しなくとも、それ自体だけで森羅万象とともに存続し続けるものなのである。呪術を基底において文化を考えていたマリノフスキーは、まさに「文化は有機体そのものである」と主張していたといえよう。

「実生活の不可量部分」をもとめて

「文化は有機体そのものである」と主張したマリノフスキーが、フレーザーやタイラーのように、「死んだ資料」という名の有機体にとって部分を積み上げていく手法を採らなかったのは当然のことであった。マリノフスキーは、部分から生命をもつ有機体という全体が構築されるとは考えてもいなかったからである。

この立場に立脚しつづけるために、マリノフスキーは一つの方策を選択した。彼は未開社会における「実生活の不可量部分（the inponderabilia of actual life）」と命名した現象から、文化がどのように織りなされているかを理論化しようとした(24)。「別の言葉でいうならば、資料に問いかけたり算定したりすることによっては、どうしても記録されえないが、観察することによってその十分な実態を捉えることができる一連の現象がある。それらを実生活の不可量部分と呼ぶことにしよう。……実際、これらの量り難いが重要な実生活のあらゆる事実は、社会という織物の実質部分をなしている。すなわち、そこにおいては、家族、氏族、村落共同体、部族をともに維持する無数の糸が織りなされ、――それらの意味が明確にされている」(25)。マリノフスキーは参与観察することによって、原住民のありふれた日常生活の細々とした出来事、会話、人々の感情から、未開社会における氏族や村落共同体に深く論及しようとした。P・カベリーによれば、マリノフスキーという目撃者によって鮮明に記録されたそうした「実生活の不可量部分」は、「印象的ではあるが主観的」なものとして人類学者に見なされる節もあった(26)。しかし、この「実生活の不可量部分」探求の提唱が、マリノフスキーの文化概念の核心部分であることは間違いないであろう。彼は部分を積み上げて全体を構築していこうとする考え方では量ることが不可能な部分を、理論化しようとしたのである。それは、マリノフスキーが血の通った、人間の息づかいが感じられる、生きた文化を追い求めようとしたからである。

それでは、マリノフスキー自身はこの「実生活の不可量部分」を実際に追求可能であると考えていたのであろうか。この問いに対しては慎重に答えなくてはならないが、彼は少なからぬ懸念を抱いていたと考えられる。そう考えることのできる理由は、マリノフスキーが人類学者第一世代たちの方法論を否定し、機能概念の抱える問題性を踏まえながら、別の方法論に立脚すべきだと主張していたからである。

部分を積み上げ全体をなすという理論的な手法を採るフレーザーやタイラーを、近代科学にもとづく近代人の象徴とするならば、近代人がどんなにその手法を駆使したとしても、対象が逃去するというその事実を、マリノフスキーは「実生活の不可量部分」と明示したのではないだろうか。彼は理論によっても観察によっても、近代人は対象に到達することができない部分が確かに存在すると、冷静に見つめていたといえる。マリノフスキーのいう「不可量部分」とは、自然から切り離された近代人が（現代になってようやく追い求め始めた）自然と共生する社会／文化、すなわち近代人が過去に斬り捨ててきた社会／文化そのものだったのではないだろうか。

冒頭にも述べた通り、テキスタイルはモノであると同時に、自然と密接に結びついてきた文化でもある。そうであるならばなおさら、「文化は有機体そのものである」とのマリノフスキーの示唆も織り込まなければ、テキスタイル研究を深く展開させていくことはできないのではないだろうか。

しかし、テキスタイル研究において、マリノフスキーにおいての「呪術」に相当するものは何なのか。それは、文化人類学的立場に立ち、参与観察という手法でしか追求することができないのか。「不可量部分」と「可量部分」の分水嶺をどこに想定すればいいのか――。必然的に「自然」を組み入れようとするならば、テキスタイル研究には乗り越えなければならない課題が山積みにされていることがわかる。

これらのうち、「不可量部分」と「可量部分」の分水嶺の想定という課題は、例えば共同体内部で生産・使用してきたテキスタイルが、やがて共同体外部へ商品として放出されるようになる、人間の経済活動の進展とも関連しているだろう。ここには機械化の問題もある。また、天然繊維や天然染料だけで生産されてきたテキスタイルの原材料に、人工繊維や人工染料が導入され、大量生産されるようになった過程とも関連しているだろう。絹織物の場合は、工業化の進展によって農業の規模が縮小し、蚕の摂食する桑の栽培面積が減少していくことと関連しているかもしれない。

以下の「二」では、自然から切り離された近代人の「不可量部分」への到達を阻む分水嶺を浮上させるひとつの象徴的な事例として、日本における桑栽培面積の推移と、絹（蚕／養蚕）と桑栽培の現状を考えてみることにしよう。

二　日本の桑栽培面積の推移と世界の桑栽培の現状

はじめに

絹織物というテキスタイルは、桑栽培地という自然なくしては存在しえない。「一」でマリノフスキーに教えられたように、そもそもテキスタイルという「文化」も有機体として捉えていくべきであるとするならば、テキスタイル研究にとって、桑栽培面積の推移の考察も必要不可欠であろう。

絹は、アジアを起源とする文物のなかでも、もっとも歴史の古いもののひとつである。中国浙江省の銭山漾遺跡からも絹織物の一部が出土している(1)。この遺跡はおよそ紀元前三三〇〇年〜二三〇〇年前のものであり、日本では縄文時代にあたる。

この当時から養蚕技術が中国において存在していたのは確かだとしても、どれほどの数の人間が絹織物を身にまと

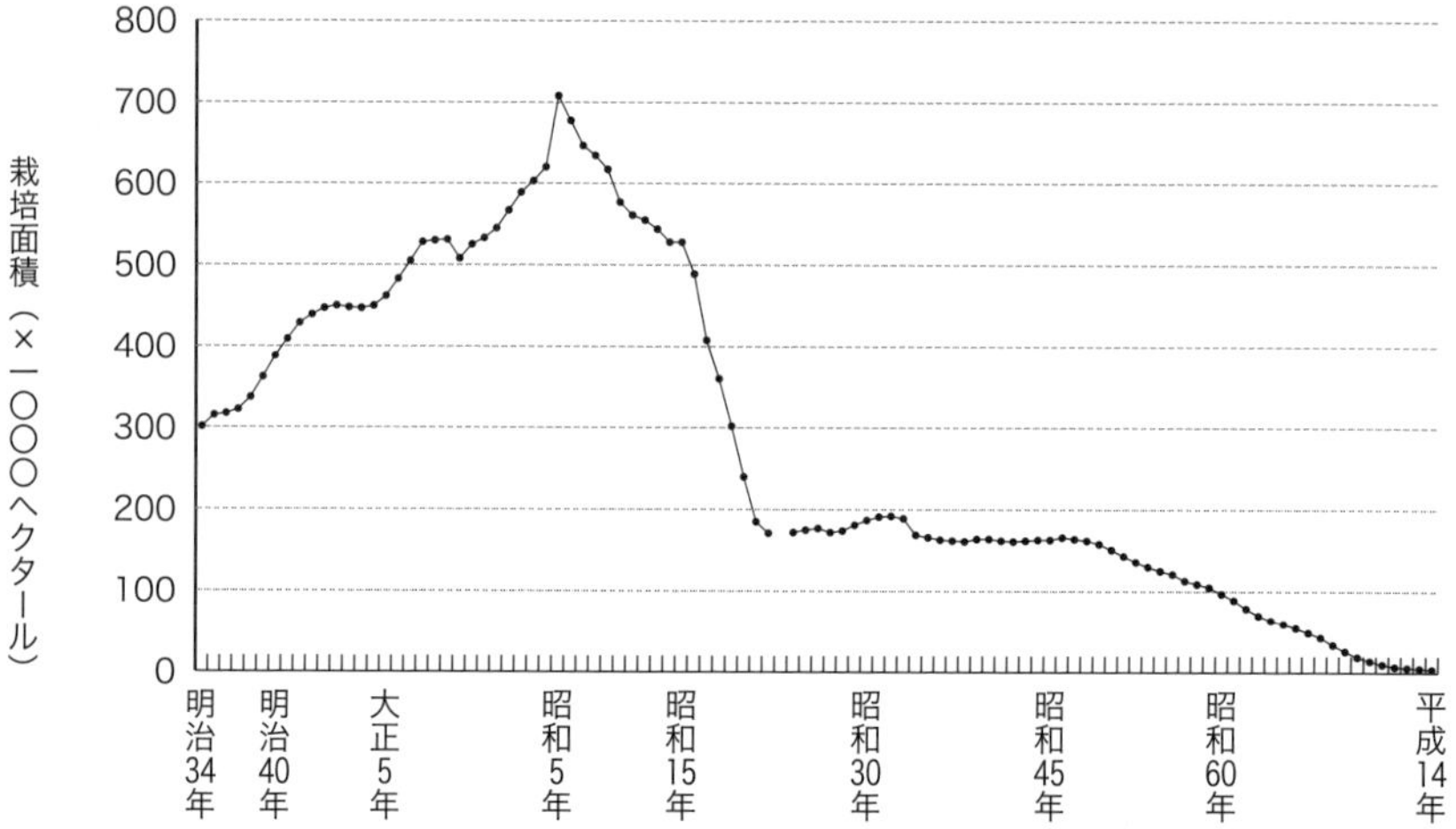

図１　桑栽培面積の推移

っていたのかは不明である。野蚕（野生種の蚕）が野山には棲息していたとしても、その繭からどのように糸を紡ぐのかについてはそれ相当の技術が必要とされたに相違ない。今日遺跡としてのこる墓に埋葬された人間以外の庶民が、その技術を日々の営みのなかで利用していたとはどうも考えにくい(2)。庶民は絹織物よりも、木綿や麻などといった身近にある植物繊維からなる織物を身にまとっていたと考えられるからである。

長い年月の間に劣化してしまう絹織物の断片から絹の歴史をたどることは容易ではない(3)。そこで本稿では、絹の原材料である繭を作り出す蚕が摂食する桑をとおして、日本をめぐる絹や養蚕のおかれている現状を考察することにしたい。

日本の桑栽培面積と養蚕農家数の推移

農林水産省統計書『蚕業に関する参考統計　平成15年度』のデータをもとに、日本の「桑栽培面積の推移」（図1）を作成した(4)。統計書に収録されている明治三四年以降のデータを加工した。

明治三四年から徐々に増大した桑栽培面積は、昭和五年に七〇万八〇〇〇ヘクタールと最大になる。以後、徐々に減少しはじめた栽培面積は、戦争の影響を受け、昭和一六年から急速に減少し、昭和二四年以降、緩やかに減少していく。平成一一年以降は、七〇〇〇

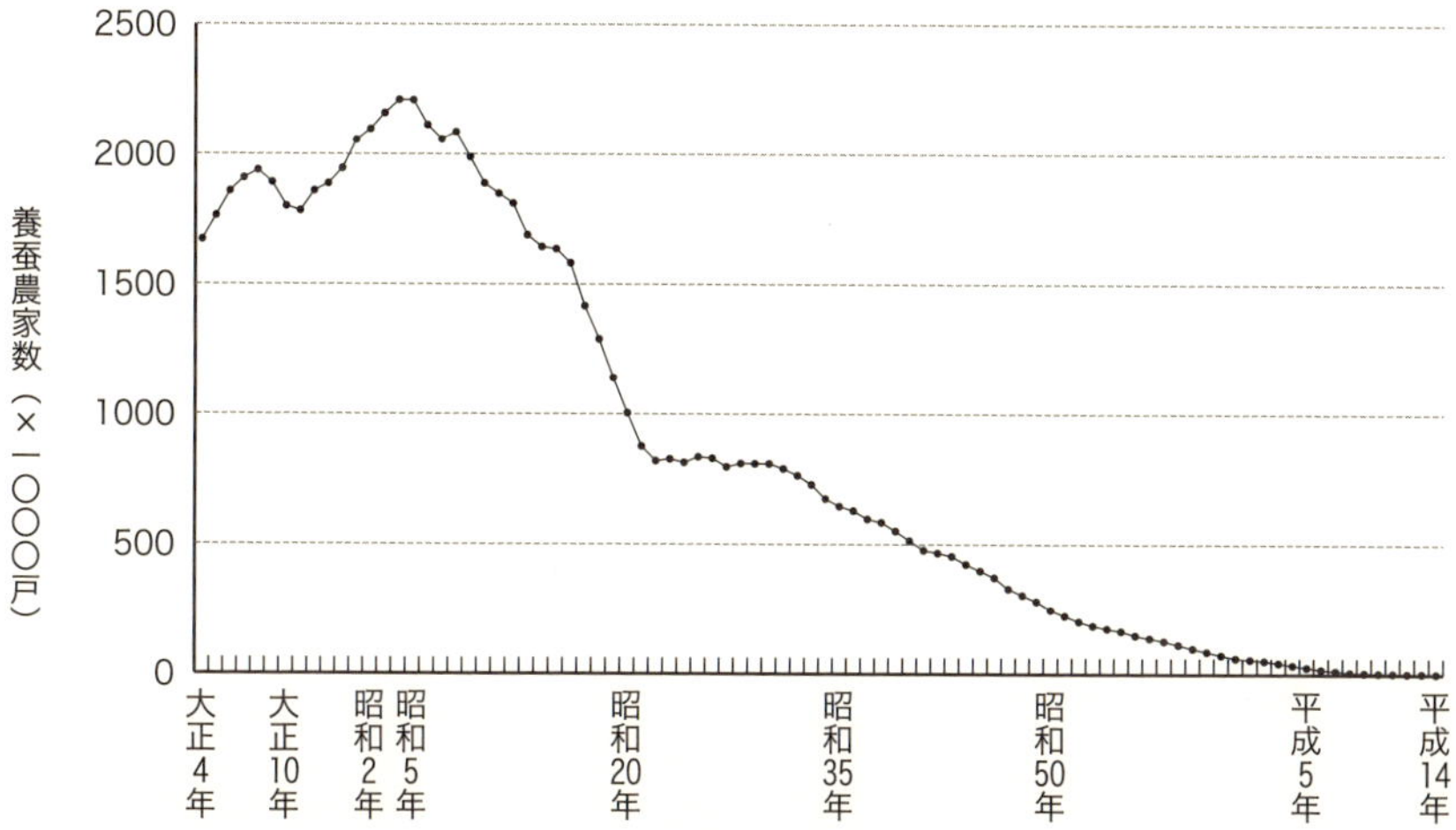

図２　養蚕農家数の推移

ヘクタールと一万ヘクタールを切るまでに減少している。平成一四年は四〇〇〇ヘクタールとなっている。減少しつづける桑栽培面積に対し、「農作物作付（栽培）延べ面積及び耕地利用率」統計では、桑とトウモロコシについて、平成一四年度以降の調査が廃止されている。

同じく『蚕業に関する参考統計　平成15年度』のデータをもとに、日本の「養蚕農家数の推移」（図2）を作成した(5)。大正四年から平成一四年までのデータを加工した。

大正四年から昭和八年にかけての養蚕農家数は、大正一一年に一度落ち込むものの、増加しつづけ、昭和八年二〇八五戸と最大になった。以後徐々に減少しはじめ、昭和一六年から昭和二五年にかけて、急速に減少した。昭和二五年以降はゆるやかに減少し、平成八年以降は八〇〇〇戸と一万戸を切るまでに減少している。平成一四年は二〇〇〇戸となっている。

以上の日本における「桑栽培面積の推移」と「養蚕農家数の推移」は、その最大値の時期が昭和五年と昭和八年とでわずかなずれがあるものの、昭和一六年から戦後にかけて急速な減少をしている点ではほぼ一致していることがわかる。特に第二次世界大戦の激化とともに、桑園が減少する一方で、食糧用作物が桑の代わりに植えられることとなったからである(6)。

世界の一国あたりの桑栽培面積の現状と桑栽培研究の動向

以上の「桑栽培面積の推移」と「養蚕農家数の推移」を踏まえると、日本が明治の開国以降、富岡をはじめとする官営の製糸場で殖産興業を展開し、生糸の輸出大国であったのは遠い昔のこととなってしまった。平成一五年段階で、生糸の輸入量が三万八二七俵であるのに対し輸出量は一五一〇俵、絹糸の輸入量が三万四四俵であるのに対し輸出量は一八四俵と、日本は完全な生糸・絹糸輸入国となっている。

それでは現在、桑栽培面積を誇る国はどこなのであろうか。FAO（国連食糧農業機関）から出されている、桑栽培と畜産についての文書（Mulberry for Animal Production）のデータをもとに、「一国あたりの桑畑面積」の表を作成した（表1）。

世界における一国あたり最大の桑栽培面積を誇るのは、六二万六〇〇〇ヘクタールを維持している中国である。ついで、二八万ヘクタールのインド、三万八〇〇〇ヘクタールのブラジルとなっている。いずれも面積の広い国土をもつ国々である。ブラジルにつぐ国は、キューバ、ドミニカ共和国、エルサルバドル。ホンジュラス、メキシコ、パナマ、セント・ビンセントといった南米の国々となっており、いずれも一〇〇〇ヘクタール以下となっている。ヨーロッパ・アフリカでは桑栽培面積をもつ国はほとんどなく、同様にアジアでは中国・インドのみとなっている。

表1　一国当たりの桑畑面積
（2002年度，単位：1000ha）

中国	626
インド	280
ブラジル	38
キューバ	＜1
ドミニカ共和国	＜1
エルサルバドル	＜1
ホンジュラス	＜1
メキシコ	＜1
パナマ	＜1
セント・ビンセント	＜1

上記FAOの文書によれば、桑を将来的に養蚕以外の牧畜の飼料として有効利用するための研究が報告されている。

中国では、ほぼ一〇〇パーセントが養蚕に用いられているが、一部が養殖や牛の牧畜の飼料として使用されている。また過去には、牧畜飼料としてだけでなく、桑栽培・養蚕・養殖の統合を図り、エコシステムを創造しようとする試みもあった(7)。

六八種に分類される桑のうち、そのほとんどがアジア原産である。そのうち、中国では二四種、日本では一九種が誕生している。現在の中国では四種の桑から派生した一五種類の桑が主に活用されているが、インドでは一〇種類から派生した数多くの桑を活用している。そのためインドでは、国内各地の風土に合った桑栽培の研究が行われている。桑の葉は養蚕に、葉を取ったあとの茎を牧畜飼料に活用しようとインドでは試みている。

ブラジルでは、土壌とその肥沃土に適合した種類の桑を育成するためにクローン技術を活用している。

人工飼料活用の現状

ほとんど桑だけに摂食する植物が限られている蚕は、単食性または狭食性の昆虫であると呼ばれている。とはいうものの、伊藤智夫によれば、蚕は桑以外の植物を二〇種類以上も食べることができる(8)。桑の葉にはフラボン化合物、フェノール酸、長鎖アルコールなど、蚕の摂食を促進する物質が含まれている(9)。しかしこれらの物質は桑だけに含まれているのではない。桑だけに含まれ、蚕に必要とされる天然物質はまだ発見されてはいないという。

これまでに検討してきたように、日本の「桑栽培面積の推移」の減少傾向を踏まえるならば、賛否両論があるものの、人工飼料の活用が増えてきてもいたしかたないのが現状である。ただし、人工飼料は稚蚕（蚕の一～二齢または一～三齢）にそのほとんどが限られている。農林水産省統計書『蚕業に関する参考統計　平成15年度』の「稚蚕人工飼料育の年次別実施状況」のデータから、最近二五年の

表2　稚蚕人工飼料育普及率（単位：%）

昭和54（1979）年	4.9
55（1980）年	8.5
56（1981）年	12.4
57（1982）年	17.7
58（1983）年	22.5
59（1984）年	28.1
60（1985）年	30.9
61（1986）年	33.4
62（1987）年	35.1
63（1988）年	39.9
平成元（1989）年	42.1
2（1990）年	43.1
3（1991）年	45.8
4（1992）年	49.9
5（1993）年	53.8
6（1994）年	55.7
7（1995）年	53.3
8（1996）年	59.0
9（1997）年	58.2
10（1998）年	54.1
11（1999）年	52.5
12（2000）年	52.2
13（2001）年	53.1
14（2002）年	57.2
15（2003）年	55.6

「人工飼料普及率」の表を作成した（前頁表2）。

人工飼料は昭和三〇年代にはすでに研究が開始されていた(10)。昭和五四年にはわずか四・九％だった人工飼料育の普及率は、平成八年頃まではほぼ増加傾向にある。平成八年段階で五九・〇％まで普及率を伸ばしている。しかし平成九年から平成一三年までは減少傾向にあり、平成一三年段階で五三・一％になっている。平成一四年は五七・二％、平成一五年は五五・六％となり、人口飼料育の普及率が必ずしも安定した増加傾向にあるわけではないことがわかる。

人工飼料育の最大のメリットは、養蚕農家における桑栽培にかかる労働時間の短縮と家畜なみの値段で蚕を飼うことができることにある(11)。人工飼料の原材料としては、トウモロコシ、マイロ、トウモロコシ種皮、大豆種皮、小麦フスマ、米ヌカ、廃糖蜜などが配合されており、ここに桑の葉の粉末を加える方が蚕の摂食状況はよくなるという(12)。

おわりに

桑栽培面積と養蚕農家数の推移を踏まえると、日本の養蚕の未来は必ずしも明るいとはいえないだろう。しかしこうした現状のなかで、人工飼料育に頼らず、昔ながらの桑のみで蚕を飼育し、その蚕が作る繭から上質の糸を繰り、絹織物に仕立てる活動を行っている団体もある(13)。

アジアを起源とする文物のうち、日本における絹織物は、国産の桑栽培を通して考察すると、非常に厳しい現状にさらされていることがわかる。

日本の桑栽培面積と養蚕農家数の推移や世界の一国あたりの桑栽培面積の現状を考察すると、世界経済システムの中でテキスタイルの原材料が、どのような役割を果たさざるをえなくなっているのかが浮上してくる。綿花を栽培する土地の推移はどうか。天然染料と化学染料がしのぎを削った結果、商品としてのテキスタイルの価格はどのように推移していったのか――なども、同時に、テキスタイル研究に必要な新たな項目として浮上してくる。

三　チェンマイとバリの村落にみるテキスタイルの現状

チェンマイ――山岳少数民族の集落とテキスタイル

テキスタイルをモノとして捉えるだけでなく、生きた文化として捉える。そのためには、必然的かつ積極的に「自然」をテキスタイル研究に組み込んでいかなければならない。しかし、本稿「一」において検討してきたように、自然の中で人間は生かされているにもかかわらず、近代以降、人間は自然から乖離しつづけてきた。それゆえ、近代人は未開社会を観察し、自然に埋没するその社会を正確に理論化・概念化することはできないのか。マリノフスキーの苦悩はこの一点から生じていたのであり、いまなおこの彼の苦悩は解消されていない。

地球全体が世界経済システムに飲み込まれてしまっている今日、果たして自然に埋没する社会／共同体は存在するのかどうか。この問題はかなり切実なものとなっているが、もしもそうした社会／共同体が存在するならば、そこで作られるテキスタイルの現状の考察は、生きた文化としてのテキスタイルを捉える上で非常に有益な事例となるだろう。逆にもしも存在しないのならば、私たちはある社会／共同体がどの段階まで自然と乖離せずにテキスタイルを作りつづけていたのかを、追い続けることになる。

最後に、タイのチェンマイとインドネシアのバリ島におけるテキスタイルの現状を考察していきたい。両国での調査はそれぞれ五日間程度のものであり、長期にわたる参与観察にもとづくものではなかったが、テキスタイルを介しチェンマイとバリの村落が抱える問題を確実に嗅ぎ取ることはできた。

タイ北部にあるチェンマイを訪れたのは、二〇〇五年二月下旬。現地ガイド、運転手付きで車一台をチャーターし、草木染めの染織を行う山岳少数民族の集落――カレン族、バロン族、リス族、アカ族を中心に調査を行った。

山岳少数民族のうち、自然の色をつけた布を織っているのがカレン族だ。レッド・カレンと呼ばれる部族の集落に行く。人口八〇〇人ほど。彼らは観光客相手のかなり大きな店舗も展開している。集落個々の家に一台は織機があり、昼寝をする男の傍らで、女たちが昼間から織り続けていた。樹皮を中心とした材料で綿糸を染色している。ただし、綿糸は紡がず、購入しているのだそうだ。綿糸四・五キログラム四〇〇〇バーツ（一バーツがおよそ三円）。織る人間は、横糸を通す舟を手では通さない。上から紐で引っ張る仕掛けを作り、足を踏んで縦糸と横糸を交叉させながら、舟を左右に自動的に通していく。右手で紐を引っ張るのも足を踏むのものすごいスピードであるために、目を閉じていると機械織機が動いているような音がする。このために綿布は早く織り上がる。特に早い織り手で一日に一〇メートルも織るらしい。しかし早く織り上がるからか、出来上がりはとても固い綿布だった。もちろん糸についている糊の具合もあるのだろうが。

薄いグレーと黒の縞模様のテキスタイルが織られていたので、「これはカレン族独特の図柄なのですか」と尋ねると、チェンマイ・プラザホテルからの注文で、バスローブになるものだと言われた。注文は一・五メートルほどの幅で五〇〇メートル。その代価は教えてはもらえなかった。カレン族独自の店舗で売られている綿布は、天然の染料で染められた糸からできたものだからか、全体的にみな淡い色合いのものが所狭しと並んでいた。ただし、スピードアップして織り上げるためなのか、図柄は単純なものが多かった。他の山岳少数民族が、観光客相手にテキスタイルを売るのを目的に織り続けているのに対し、カレン族は天然染料という付加価値をつけ、ホテルからも大口の注文を受けながら、店舗も展開している。ある一定に地域に住むことだけを許され、特に政府から援助を受けているわけではない少数民族たちを、ホテルが支援しているのだろうか。

バロン族、リス族、アカ族たちの集落は、ヨーロッパの観光客相手の象に乗るトレッキングツアーが行われる場所に点在している。４ＷＤの車で行ったにもかかわらず、落差の激しいデコボコ道が続き、歩いた方が早いぐらいのスピードしか出せない。とうとう途中で「これ以上車では行けない」と言われ、ガイドと一緒にしばらく歩く。象と何度もすれ違いながら行くと、しばらくして集落はあった。

バロン族の集落は人口二〇〇〇人ほど（何度聞き直してもらっても、二〇〇〇人と答えられた）。鶏とひよこが走り回る集落の中に一歩入り込むや、家の前で物売りをする女性たちが私たちを呼ぶ。物売りは女性ばかり。男たちは農作業か町へ出稼ぎに出ているという。シルバー製品や財布、物入れなど、いわゆる工芸品が並んでいる。バロン族独特の図柄のテキスタイルも並ぶ。地機で織る女性のいたところで織る姿を写真におさめ、スカートになる綿布を、二〇〇バーツのところを一五〇バーツに値切って一枚買う。並べられているテキスタイルの色はみな恐ろしく派手であり、赤、オレンジの色はピカピカとツヤがありすぎる。糸は買っているという。その糸は綿糸だと言われたが、化学染料の色が恐ろしく映えるこの糸はやはり化学繊維が混じったものだろう。女性たちは赤かオレンジ色ベースの、ほぼ同じ図柄のスカートをはいているが、上はＴシャツだった。

途中で降りた場所まで戻り、そこからさらに五分ほど車で走ったところにリス族の集落がある。人口二〇〇人ほど。同じように物売りの声がかけられるが、リス族は草木染めのテキスタイルを織っていた。地機で織られ、幅一〇センチほどの淡いグレーがかった桃色と淡いグレー色の、細かな独特の図柄のものだった。おそらく高価だろうなと思いながらも、値段を聞いてみる。五四〇バーツと答えられた。一メートル一八〇バーツで、三メートルあるから五四〇バーツ。値下げ交渉はなかなか進まなかったが、最終的に五〇〇バーツにしてくれ、織っている途中でいとも簡単にハサミを入れて売ってくれた。聞いたところでは、綿糸は買ってくるが、色はジャガ芋や樹皮など、天然素材で染めているという。天然素材の名称と染色された糸が貼り付けられたボードをみせながら、説明してくれる。淡い茶系色のグラデーションがボードの中でできていた。これと同じサイズのテキスタイルは、小銭入れやポーチに加工して、バイヤーに渡すのだという。バイヤーは日本人。一一メートルを注文しているという。このテキスタイルは一日中織ったとしても、一メートルしか織り進められない。細い糸と細かな模様からすると当然だが、五〇〇バーツで彼女たちの三日間の労働を買ったことになる。一五〇〇円――。考え込んでしまった。

リス族の集落と道を挟んだところにアカ族の集落があった。もともとは大麻売りだったと、ガイドが教えてくれる。アカ族は自分たちで作ったものを売っているわけではない。他の部族から購入したものを、観光客相手に売る。物売りの女性の衣裳は、バロン族やリス族に比べてもかなり派手だった。お歯黒をしている年寄りも、物売りとして私たちを追いかけてきた。ガイドの言葉を借りれば「アカ族は汚い」。他の部族の作ったものをかすめ取っているような生き方をしているからだ。

ガイドの通称ルンさんから、道中興味深い話を聞くことができた。ルンさんは三〇代半ばの男性。チェンライでニンニクを作り、ガイドの仕事があるとチェンマイに稼ぎにやって来る。農業研修で一四カ月、群馬県に滞在したことがあり、そこで花づくりを学んだという。

そのルンさんのチェンライに棲む実家の母親は、農業のかたわら、ルンさんが子供の頃（三〇年ほど前）自らが育てた綿花から糸を紡ぎ、綿布を織り、サンカンペーンに売りに行っていたという。サンカンペーンは、いまでは手工芸品の工房やショップが建ち並ぶ、アート村といった場所になっている。もちろんルンさんは子供の頃、母親が織った綿布を着ていた。母親は、彼にとっての祖母から糸の紡ぎ方と織り方を学んでいる。そして母親は、ルンさんの姉にもその技術を伝えた。ちなみに、ルンさんは男性なので、糸紡ぎや織りの技術は教えてもらえなかったという。

現在、タイの綿花の生産地は、チェンマイ、チェンライ、ペーナンである。しかし、タイ国内に流通する綿花には、国境を接しているラオス産のものが違法で紛れ込むことが多々ある。ルンさんに言わせれば、「ラオス産の綿花は質が悪い」という。チェンマイよりもさらに田舎のチェンライで作られた綿糸が、サンカンペーンで売られ、タイ国内に流通している。チェンライ、チェンマイでは三月半ばからの雨季には農閑期となり、女性が家で綿布を織り、農業収入の足しにする。雨季には農家の家々から、雨音とともに織機の心地よい音が聞こえてくるという。

ルンさんの話からもわかるように、日常普段着として着る綿布は、もともと個々の家庭の中で女によって織られてきた。その技術は当然、親から子へと伝えられていく。しかし手織りの綿布は時間がかかり、機械化された工業生産品に追いやられてしまい、現在のように農閑期に現金収入の足しにする程度にしか織られなくなってしまった。家族が着る綿布は安価な工業生産品だ。

チェンマイには早くから、地元で獲れた綿花を使って手紡ぎをし、樹皮、木の実、果実を使った草木染めを行い、独自の手織りをするという、これらすべての染色にかかわる技術を伝えるべく活動をしてきた女性がいる。セーンダー・バンシットさんがその人である。一九一九年生まれの彼女は今はもう亡くなっているが、彼女の活動拠点は「バーン・ライ・パイ・ガーム（美しい竹林の家）」と呼ばれ、現在テキスタイル博物館ともなっている。彼女の意志は娘に引き継がれ、いまなお手紡ぎ、手織りの綿布が作り続けられている。

ここで生産される綿布は実に美しい。綿糸は細く、空気を含んで紡がれ、織られた布の風合いもとても柔らかだ。太陽の光を通すと、自然のもつやさしい色合いはさらに美しさを増す。同じ草木染めの綿布とはいえ、カレン族による半ば機械的な手織りによるものとは、触った感じがまったく違う。同じ綿布というのがはばかられるほどだ。

しかし、賃金制によって四〇人ほどの地元の農家の主婦が毎日作業を続ける「バーン・ライ・パイ・ガーム」も、細々と市場に綿布を出すことを目的と掲げるところである。決して工業化できない上質な綿布なのであるが、博物館の中で土産品として販売するだけでなく、市場にも流通させなければ、タイ王室も認めるような財団を維持することはできない。作業をする主婦達が着ていた洋服も、Ｔシャツが多く、工業製品であった。チェンマイ独自の染色技術の伝播も決して容易ではない。

バリ——トゥンガナンの集落とテキスタイル

バリ島のトゥンガナンを訪れたのは、二〇〇六年二月下旬のことだった。南北に五〇〇メートル、東西に二〇〇メートルほどの規模でしかない村には、精霊信仰をもちながら血族結婚を守る、バリの先住民バリ・アガが住む。現在、二〇〇家族ほどが暮らしている。

トゥンガナンに注目をしたのは、この土地でしか作り出されないテキスタイル、グリンシンがあるからである。そもそもグリンシンは無病息災を意味する、バリ・アガの中で神事や儀式に用いられてきた民族衣装のことである。グリンシンは、いわゆる絣織り（シングル・イカット）と呼ばれるものではなく、縦糸と横糸を別々に染めて複雑な模様を織り込んでいく経緯絣（ダブル・イカット）のことである。素材は地元の自然によって草木染めされた綿糸である。トゥンガナンを除けば、現在この技術は日本（久留米絣）とインドだけにしか残されていない。

そもそもバリ・アガの民族衣装だったグリンシンは、彼らの特殊な生活世界と相まって欧米の文化人類学者たちによって広められ、世界中に知れ渡ることとなった。市場でたちまちのうちにグリンシンの値はつり上がった。綿糸の染色の工程から考えれば、最低でも三年～五年ほどかかってようやく横二〇～三〇センチ、縦一五〇センチほどの一枚のグリンシンが織り上がる。大きなものになれば一〇年ほどはゆうにかかってしまうという。一円がおよそ七七ルピアだと換算するならば、グリンシン一枚は、最低でも一五〇万ルピアする。日本円でおよそ一万九五〇〇円。三〇〇～四〇〇万ルピアするものは、およそ三万八九〇〇～五万一九五〇円ほどになる。この三〇〇～四〇〇万ルピアするグリンシンは、バリ・アガではないバリ島の人間が結婚式用の衣裳として特別に注文する場合の、バリ島値段のものである。現地の女性ガイドのアルティニさんによれば、バリ島で結婚式を挙げる若いカップルで、このグリンシンを使うケースがここのところ意外に多いのだという。

もちろん、日本やヨーロッパを初めとするバイヤーの手にかかれば、グリンシンは一〇万円をくだらない値段で取引されることになる。最近、日本のインターネット上で二万円ほどで取引されるグリンシンも結構あるが、非常に模様も雑な粗悪品であることが多いという。おそらくは、トゥンガナンではない場所で模倣されたテキスタイルであるために、そのような値段で取引が可能となるのであろう。

アルティニさんによれば、グリンシンを含め、バリのイカットに使用される色にはそれぞれ意味がある。赤色は火（太陽）の神、黄・白色は水の神、黒色は風の神を意味するのだという。「大地の神は織り込まれていないの？」と尋ねると、「いない」と答えられてしまった。しかし考えてみれば、もともとイカットの原材料の多くが綿糸であり、その染料が草木などの天然染料であるならば、綿花や草木の中に大地の神は宿っていることになるのかもしれない。ちなみに、グリンシンの原材料は、トゥンガナン当地で採れる天然素材だとバリ・アガの人々に強く断言されたが、綿花畑はどこにあるのだろうかと首をかしげたくもなった。綿花畑がなければ、綿糸を作ることはできない。また、店舗となっている家々をほぼ見て回ったが、糸紡ぎをする女たちや、糸紡ぎ機を目にすることはほとんどなかった。地元の天然素材による草木染めが基本だとされるグリンシンの価値を下げたくないから、バリ・アガたちは観光客向けに公式通りの断言をしているのかもしれない。

欧米人のバイヤーや観光客はグリンシンを購入すると、額に入れて壁に飾ったり、加工してバッグやポシェットにしてしまうらしい。アルティニさんはいつもそのポシェットを見ると不思議な感覚になるともらしていた。「あんなバッグは欲しくもない。趣味悪いよ」。バリ人にもそう思われてしまうような加工を、外部の人間たちがバリ民族衣装を購入して行っている。民族衣装存続の難しさは、ここにも表れている。

トゥンガナンの集落では、各家のほとんどがグリンシンやイカットの店舗になっており、観光客が勝手に入り込むことができるようになっている。電気もない暗い部屋の中で、地機でグリンシンを織る、ゆうに七〇歳は越えているであろう高齢の老婆もいた。「グリンシンを見せてほしい」と言うと、奥から主らしき、その老婆の息子であろう男性が出てきた。二～三枚出されたグリンシンは、図鑑や映像で見てきた模様が複雑で色柄がはっきりした美しいものとは、まったくかけ離れたものだった。触ってみても、綿布独特の張りだと言うことのできない、布の端がガタガタと波打った粗悪品だった。値段も日本円に換算して三万五〇〇〇円とふっかけられ、値引きは一切しないという強気の口調だった。結局購入する価値のないグリンシンだと判断し、買うことはしなかった。もともとグリンシンは農閑期に女たちが織ってきたテキスタイルである。しかしいまや、その副業であったグリンシンが世界中に注目をされ、バリ・アガにとって生業の農業や、観光客相手に売られるアタと呼ばれる蔓の一種から加工される工芸品収入を遙かに上回る現金収入を得る手段となってしまった。トゥンガナンの女たちはほとんどが織り手として、観光収入を支えている。

三つの自然神が織り込まれ、天然染料によって染められた綿糸によって織られたグリンシンとはいえ、それはいまやバリ・アガの民族衣装というよりはむしろ、世界的にも希少性の高さから市場で高値で取引される商品となってしまっている。そのような状況からすると、グリンシンに注目をしても、筆者の望むテキスタイル研究がかなりの困難をきわめるかもしれないことがわかる。

しかし、トゥンガナン内部での慣習を目の当たりにすると、その懸念が多少は薄らいでいくような気もした。ちょうど筆者がトゥンガナンを訪れた数日のあいだ、広場にあるバレ・アグンと呼ばれる村の集会所で、バリ・アガたちは大人数で必死に共同作業を行っていた。どうやら鶏を潰して、大きな包丁で肉を叩き、何やら料理の下ごしらえをしている。結構な鶏肉の量だった。肉を叩く男の数は五〜六人。集会所のテラスにあたる部分に椰子の葉を日除けに組んだりしている男もいた。これも五〜六人。肉を叩く男の周りには、女が三〜四人と子供が一〇人近く。みなどことなく嬉しそうな顔をして作業を進めていた。グリンシンを売る家々からも、時折女たちも出てきては作業に顔を出し、また家へ戻っていく。アルティニさんにたずねてもらうと、結婚式の準備を進めているとのことだった。結婚式は筆者がバリを去らねばならない頃執り行われるということだった。グリンシンを身につけ儀礼を行うバリ・アガを見ることができたかもしれない絶好のチャンスを逃してしまったのは非常に残念だったが、彼らの共同作業を直接目にすることができのたは幸運だった。

アルティニさんによれば、バリではたとえ町のレストランで結婚式を行う場合でも、近所の人たちや同じ出身地の人たちが集って、準備をするという。もしもその準備に参加しないと、後で村八分になるのだそうだ。おそらくトゥンガナンでも、基本的に村中が総出で結婚式の準備をするのが慣習なのだろう。

グリンシンが世界的にも有名な商品になってしまった後でも、村を挙げて儀礼の準備をする慣習が崩れていないのは、バリ・アガたちが基本的に共同作業を必要とする農業を中心とした生業を営んでいるからだろう。さらに彼らには特殊な事情がある。たとえテキスタイルによる現金収入が農業収入を越えていたとしても、集落内部の人間関係が血族結婚を基礎としたものであり、さらに現金を生むグリンシンそのものが儀礼や神事に不可欠なテキスタイルだということだ。私たちはこのことを看過してはならない。グリンシンを介在させ、変質を続けるバリ・アガの共同体がわずかながらも色濃く残っている証だからだ。市場の需要に応えるために、綿花を栽培し、綿糸を紡ぎ、染色することが、もしかしたら現在は省かれているのかもしれない。綿糸がどこで購入され、染色がどこでなされているのかを突き詰めていく過程で、グリンシンというテキスタイルの人間を含めた「自然」のネットワークが拡大するのか、縮小するのか、それとも工業化の現実に直面するのか——。それは今の段階ではまだわからない。

註

一　文化の中に生きる人間

(1)　松井、一九九七、一七〇頁。

(2)　同前書、一頁。

(3)　松井は、マリノフスキーもラドクリフ＝ブラウンもともに、自然科学モデルへの強い志向があったものの、フィールドワークの現場ではその手法を実践することなく、「社会的な諸事象の研究において、自然にかかわる部分は、本質的なものとしてはあつかう必要がない」と判断したと結論づけている（同前書、二六頁）。

（4）Radcliffe-Brown（1952）1986: 178.
（5）ibid.: 178.
（6）ibid.: 43.
（7）ibid.: 179.
（8）Leach（1957）1980: 123-4.
（9）Malinowski（1941）1944: 39.
（10）ibid.: 48.
（11）ibid.: 159.
（12）ibid.: 36-7.
（13）Malinowski 1922: 83.
（14）ibid.: 83-4.
（15）ibid.: 5.
（16）厚東、一九九一、一九一～二頁。
（17）Malinowski 1922: 88-9.
（18）ibid.: 392-3.
（19）Evans-Pritchard 1981: 198.
（20）Malinowski 1922: 85.
（21）ibid.: 399-400.
（22）ibid.: 398.
（23）ibid.: 398.
（24）ibid.: 18.
（25）ibid.: 18-9, 強調ママ。
（26）Kaberry（1957）1980: 85.

二　日本の桑栽培面積の推移と世界の桑栽培の現状

（1）伊藤、一九九八、三二頁。

(2) 同前書、四三頁。
(3) 布目順郎、一九八八も参照。
(4) 『蚕業に関する参考統計』「年次別養蚕概況の推移」より(五八～九頁)。昭和二三年のデータは収録されていない。このため、図1では折れ線グラフが一箇所とぎれている。
(5) 『蚕業に関する参考統計』「年次別養蚕概況の推移」より(五八～九頁)。
(6) 伊藤、二〇〇〇、五六一頁。農業総合研究所が公刊していた『農業総合研究』に収録されている、鎌形・松田「農地改革の影響に関する調査」では桑の作付面積の減少についての分析がされ、養蚕農家の座談会が収録された「養蚕農家は語る」では桑園を果樹園に転換せざるをえなかった現状が訴えられている。
(7) Hu Bao-tong and Yang Hua-zhu 1984.
(8) 伊藤、二〇〇〇、五五〇頁。
(9) 同前書、五四五頁。
(10) 同前書、五五二頁。
(11) 同前書、五五八～九頁。
(12) 同前書、五五九頁。
(13) たとえば多摩シルクライフ21は、東京多摩地方の養蚕農家と提携し、高品質の絹糸から絹織物を広める活動を行っている。

付記 「一」は、「日本の桑栽培面積の推移と世界の桑栽培の現状」(『アジア太平洋研究』三〇号、二〇〇六年、成蹊大学アジア太平洋研究センター)として発表されたものに加筆し、収録したものである。また本稿は、二〇〇四、二〇〇五年度成蹊大学研究助成による研究成果の一部である。

2　日本蚕糸外史

黄色 俊一

■黄色《おうしき》俊一氏は東京農工大学の名誉教授で、カイコの専門家である。ここでは養蚕と生糸についての、正確な技術の歴史を書いていただいた。本書のテーマである「手仕事の現在」は、その性質から手仕事の芸術面に目が奪われがちだが、じつは織物は極めて高度な技術による、技術産品なのである。しかもその技術は数千年の歴史をもち、日本でも弥生時代からの歴史をもつ。

■技術競争も長いあいだ行われてきた。中国はそのトップの座を近代まで譲ることはなかったが、周知のように明治期からは日本が急速に技術力をのばした。東京農工大学はその中心で日本の生糸産業を支え続け、蚕糸関係の研究者を多く排出した。その研究は、今や新たな役割を果たす段階に入っている。

■本論は、日本の養蚕技術が、中国の知識を吸収する時代から西欧の科学技術を吸収する時代に移り、やがて世界最高峰の蚕品種を生み出した、その過程を活き活きと描いている。また、生糸の拡大増産を突き進んできた日本が大きな転換期を迎え、むしろ農業と一体となって新しい生き方を模索する時代になり、蚕糸もそれに沿って変化を遂げつつあることが書かれている。産業技術が「手仕事」と出会う時代になったことが、この論からは実感できる。

はじめに

『蚕飼絹篩大成』（成田重兵衛、一八一四）の序には、「わが国に農耕と養蚕の生業があるのは、人に左右の手足があるように、一方が欠けてもその用をなしえない」（増田春耕）と記述されている。稲作と養蚕は補完関係にあり、水田と桑畑の立地も競合しないことから、古くから両立が奨励されてきた。わが国では縄文時代から稲作が行われ、弥生時代から養蚕が行われてきたので、稲作と養蚕は、長い間わが国の基幹産業として特異的な価値観のもとに技術発展をし続けてきたと同時に、文化文明の発展にも多大な貢献をしてきた。養蚕が農業の一分野としてではなく、耕作と養蚕を対等として農桑と呼んだ所以である。

日本の稲作は縄文時代の後期に北九州に伝えられ、弥生時代には北海道を除く日本中に普及したと言われているが、歴史書とは認知されない『古事記』（七一二）や『日本書紀』（七二〇）より以前に史書がないことから、古代の情報はすべて遺跡調査の結果を待つしかない。二五〇〇年前の菜畑遺跡（佐賀）からは籾のほかに水田遺跡、農具などが出土し、ソバ、ダイズ、ムギなどの穀物や野菜を栽培したりブタを飼育していたともいわれている。弥生時代の遺跡としては吉野ヶ里（佐賀）、登呂（静岡）、垂柳（青森）などの遺跡がよく知られているが、吉野ヶ里遺跡からは絹片が出土している。

近年の水稲収量は五二七キログラム／一〇アールといわれているが、奈良時代の反収がほぼ一〇〜一〇六キログラム、江戸時代の反収がほぼ二〇〇キログラムであったというから、単位面積当たりの収量だけを比べると奈良時代の五〜一五倍、江戸時代の二・五倍ということになる。もちろん、二〇世紀後半の技術革新によるところが大きい。現在日本の耕地面積は四八〇万ヘクタールで、水田はその五五％（二六〇万ヘクタール）を占めており、さらにその約七〇％（一八〇ヘクタール）で水稲が栽培されている。戦後わが国の人口は増え続けてきたにもかかわらず、水田面積は一九六〇年代の三四〇万ヘクタールから大幅に減少しており、水稲の作付け面積も減少している。すなわち、最近の水田面積は一九六〇年代の七五％となり、農業人口は三一％から四％に減少した。わが国では一九七〇年ころからコメは生産過剰となるが、主食であったコメの一人あたりの年間消費量が一九六〇年代の一一八キログラムから現在の六〇キログラムに減ったためであり、その過程で減反が繰り返され、農地も農業人口も減り続けた。わが国の食料自給率は供給熱量で一九六〇年の七九％から今や四〇％まで半減し、その結果、輸入される食料を生産するために必要となった外国の農地は、一二〇〇万ヘクタールにもなると算出されている。

一方、蚕糸については、江戸時代の蚕品種は大巣・小巣と称する繭の大きさに関わる改良が多かったようだが、繭の大きさは繭層量や繭糸繊度と相関がある。当時の蚕品種の繭層量が約一三～二八センチグラムであったというから、現行の蚕品種の二分の一ほどであったと思われる。ちなみにクワコの繭層は約五～七センチグラムである。しかし、近年の蚕糸業は残念ながら産業としては体をなさないほどの経済規模に漸減し、かつての繁栄の跡形もないといわれるような衰退ぶりである。二〇〇五年の養蚕農家戸数は一五九一戸、生産された繭はたったの六二六トン、使用された桑畑の面積は一六〇〇ヘクタールである。そして、製糸工場は器械製糸二工場になってしまった。最盛期の一九三〇年ころは、二二二万戸の養蚕農家で六二万ヘクタールの桑畑を管理して四〇万トンもの繭を生産し、三七〇〇余りの器械製糸工場で七〇万俵を超える生糸を生産していた。五〇万俵を超える生糸と絹織物の輸出によって外貨の四五％を稼いでいたことを考えると、基幹産業としての重要さも理解できる。第二次大戦後の蚕糸業の振興政策は、夢まぼろしのような話でしかなかった。すなわち、一九六八年ころの高度経済成長期には一二万トンの繭生産ができるまでに復興したわが国の養蚕業は、一九九三年には一〇分の一の生産量となり、二〇〇〇年にはさらにその一〇分の一と急坂を転がり落ちてしまったのである。今では将来養蚕を受け継ぐ後継者はほとんど見あたらず、繭から生糸をつくる製糸業者もほとんど廃業してしまったので、三度目の復興は望めそうもない。しかし、絹なしでは存続しないわ

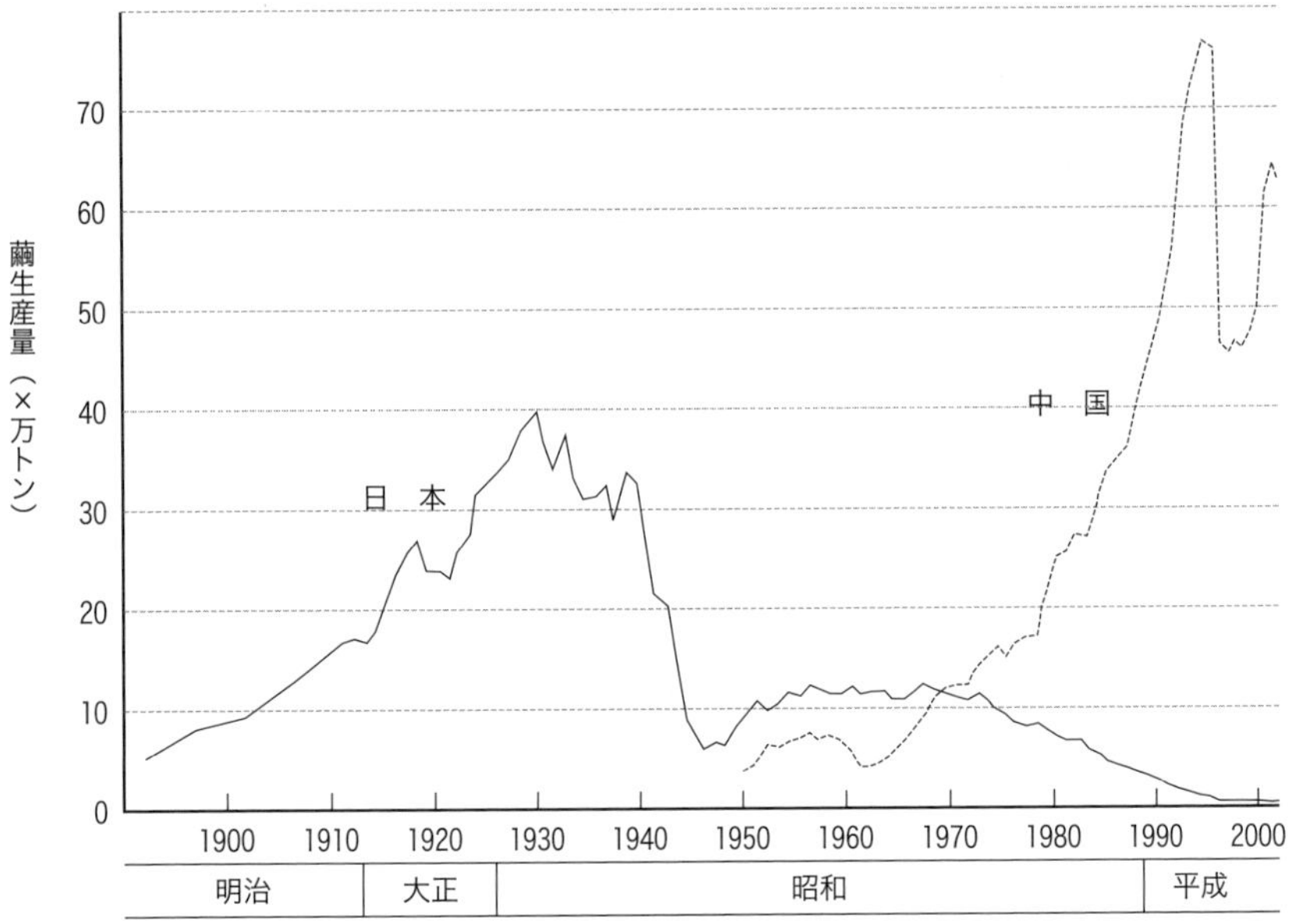

図１　日本の養蚕と中国の養蚕

が国の和装文化は、なくなりはしないだろうし、なくしてはならないものである。

わが国の伝統産業であった蚕糸業が凋落した原因はなにか？　再起の手だてはあるのだろうか？　世界の繭生産・絹需要が減衰した訳ではなく、中国では二〇〇四年に六七・七万トンもの繭が生産されており、生糸の品質もわが国のそれを凌駕している。しかし、わが国が蚕糸研究や先進的技術開発において遅れをとった訳ではなく、つい先ほどまで世界の最先端を走り続けてきた。工業原材料である繭生産の養蚕は、高賃金下における零細規模の農業構造では価格競争で発展途上国に太刀打ちできず、製糸や織物などの繊維産業にあっても自由貿易下の市場経済では、基本的には同じ理由で競争に勝ち抜くことは難しい。

一　技術革新と教育研究

一八世紀あたりまで宗教的世界観と渾然一体であった西洋の科学は、一九世紀になると専門分野も明確になり、職業的研究者が研究成果を学術専門誌に発表し、専門分野の研究者によって評価されるという自己完結形式を完成させた。具体的には、ガリレオやニュートンの時代の黎明期の科学からダーウィン、メンデル、パスツールなどの時代の近代科学へと変わったのである。このことは、一八世紀の後半から一九世紀の前半にかけて紡績機や織機の発明から始まった産業革命では技術革新だけが突出していたのではなく、科学が現在の資本主義や物質文明へ連なる諸々の発展と並行しており、生活様式とともに思考様式も革新されたことを示している。わが国における産業革命は明治維新とともにはじまるが、産業の近代化にはこの西洋科学の導入が重大な役割を果たした。

江戸時代に出版された著名な蚕糸関係の書物には、少なからず中国の農業技術書から有用な技術や知識が引用されている。しかし、当時わが国に科学的・研究的態度が全くなかった訳ではない。『蚕養育手鑑』（馬場重久、一七一二）や『養蚕茶話』（佐藤友信、一七六六）などには温度に関しての実験的記述があり、一八三九年発熱で医者にかかった蚕種家の中村善右衛門が、体温計を見て養蚕の温度管理に使いたいと考え、蚕室管理のための温度計を自作している（『蚕当計秘訣』一八四九）。当時の革新的な技術の開発や普及指導は、主として蚕種の製造販売業者によってなされており、科学者といわれる専門の研究者はいなかった。一方、江戸時代の末期にフランスでは微粒子病が蔓延して養蚕業は壊滅状態になったが、原因究明と対策を依頼されたパスツールは、五年間で微胞子の存在状況を把握し、垂直伝染経路を断つための母蛾検査による予防法を発見した。すでに実験的研究と理論的考察を常法としていた化学者パスツールは、古典的科学者として認められていたのである。わが国では明治新政府が佐々木長淳をオーストリアに派遣（一八七三）してこの知識・技術を導入したが、実際に母蛾検査が採用されたのは、一八九七年の蚕種検査法の施行からであった。

一八八四年農商務省農務局は蚕病試験場を新設して蚕病予防のための蚕種検査員の養成と各種試験を行ったが、この施設が後に蚕糸試験場（一八八七）と改称され、さらに蚕業講習所（一八九六）となった。一九一三年東京と京都にあった蚕業講習所は文部省管轄とされ、一九一四年に東京高等蚕糸学校および京都高等蚕糸学校となった。ちなみに上田蚕糸専門学校は一九一〇年に設立されており、これらは現在の東京農工大学、京都工芸繊維大学および信州大学の一部となっている。なお、現在の東京大学、九州大学、北海道大学などにおいても、二〇世紀を中心に長い間養蚕学に関する教育研究が行われていた。蚕病についての研究やその予防に関する教育が重視されたのは殖産興業の目玉として当然であろうが、一八九七〜一九〇二年には、桑萎縮病の原因究明と防除法もプロジェクト研究されている。製糸技術については、一八七〇年にイタリア式の製糸機械が導入され、一八七二年には殖産興業政策による模範工場としてフランス式の官営富岡製糸場が設置されたが、その後は自動式器械（一九〇二）、多条繰糸器械（一九〇三）と国産の機器開発が行われた。そのころ豊田佐吉は汽力織機を発明し（一八九五）、一九〇一年には豊田自動織布工場を設立した。

メンデルの遺伝の法則が再発見された一九〇〇年頃になると、わが国においても専門家としての研究者の立場が認識されるようになり、革新的な技術開発につながる著名な研究も次々に発表された。幼虫の雌雄鑑別に欠かせない石渡腺や卒倒病菌が発見され（石渡繁胤）、雑種強勢現象を利用した一代雑種の実用化が提唱された（外山亀太郎）が、これらは、大正時代に完成した蚕種製造の統率管理や、それに伴う生糸の品質向上に多大な貢献をした。その後、蚕卵の人工孵化法が確立され（一九二四）、多条繰糸機が開発されると（一九二五）、わが国の蚕糸絹業はますます勢いづいた。一方、カイコの遺伝学の面白さを世界に発信したのも外山亀太郎が最初であり、繭色や幼虫斑紋の遺伝を研究してメンデリズムをカイコで証明した。さらに、カイコの遺伝研究で世界の遺伝学をリードしたのが田中義麿である。田中は複対立遺伝子、伴性遺伝子、致死遺伝子などを発見し、体細胞突然変異や人為突然変異についても報告している。一九〇〇年から一九三〇年頃までのわが国の蚕糸最盛期の頃のことである。一九二一年から一九三四年頃には受精や発生の実験研究も進展し、すでに単為発生蚕（クローン）や倍数体蚕が作出されていた（橋本春雄）。

一九四〇年代から一九五〇年代にかけては、カイコの内分泌すなわちホルモンに関する研究が盛んになり、科学における世界の状況としては物理学者や化学者が生物に興味を持った時代であった。中でも世界の昆虫学者の注目を浴びたのは、カイコを使って昆虫の脱皮・変態を誘導する内分泌機構が解明されたことである（福田宗一、一九四〇～一九四四）。その内容は幼虫脱皮がアラタ体ホルモンと前胸腺ホルモンの共同作用で誘導され、変態が前胸腺ホルモンの単独作用で誘導されるという昆虫共通の原理である。さらに一九五一年には、カイコの卵休眠が母体の食道下神経節から分泌されるホルモンによって誘導されることが発見された（福田宗一、長谷川金作）。やがて昆虫ホルモンは実験形態学的な研究から化学的な研究対象となって行き、物質としての化学構造が明らかにされていった。やがてホルモン剤をカイコに投与して上蔟時期をコントロールしたり、眠の数を変えて細繊度の繭糸を得るなど、研究成果はいろいろな面で実用化されている。

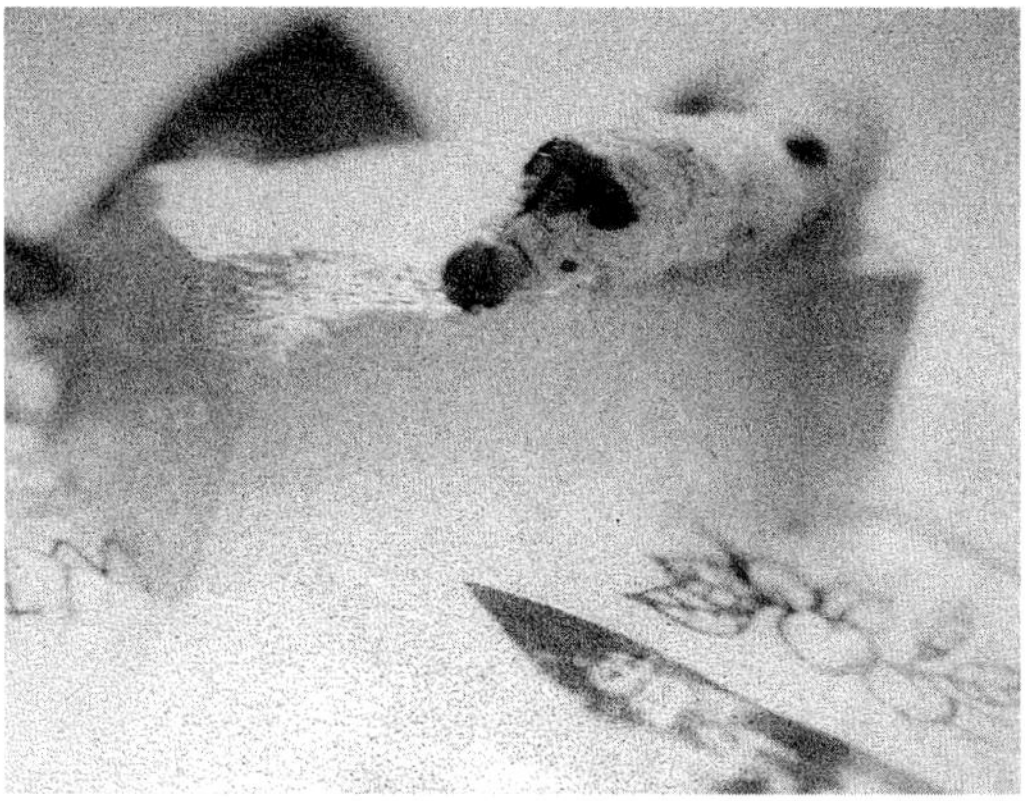

図2 ゼリーを食べる広食性蚕

昆虫の食性や栄養要求に関する研究も古くから行われていたが、戦後カイコの人工飼料の実用化に向けての研究が進められ、一九六〇年に全齢人工飼料育が成功すると（福田紀文、伊藤智夫）、その後はさらに安価で繭層を多くする飼料が線形計画法で開発・改良され続けられた。一方、食性の研究は桑以外の植物を食べる広食性産の発見へとつながり、人工飼料適正蚕品種「日601×中601」が誕生した。また、交雑種を利用するようになってから長年多大な労力を費やしてきた雌雄鑑別を容易にするために、一九四〇年ガンマ線照射によって得た幼虫斑紋遺伝子のW転座系統が改良され、限性蚕品種が実用化された（田島弥太郎）。最初の限性蚕品種は「日117×中116」として一九四四年にすでに完成していた。一九五〇年代には稚蚕共同飼育、年間条桑育、板紙製の回転蔟などの技術が普及し、製糸工場には高速で繊度感知器を備えた自動繰糸機が導入されたが、生産効率の向上が原料繭の不足や生産過剰を引き起こしたりもした。一九六〇年代にはさらに桑園作業の機械化、自動飼育装置の開発なども進められたが、一九七〇年の糸価高騰の好機であっても、価格競争が始まった蚕糸絹業の世界ではさらなる繭の増産は見込めなかった。

これを受けて教育研究機関においても蚕糸絹分野が縮小再編され、名称のみならず教育内容や研究内容も変わっていった。すなわち一九六〇年代以降、明確になったのは一九七〇年代からであるが、それまでのような業界におけるミッションがなくなり、今後は蚕糸プロパーの教育や研究は必要がない、とまで言われるようになったのである。蚕病研究は早い時期から反応して病原微生物や害虫防除の研究へシフトしつつあったが、他の分野でもそれぞれ研究課題の転換を模索していた。このことは一九八〇年代にさらに決定的になり、製糸はハイブリッドシルクをはじめとする特徴を持った加工糸開発へ、シルクは特異的なタンパク質であることから、食品添加物や医療器材などとしての非繊維利用価値が追究されるようになった。カイコも繭生産のための昆虫というより、その機能利用を研究する方が評価されるようになった。実学であり総合科学である蚕糸学におけるパラダイムシフトは、各々の分野でかなり違ったものとならざるをえなかったのである。

二　蚕品種の変遷

わが国で養蚕が始められた頃の古代の蚕品種は、おそらく中国や朝鮮の蚕品種であったと考えられるが、蚕品種の改良が盛んに行われて蚕品種名が記述されているのは、江戸時代以降である。多くの場合、蚕品種といっても品種という概念が今ほどはっきりしていなかったこの時代の、カイコの種類とか呼び名なども含まれている。

わが国最古の蚕書である『蚕飼養法記』（野本道玄、一七〇二）には、土まゆ、きんこまゆ、金目貫、小まるまゆ、白玉、かなまろ、石まろ等の蚕品種名があるが、寛文年間（一六六一～一六八四）から貞享年間（一六八四～一六八八）には大林丸とただこが、元禄年間（一六八八〜一七一六）から享保年間（一七一六〜一七三六）には金目貫、小丸繭、白玉、金丸、石丸、形蚕、きんこが流行し、天保（一八三〇〜）から明治一〇年（一八七七）にかけて赤熟、大巣、青熟、小石丸、鬼縮、青白が流行したという（『蚕種製造実務要覧』磯谷鋭、一九三三）。江戸時代の育種法は選抜育種法であったが、技術的には高く、繭の大きさは自在に改良されていた。青白や小石丸はその後明治四〇年（一九〇八）頃まで人気があった品種で、現在でも一目置かれている。江戸時代には俵形で白繭のいわゆる日本種が多く育成されていたが、一八七〇年代にイタリアやフランスの蚕種が、一八八〇年代には中国の蚕種が持ち込まれて、在来の品種との交雑後代からいろいろな新品種が育成され、現在の日本種の原型がつくられた。しかし多くの交雑固定種は製糸原料としても生糸としても雑駁であり、品種統一の必要性が求められた。

一代雑種は、外山亀太郎がタイ国への出張中にカイコの雑種強勢現象を発見し、一九〇六年に「農家に利益をもたらすだけでなく、蚕種製造者の利益も保護する」として実用化を提唱した。遺伝子資源である原種を育成・保持する者の権利を守り、高品質を維持できると考えたからである。これに基づいて一九一一年国立の原蚕種製造所が設立され、後に蚕糸試験場、蚕糸・昆虫農業技術試験場となり、現在の農業生物資源研究所の一部となった。同時に一九一一年蚕糸業法が施行され、蚕種をはじめとした蚕糸関係のほとんどが国家の管理下に置かれることになった。一代雑種の普及は一九一七年に始まり、一九二五年には春蚕の八〇%が交雑種になったが、白繭種の国蚕日1号×国蚕中4号と黄繭種の国蚕7号×国蚕欧7号は特に好評であった。また一九二〇年代には蚕卵の人工孵化法が実用化され、夏秋蚕の品種改良に大きく貢献した。

昭和時代になると多糸量系蚕品種の開発競争がはじまった。郡是、新綾部生糸（神栄製糸）、片倉、昭和産業（鐘紡）が国や県と競い、多くの優良蚕品種を作出した。その後ますます製糸業者の蚕種兼営が盛んになり、繭質・糸質の優れた民間品種が原蚕種管理法によって国の指定を受けるようになった。分離白1号×満月、栄光×満月（片倉）、鐘白×改良新白（鐘紡）、綾黄×金光（新綾部）、郡是青×台白（郡是）がそうである。軍事用途なども蚕品種の改良

表1　品種指定の審査基準蚕品種の成績（1998年3月まで）

全齢日数	化蛹歩合	繭重	繭層重	繭層歩合	繭糸長	繭糸繊度	解舒率	生糸量歩合	小節	練減率
（日）	（%）	（g）	（cg）	（%）	（m）	（d）	（%）	（%）	（点）	（%）
春蚕用普通蚕品種「日137×中146」（1989年3月～）										
24.1	95.9	2.33	55.8	23.9	1,331	3.2	83	20.25	96.5	24.5
秋蚕用普通蚕品種「日131×中146」（1981年4月～）										
22.1	94.8	2.12	49.3	23.3	1,285	2.9	80	19.51	96.5	24.3

に影響を与えた。短繊維用の特大造×新竜角、綿蚕×眉蚕、パラシュート用の中21号×中108号などがそうである。

第二次大戦後の蚕品種は専ら高級生糸用である。太平×長安、白・馬×天・竜（片倉）、三光×中21号（蚕糸科学）、豊光×新玉（郡是）、昭白×新光（鐘紡）で始まり、飛躍的に進歩した日122号×中122号（国）と日光×万華（昭栄）は、繭重や繭層重の絶対量が大きいというのが特徴である。これらの系統は後々の品種改良に大きな貢献をした。流行した蚕品種を蚕種製造割合からみると、一九五二年の白・馬×天・竜が三一・三%、一九五四年の改・日122×良・中122が三一・三%、一九六〇年の瑞光×銀白が二七・四%と大量に生産された。しかし貿易自由化（一九六二）の後は春月×宝鐘（カネボウ）が一九六四年に三〇・〇%、一九六六年に五一・五%、一九六八年に五四・八%を占めたことが特筆される。これに代わった春嶺×鐘月（カネボウ）は一九七四年に三九・三%、一九七六年に三九・七%を占めた。その後、朝・日×東・海（品研）が一九八四年に三〇・六%、一九八六年に三四・〇%を占めている。夏秋蚕用品種は錦秋×鐘和（カネボウ）の独壇場で、一九七二年が五五・二%、一九七六年が六五・〇%、一九八〇年が五三・三%、一九八六年が三二・三%であった。これらの蚕品種は現在でも世界最高のレベルの蚕品種であるが、産繭量が減少し続ける中で、蚕種製造量は激減している。また、現在は太・細繊度、着色繭など、特徴のある多様な蚕品種の用途別利用が拡大しつつある。

蚕品種の育成における革新的な技術は少なくないが、就中、限性蚕品種と広食性蚕品種の育成は、わが国の科学技術のレベルの高さを示すものである。交雑種の蚕種を製造するための雌雄鑑別は熟練と多大な労力を要する作業であるが、これを軽減する目的で幼虫斑紋や繭色などの可視形質を雌蚕のみに発現させ、誰もが容易に雌雄を分けられるようにしたのである。すなわち放射線を照射してマーカー遺伝子の座位する染色体の一部を、雌だけが持つW染色体に転座させ、この雌とマーカー遺伝子を持たない雄を交配して限性形蚕とか限性黄繭という限性蚕品種が作出された。実用品種としての限性形蚕は「日131×中131」(真野保久、一九六七年指定)以降数多く指定を受けている。また、稚蚕期だけでも桑葉育から解放されて人工飼料で飼育したいとか、より安価な人工飼料でしかも労働力を多投しない養蚕ができるようにしたいなどの目的で、人工飼料の開発・改良を進める一方、カイコを改良・改造したり、食性に関して変わり者のカイコを探すことが進められた。その結果、桑の葉以外の植物を食べる広食性カイコが発見された。もちろん他の植物を食べさせても栄養不足で繭をつくることはないが、いろいろなものを食べる広食性というだけで十分であった。このカイコに安価で栄養十分な家畜飼料を含んだ人工飼料を食べさせ、経済効率のよい繭生産をしようという訳である。このような科学技術で育成された蚕品種を有しながら、一九九八年蚕糸業法が廃止されて誰でも自由に蚕種が製造できるようになり、指定蚕品種の飼養に限定されることもなくなったので、現在では再び個性的な江戸時代の蚕品種が使われることもある。大量生産の時代に高速繰糸された生糸は、生糸本来の良さを失うこともあり、ロハス(LOHAS＝健康で持続可能な生活様式)が希求される時代には、古くて新しい素材が求められる。それとは別に科学技術は益々発展し、新たな蚕品種も開発・育成されている。二〇〇四年になって、長年夢の蚕品種と思われていた雄蚕品種、「プラチナボーイ」が実用品種として育成された(大沼昭夫)。この原蚕は、Z染色体上の二種類の致死遺伝子とW転座したZ染色体片を利用することによって、他の普通の原蚕と交配すると雌だけが致死して、生糸の質がよくて生産効率もよい雄蚕だけを孵化させて飼育できるという画期的な品種である。

三　経済発展と蚕糸情勢

明治新政府は外貨を得るために蚕糸業を振興した。イタリアやフランスの蚕糸業が微粒子病の蔓延と中国糸の攻勢で復興できなかった当初は、欧州への生糸輸出が主であった。しかし一八八五〜六年以降はアメリカ市場が好調になり、昭和初期までの長い間繭および生糸の生産がほぼ右肩上がりの成長を続けた。その後の一〇年間は人絹工業の急成長によって大きな影響を受け、養蚕農家戸数が二五％減少し、器械製糸工場の釜数は四〇％以上も激減した。一九一一年蚕糸業法を成立させ原蚕種製造所を設立させて、わが国の蚕糸業は国の管理体制のもとで生糸の品質を安定させて巻き返しをはかった。その後も問題が生じるたびに、一九三四年には蚕繭類の新規利用の研究を指導し、産繭処理統制法（一九三六）、糸価安定施設法（一九三七）、蚕糸業統制法（一九四一）などの対策法案を次々と成立させた。しかし、生糸輸出の相手国であったアメリカとの戦争に入り、蚕糸は大幅な縮小となった。

戦後（一九四五年）の日本は貧しく、食生活も粗末で栄養は不十分であった。食糧問題はわが国だけの問題ではなく世界的な不安でもあったことから、一九四五年旧万国農業協会をもとにした国連食糧農業機関（ＦＡＯ）が発足した。日本の加盟は一九五一年であった。また、第二次大戦は貿易の不均衡がその一因であるという考えがあり、その反省もあって一九四八年に関税と貿易に関する一般協定（ＧＡＴＴ）が締結され、わが国は一九五五年に加盟した。

戦後の経済復興にあたって、蚕糸業は早い時期から対応した。一九四六年には蚕糸業復興五カ年計画が閣議決定され、一九四七年には産業改良普及制度も発足して、繭生産は回復へ向かった。一九五〇年六月朝鮮動乱が始まり景気も好転してきたころには、蚕糸業の将来を期待して蚕糸業振興五ヵ年計画が閣議決定された。さらに、一九五二年には蚕糸業の安定した経営を目指した繭糸価格安定法が制定され、生糸価格の安定を図りつつ繭生産が進められた。その結果、一九五五年には一一万トンの繭生産が達成された。しかし、その後一九五五〜六年の糸価の暴落と一九五七年の一一・九万トンもの繭生産の豊作を背景に、一九五八年から一九五九年にかけて繭の生産調整と桑畑二万ヘクタールの減反が行われ、繭の調整保管システムとして日本蚕糸事業団が設立された。このころ製糸業界は労働集約型の古い工場からの脱皮を目指し、生産効率の高い機械接緒の自動繰糸機を導入した。自動繰糸機の導入率は一九五四年に九％であったが、一九五七年には一三％、一九五八年には三〇％となり、一九五九年には繊度感知器を備えた自動繰糸機が五二・四％の工場に導入されている。

一九五五年以降、海外からの農産物とその加工品が大量に輸入されるようになると、政府は工業製品の輸出を軸として国民の所得を倍増しようと計画し、岩戸景気にはじまるわが国の高度経済成長がスタートした。商工業の所得は高まったが、新たに農業従事者の所得をどうやって向上させるかが問題となった。基本的には、農業人口を減らし、発展により必要となった都会の商工業の労働力を充足させれば、結果的に農地を集積して生産効率・経済効率のよい大規模農家を育成でき、零細規模の農業構造改善ができるということであった。一九六一年新しい農業を目指した農業基本法が公布された。これは戦後の農地解放に継ぐ日本農業の大改革であったが、貿易自由化となった蚕糸業における規模拡大や機械化などへの改革は、難しい局面を迎えていた。

高度経済成長が始まり、一九五九年のご成婚にあやかったシルクブームの勢いに、蚕糸振興の目標は、伝統的な輸出産業から和服向け内需産業として再生と決定され、一九六〇〜一九六二年の繭価高騰もあって、一九六二年から自由貿易の道を歩み始めた。そして一九六四年、戦後はじめて中国生糸が輸入され、それを機に中国、韓国への依存が高まっていった。養蚕農家も一般農家と同様に規模拡大が叫ばれ盛んに高度な技術が導入されていったが、商工業の発展とはますます大きな開きが生じていた。それでもいざなぎ景気のまっただ中にあった一九六七年には戦後最高となる一二万トンの繭が生産され、一九七一年目標として一六万トンの繭生産と四六万俵の生糸生産を夢見ていたこともあった。しかし、一九七〇年には糸価は戦後最高となり、ますます輸入攻勢が高まって、事業団による一元輸入措置が要望されるようになった。一九七三年の第一次石油ショックによる混乱もあって、一元輸入は一九七四年から実施されることになった。一九七〇年代の後半には、益々進んだ生活様式の変化でいわゆる着物ばなれがおこり、輸入攻勢による糸価暴落もあって生糸の生産調整が行われた。養蚕現場では養蚕従事者の高齢化が進み、後継者不足と相まって、繭生産は急激に減退し続けた。生糸価格は一九七八年と一九八二年にキログラムあたり一万五〇〇〇円を超えたが、一九八七年に八八〇〇円と大暴落し、一九八九年六月には史上最高の一万八一八八円の高値を記録した。そのような環境下で、中国の繭生産は倍増に続く倍増で、一九九四年の七七・七万トンまで急成長を続けた。その結果、一九八九年には五三USドルを超えていた生糸の国際価格が二七USドルまで暴落し、中国自身をはじめ世界中の養蚕業に混乱を引き起こしてしまった。その後中国でも繭生産は四二万トン（一九九七）まで後退したものの、昨今は六〇万トン程の繭生産で落ち着いており、わが国は繭、生糸、絹織物などをほとんど中国から輸入している。一九九〇年からは二次製品の輸入が増え、WTOの一九九五年以降は絹製品供給量の半数以上が二次製品となっている。

一九九一年に蚕糸業の立て直しを画策して提案された先進国型養蚕は、一〇ヘクタールの桑園を耕作管理し、年間一〇回ほどカイコを飼育して一〇トンの繭を生産すれば、サラリーマンと同等のほぼ一〇〇〇万円の収入が期待できるというもので、一九九三年からは実証事業化されている。実際には六〜七トンの繭生産が限度であることから、現在は新先導型養蚕農家等育成実証事業としてやや規模の小さな積極的な養蚕農家の育成を目指しているが、養蚕従事者の高齢化問題や将来にわたる一キログラム当たり二〇〇〇円以上の繭代確保などの課題について、解決されなければならないことが多々ある。

このような環境下にあって、現在の繭生産や生糸生産は少量で多様化した要求に応えるために、委託生産が主となりつつある。

おわりに

横浜開港当時（一八五九）わが国が輸出できたのは、生糸とお茶くらいなものだったという。そこで明治、大正、昭和初期にかけて、蚕糸業はわが国輸出産業の太宗として位置づけられた。当時すでに上州、甲州、奥州など東日本を中心に養蚕が行われ、西陣、桐生、八王子などが絹織物産地として名をはせていた。外貨を稼ぐ国策として振興されたわが国の蚕糸業は戦時や経済恐慌時以外は発展し続けたが、資本主義経済が発展していた欧州では、微粒子病と中国生糸の欧州市場への輸出によって、繭および生糸の自給体制が崩壊した。

一九五五年頃から、わが国ではより豊かな国民生活をめざして産業構造改革が行われ、工業化に成功した。その後経済効率の低い農業を支援するために一九六一年に公布された農業基本法は「農業の発展と農業従事者の生活向上」を目指したものであった。しかし、皮肉にもこの農業基本法の制定以降、わが国の農業は衰退の一途をたどることになった。経済発展は農産物の輸入を増やし、農業者が都市へ流出し、規模拡大も思うように進展せず、農外所得が増え、後継者がいなくなった。わが国が経済大国といわれるようになり、為替が変動制になると、貿易収支のバランスを維持するために経済効率の低い農業は不利な状況に追い込まれていった。農業基本法は一九九九年に食糧・農業・農村基本法として生まれ変わったが、その内容は「国民生活の安定向上および国民経済の健全な発展」を目指しており、決して農業生産者のための法令ではない。この三〇年間に社会経済はグローバル化し、市場経済という自由貿易が進行した。その中で大手の製糸会社が次々に撤退し、蚕種製造分野からも撤退していった。ＧＡＴＴウルグアイラウンドで合意した農業交渉では、国内産業を保護するための補助金制度は認められず、さらに一九九五年からスタートしたＷＴＯでは、将来は例外のない自由貿易を進展させることになっている。すなわち国産品はすべからく価格と品質で外国からの輸入品と自由競争するべしということである。資本主義の発展は、わが国の農業にとって必ずしも歓迎することばかりをもたらさなかった。一九世紀の欧州の蚕糸業と同様なことが起こったのである。長年国から保護され続けた産業は、自由競争には脆弱であったといわざるをえない。

一方、価格と品質の国際競争は蚕糸科学技術を発展させた。例えば多大な労働力と費用を要する栽桑絡みでは、地域適合桑品種の開発、年間条桑育、密植栽培機械収穫、桑の使用量を減らす一～四齢人工飼料育の一週間養蚕や広食性蚕の開発・育成などがある。差別化や付加価値を目指した特徴ある蚕品種の開発・育成、ハイブリッドシルク、ネットロウシルク、スパンロウシルクなど特徴ある生糸の開発など、他の国ではまねのできない高度な技術開発が次々となされてきた。クワやカイコについては、長期にわたる改良で膨大な系統・品種が蓄積されており、遺伝子資源としても重視されている。カイコの特性を利用したバイオテクノロジーでは、前田進のカイコを宿主に用いるバキュロウイルスの遺伝子発現ベクターの開発・利用が圧巻である。五齢のカイコを培養タンクに見たてて遺伝子組み換えベクターウイルスを注射し、四～五日後に罹病幼虫から有用蛋白質を回収する方法である。この方法で現在すでに獣医薬などがつくられ使われているが、将来は検査薬、ワクチンなどの医薬品の製造ができるようになるかもしれない。なお、現在ではトランスジェニックカイコを作出する技術もあり、特殊機能を備えた繭糸の生産などが考えられている。しかし、ニュー・バイオテクノロジーが新しい蚕糸業であるとはいいにくい。

また、一九八〇年代末に冷戦状態が崩壊し、市場原理の科学への導入がはじまった。わが国の経済が不況の底にあった一九九五年に制定された科学技術基本法では、基礎研究の振興が経済社会基盤や新産業の創出に変わってしまった。やがて大学にも商業主義が持ち込まれ、徐々に大学の教育研究が変質していった。

ポストモダニズムは「エネルギー・環境・経済の三要素を調和させながら持続可能な発展を」というのが世界共通の課題で、特に環境に配慮したあらゆる生物が共生できるライフスタイルが望まれている。一九八〇年代の半ば、イタリアでスローフード運動が始まった。一九九〇年代の後半にはアメリカでロハス運動が始まった。わが国でも食糧問題を中心に、地産地消などのような機運が盛り上がりつつある。農業・農村の多面的機能はすでに多くの人々に認知されており、農業・農村の存在そのものが経済価値を有すると評価されている。蚕糸業界に対しても同様なことが期待されていると考えるべきであろう。すなわち、天然繊維のシルクに関わる蚕糸業はわが国に存在することに意義があり、自然との調和した環境に優しい文化を継続していくことが大事である。消費者は毎分一〇〇〜一五〇メートルもの早さで引いた生糸や高速自動織機で織られた織物だけでなく、座繰り糸や紬糸のような糸を使った機織物にも興味を持っている。否それ以上に、多くの消費者が物作りに関わりたいと望んでいることを蚕糸関係者は意識し、応援する必要がある。そうしないと絹の良さを知る人々が着実に減っていき、蚕糸絹文化は消滅してしまう。

3

多摩の織物をめぐって

村野 圭市

■多摩の織物を日本の歴史の中に置いて論じた壮大な論文である。しかし単なる歴史の記述ではない。もののデータを記しているのでもない。織物を発展させて来た人々への想いや、これからの織物への筆者の主張が随所に見られる、思想の文章である。むしろそこに注目して読んでいただきたい。

■たとえば、八王子織物が「粗製濫造」と言われた時代についても単に批判するのではなく、当時の職人たちの立場に立ち、それをどう克服していったのかを語っている。また明治期の八王子の織工の賃金を現在の標準賃金と比較しながら、これを単純に「低賃金」とは言わない。むしろ構造に言及した。「地場の染織業は農業的な経営が本来なのではないか。これまで、工業と位置づけてきたのが、錯覚ではなかったか」という一文にはっとさせられる。しかも現代は、再びその構造に近づいてゆく好機である、と語る。この論からは、歴史を否定的に見るのではなく、それを未来に活かそうとする姿勢を学ぶことができる。

■この姿勢の根底には、八王子織物の増産期を「歴史的に異常な増産」と位置づける歴史観がある。今は平常な時期だからこそ、できることがある。後半はその未来像に向けた、復元のための詳細なデータである。資料的価値も希望も充実した論文だ。

一　『魏志倭人伝』の染織——卑弥呼の服飾記録

邪馬台国が九州地方にあったのか、近畿地方か、中国地方か、古代へロマンを秘めて関心が深い。その話題のもとは、わずか二〇〇〇文字の『魏志倭人伝』にある。じつは、そこに日本列島の気候・風俗・海産・土産・兵器や染織・服飾にいたる記述がある。すなわち、わが国染織の文献はこの一節にはじまるとされる。私も原始機型式の地機で機織る一人として、そこに関心を寄せる。

其衣横幅《そのいはおうふく》、但結束相連《ただしけっそくしてあいつらね》、略無縫《ほぼぬうことなし》、婦人披髪屈紒《ふじんのひはつはくつけい》、作衣如單被《いをつくることたんぴのごとく》、穿其中央《そのちゅうおうをうがち》、貫頭衣之《あたまをつらぬきてこれをきる》、種禾稲紵麻《かとうちょまをうえ》、蠶桑緝績《さんそうしゅうせき》、出細紵縑緜《しさいちょけんめんをいだす》。

『魏志倭人伝』の時代（三世紀）やそれより以前の服飾を知るには、出土した遺物に頼るほかはないが、中国においては、紀元前一世紀漢の時代の羅《ら》・紗《しゃ》・錦《にしき》・繍《しゅう》・綺《き》、など現代の高級絹染織品に相当する服飾品が、一九七二年、長《ちょう》沙《さ》馬《ま》王堆《おうたい》一号漢墓から完形品が出土している。

もちろん、それほどの最上級の染織品が倭《わ》国に渡来したか、わからない。しかし、彼の国の出土品から見て、魏《ぎ》からの渡来品については『魏志倭人伝』の記述の通りに、今日の手工芸的染織品に置き換えてもよさそうである。

これに対して、わが国産の染織品については、伝世品にも出土品にも完形品がなく、わずかに繊維や布の残欠や痕跡が出土するだけである。そこで、先の文節にかかわって織り具から吟味してみよう（図1）。

当時の織り道具は、登呂《とろ》遺跡などの出土遺物によって、原始機＝腰機《こしばた》↓地機《じばた》型式である。織り幅は茨城県結城地方の地機が約四〇センチなので、その幅がせいいっぱいのように見えるが、さらに広く織れるもので、メキシコのレボソ（和装のショールに似る）などは、六五センチの絹織物を筬なしで織っている。織り難いが技術的には可能である（図2）。

ただし、弥生時代の緯打ち具の出土例として、長さ八〇数センチが山形県嶋遺跡、六〇センチが静岡県登呂遺跡・

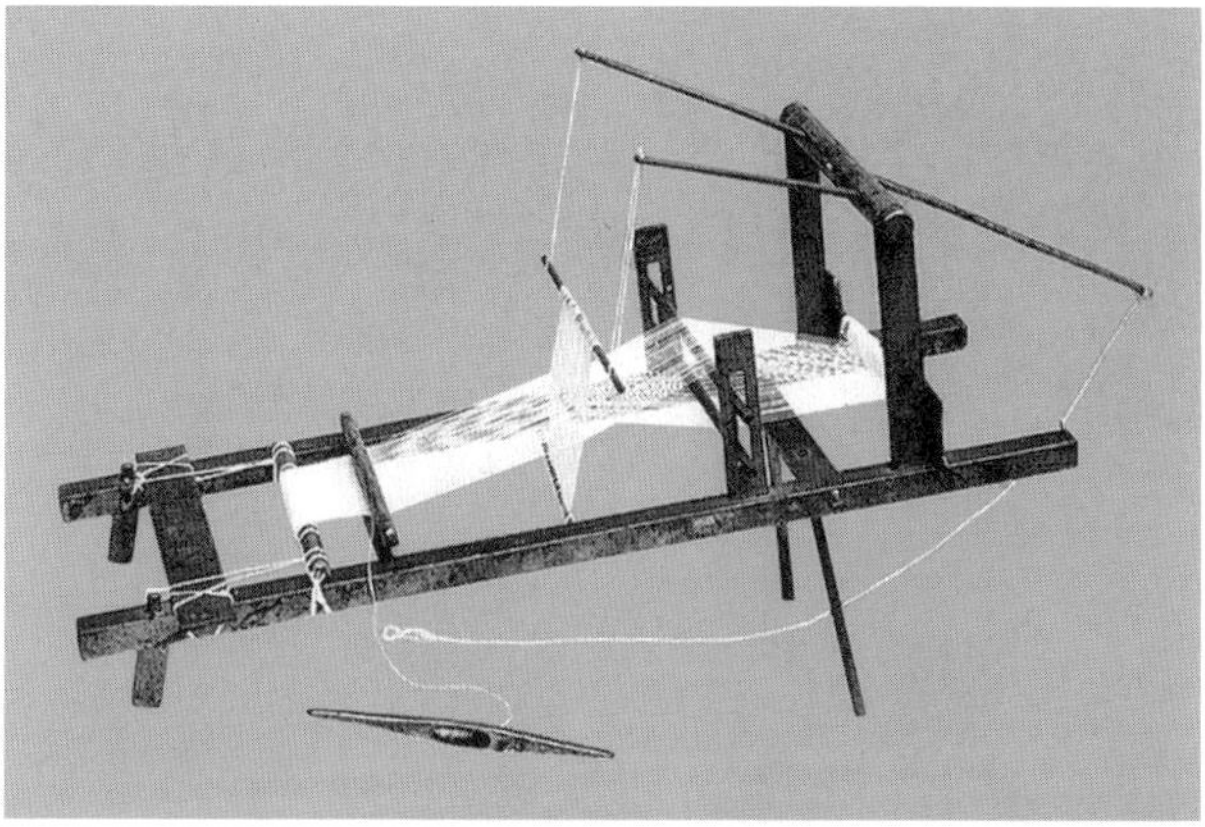

図1　原始織機の模型，金銅製織機
約長さ 50 × 幅 20 × 高さ 25cm。奈良〜平安時代，伝沖ノ島宗像大社祭祀遺跡出土。「飛鳥展――その謎をさぐる」図録（1972）より複写。

図2　筬なし原始機（棒機）を織る筆者
メキシコ，サン・ペドロ・カホーノスにて，1994。

奈良県唐古遺跡がある。両手で握る必要があるから、織幅が一五〜二〇センチ狭くなる。布巻き具がないので明確でないが、それにしても、前者は最大六五センチ幅の機織りが可能である。織物の長さは不明である。

『魏志倭人伝』のなかの記述「作衣如單被」は、ひとえ、裏のついていない衣服、の意味である。当時は、ひとえが当たり前で、裏つきの衣服が特殊だった。

「穿其中央、之貫頭衣」とは、一枚の布の中央に穴を開けて頭を出して着る、いわばポンチョのことである。

当時の地機型式原始機の機織り技術体系では、たて巻作業において、筬《おさ》は、葦の茎や木の小枝を格子状に並べて「たて巻き用の筬」とし、たて糸をその格子目に通して配列するだけである。織り機の上でよこ糸を打ち込む頑丈さはもち得ない。よこ糸の打ち込みは、よこ打ち具（刀杼・梭）にまかせる。したがって、機織り用の筬はないのである(1)。

ひと機の長さは、今日のように緒巻き（たて巻具）に巻く形式、いわばエンドレス形式ではなく、はじめから決めた長さ、すなわちメキシコのレボソのように、たて巻き具から布巻きまで張り渡した長さだけであろう。したがって、織り手は織り進んで巻取り、その分だけ自ら進んで、また織り進んで巻き取る、シャクトリムシのように繰り返して、織れるかぎり織って終了する。

織り幅以上の服飾幅を得るため、いかに縫わずに仕立てて、身体にまとったか。織物の耳同士を二枚綴り合わせて、中央を綴り残して頭を入れるのが貫頭衣《かんとうえ》であろう。

『魏志倭人伝』のなかの「紵麻」とは、麻《あさ》類のカラムシのことである。現在は、福島県昭和村と沖縄県宮古島で栽培している。今日、身辺どこにでも見かけるイラクサ科多年性草本だ。

「緝」とは「集める」意で、糸口（緒）を集めることだ。績は麻類を「績《う》む」で、「つむぐ」の意である。両者で糸を作る意味になる。繭を煮て口に含むと、簡単に糸が出てくるものである。これを集めれば生糸になる。

「細紵《さいちょ》」とは、カラムシを績んで細い糸にすること。今日では、福島県昭和村のカラムシ織や新潟県の小千谷縮《ちぢみ》の原糸、宮古島の上布で知られる。

さて『魏志倭人伝』には、「以如練沐《もってれんもくのごとく》」という一節もある。「一周忌の喪服である練（練りぎぬ）を着て水に浴すること」という説もあり（石原、一九七八、四五頁）、「みそぎして体をきよめる」とする説もある（佐藤、一九七九、三一七頁）。ここでは、いずれかに決定しようするのではない。当時、今日のような精練薬液を使った練り絹はできないであろう。せいぜい灰汁に浸けてセリシンを除去したか、それも若練りとどまったのではないか(2)。では、硬い生《き》、あるいは若練《わかね》りの絹織物をどのようにして柔らくしたか。化学的な方法よりも、物理的方法、すなわち砧《きぬた》打ちに頼ったのではないか、と考える。

筆者の実験によれば、絁《あしぎぬ》一反（〇・四×一二メートル）を切り株の上に横たえ、直径一〇センチ、約一キログラムの砧で六〇分、普通のリズムでたたけば、五分練り程度には柔らかくなる。

「以如練沐」は、こうして柔らかくした衣をまとって、沐浴するさまを記述したのではないか。

二　中世と今日、染織の賃金――むかしのほうが楽だったかもしれない

延長五年（九二七）平安時代初期に延喜式が撰進され、そのなかに、生糸を調として納入する国々が表1のように定められ、東山道地帯は麁《そ》糸国に格付けされている（表1）。

表2もこれと重なっている。麁糸は、絹とはいってもつむぎ糸や玉糸・シケ糸（繭の口糸）など、今日の生糸にはほど遠い太糸類だったし、それに応じて、織られる絹織物も絁《あしぎぬ》（悪しき絹）で、ゴツゴツとした絹らしからぬ粗布であった（表2）。

すなわち、八〜九世紀までの多摩地方の養蚕や織物の生産は、技術とよべるほど体系化されていなかった。

表1　延喜式の養蚕国

地方名	上糸国	中糸国	麁糸国
関東地方			相模，武蔵，上総，下総，常陸，上野，下野
中部地方	三河，美濃	尾張，遠江，越前，加賀，能登，越後	駿河，伊豆・甲斐，信濃
近畿地方	伊勢，近江，但馬，紀伊	伊賀，丹波，丹後，播磨	
中国地方	美作，備前，備中，備後，安芸	因幡，伯耆，出雲，長門	
四国地方	阿波	讃岐，伊予，土佐，	
九州地方		筑前，筑後，肥前，肥後，豊前，豊後，日向	

表2　延喜式の製絹国

地方名	輸絹国	輸絁国
関東地方		相模，武蔵，上総，下総，常陸，上野，下野
中部地方	尾張，参河，遠江，美濃，越前，若狭，加賀，能登，越後	駿河，伊豆，甲斐
近畿地方	伊賀，伊勢，近江，丹波，丹後，但馬，播磨，紀伊	
中国地方	因幡，伯耆，出雲，美作，備前，備中，備後，安芸	
四国地方	阿波，讃岐，伊予，土佐	
九州地方	——	

延喜式によって、中央の製糸・機織り労働の能率表を見てみよう。織部司は、正（長官）一人、祐（次官）一人、令史（事務官）一人、挑文師（技師）二人、織手（助手）四〇人、絡糸女三人。挑文師は図案の制作者であり、染織技術者であったようで、織手は男子、責任があらかじめ決められ、衣食住は保障されていた。ただし、織部司の製品は、朝廷貴族の身を飾った当時の絢爛たる染織品であって、一般庶民の衣服ではなかった（表3）。

機織りの賃金を延喜式巻三十織部司「織手衣粮」に見よう。「機工三五人。各給粮日黒米二升。間食四合。薄機織手五人。各日白米一升六合」とある。「薄機織手五人。各白米一升六合」を例にとろう。『単位の辞典』は、大宝令（七〇一年）の升を

表3　延喜式内の製糸労働と機織りの能率

製糸能率 （織部司・絡糸）	斤／3～5人	生絲，斤：約160匁[注1)]：絡糸女の熟練度によって差が出た。
生糸の精練 （縫殿寮・練絁用度）	藁4囲・薪60斤／糸30絇	30絇：上糸の場合1.2貫[注2)]（主税上九一駄荷率絲三百絇。以下略）から算出。
製織能率 （織部司綾）	2.5～5.5尺／織手1人・共造2人（補助者）	幅2尺：綾織り組織の精緻さや文様の大きさ，織手の熟練度によって差が出た。
布の精練 （絁・綾）	藁5囲・薪120斤／絁10疋，綾絹また同じ	疋：6丈，2尺

注1）　小泉袈裟勝監修『単位の起源辞典』（東京書籍，1992）193頁より。
注2）　小泉袈裟勝編『図解単位の起源辞典』（柏書房，1998）57頁より。

表4　中世から現代の機織り1ヵ月賃金（白米に換算した）[注1)]

延喜式時代（9世紀）	1.26kg × 30日＝37.8kg[注2)] （織部司・織手衣粮）	薄（ウスモノ）機織手
1900（明治32～33）年	37.8kg（八王子管内71%の男女機業職工賃金）[注3)]＋仕着せ年2回	『職工事情』明治36年刊
1953（昭和28）年	88kg（紋織御召給与女性）＋賞与	筆者（村野識）
2005（平成17）年	358.4kg（八王子市職員）＋賞与	「八王子広報」No.1103

注1）『増補改訂 物価と風俗135年のうつり変わり 明治元年～平成13年』569頁。
注2）　他に主税上「諸國織成綾一匹單功。――雜綾。――。其織手給食日米二升。鹽二勺。手力米二・五合。鹽一勺。」の記録もある。1升を6合として，（2＋1.5）升× 0.6 × 150グラム＝3.15キログラム，30日分で94.5キログラムになる。米価換算で4万7250円にプラス塩がつく。上表との差は，ウスモノと雑綾の生産物によるのか，責任量によるのか，白米と雑米など報酬の質にあるのか，または文意にあるのか，明確でない。
注3）　犬丸義一校訂『職工事情（上）』294, 310, 378頁。

現用の六合、合を四勺と推定できる、としているので、一×六合＋六×四勺＝六合＋二四勺＝八合四勺となる。すなわち、一合は一五〇グラムだから、白米重量に換算して一・二六キログラム、一ヵ月三〇日働いたとして三七・八キログラム、今日の店頭価格を一〇キログラムあたり五〇〇〇円として、一万八九〇〇円である（表4）。

現代は全国平均で、一人あたり約六〇〜七〇キログラムの精米を食べているが、九世紀のむかしは、雑穀が主食で米は貴重な食料であって、賃金の「白米」八合四勺は特別で、他の生活用品との高い交換価値があったかも知れない。しかも、社会的に今日のような金銭の生活ではなかったろう。近現代の賃金を見よう。

明治期の八王子地域は、周辺の農村家内工業が生産活動の中心であり、織機は手作業の高機であった。一九〇〇年（明治三二〜三）の農商務省統計「職工事情」によれば、八王子機業地の職工は一万二三六人、内八一％が女性（二〇歳未満五七・二％）、一九％が男性（二〇歳未満五〇・〇％）、労働時間は、一日一五時間におよび、賃金は、七一％の織物職工が、一ヵ月四円五〇銭にもならなかった。

つまり、当時（明治三五年）の白米一〇キログラム標準価格は一円一九銭であるから、延喜式時代と同じ三七・八キログラムしか買えない低賃金であった。

ついで第二次大戦後の混乱期、物価の高騰が激しく米価を決めようがないが、安定し始めたのが五三年（昭和二八）からといえよう。そこで、このころの八王子市内の高級絹紋織御召（多摩結城）工場で、二日で一反織る女性ベテランの賃金が約六〇〇〇円、これは、当時白米標準一〇キログラム価格の店頭精米価格六八〇円で計算すると約八八・二キログラムになる。

さて、比較の手がかりとして、現在の八王子市職員の初任給の賃金を参考にしよう。女性ベテランの年齢に近い層は大学卒初任給とみて、一七万九二〇〇円。一〇キログラムあたり五〇〇〇円の高級精米を三五八・四キログラム購入できる。

「職工事情」は、農商務省統計で知られるように、明治期のわが国近代資本主義勃興期の劣悪な労働環境におかれた時代のはなしであって、九世紀の延喜式時代とあまり変わっていない。むしろ、九世紀のほうが米や塩の交換価値が高かったとすれば、相対的に給与として高かったともいえよう。

ところで、多摩地域に展開する自動車、電機、機械、サービスなど今日的な産業のなかに、染織業が肩を並べて成長するために、当然、他産業と同格の賃金を用意できなければならない。そのために、どのような将来を展望すればよいのだろうか。現在の機屋さんが一族経営になっても、経理上健全でなければ地域産業として将来展望は開けない。

農業は、地域社会の連帯のなかに、水田・畑作・果樹・畜産、あるいは、それらを複合して、自ら得意分野を開拓して、生産者や品種を明確にするなど消費者との接近をはかり、家族を中心とする健全な経営をはかっている。地場の染織業は「農業的」な経営が本来なのではないか。これまで、工業と位置づけてきたのが、錯覚ではなかったか。農業がクワを振るって作物をつくり、工業が機械を使って加工する、という定義は、中央の大企業工場にこそあてはまるが、地場の絹染織業にはふさわしくない。農業も、いまや染織機械以上の大規模な機械を稼動する時代である。

絹染織業は農産物加工業として自らを位置づけ、生産者の明記はもちろん、春・夏蚕や秋蚕、品種、産地の区別、染色における染材の明記など、農産物、あるいは農産工芸品としての責任を明らかにする。これはとりもなおさず消費へ近寄ることになる。幸いなことに、経営が家族中心、いいかえれば、一昔まえの一族郎党的に戻りつつあるという。まさに「農業」的経営になりつつある。したがって、どんな製品をつくるにしても、地域の連帯のなかで、分業を大切しながら、自らの得意分野を確立する好機ではあるまいか。

三　近代多摩の養蚕と製糸——異常だった近の繭生産

染織の後背にあった養蚕は、多摩においてどんな状態だったか。一七世紀半ばの俳諧書『毛吹草』に登場する「瀧山横山嶋」から下って約一五〇年、『新編武蔵風土記稿』（林述斎、一八一〇〜一八二五編纂）を見てみよう。たとえば、以下のようなくだりがある（引用ママ）。

○横川村「……陸田、水田等分なり、民家八六軒村内に散在す……栗、樫、桑など多くあり、又淺川よりは鮎、鰍《かじか》を出す」

○上椚田村「……村民等耕作の餘力には菰筵を織り、或は枯木を拾ひ採りて是を近郷に出す、女は養蠶紡績を業として、太織縞などを織り出す」

すなわち多摩地方は、練馬・世田谷の近郊・遠郊農村からはずれ、染織業は、まだ炭焼きや鮎・鰍漁と同じレベルの農間余業であった。

その後背にあった、養蚕と製糸を眺めてみる。

八王子のニックネームは「桑都」だ。校章に桑の葉をデザインした八王子市立小学校は七〇校中一六校、中学校は三六校中一〇校もある。別に小中学九校が桑や絹を校歌に歌い込んでいる。

浅川を　渡れば富士の　かげ清く　桑の都に　青あらし吹く

伝西行法師作といわれ、真偽はともかく、千人隊同心組頭・塩野適斎《しおのてきさい》（一七七五〜一八四七）の『桑都日記《そうと》』に所収されて知られるようになった。

昭和ひとけた世代が若き日、初夏から初秋、近郊近在いずこにも、桑の青嵐がゆさゆさと揺れていた。

幼き日、一九三六〜七年ごろ、五日市町（現あきる野市）小和田、囲炉裏の煙にくすぶれた母の生家、大戸をくぐってすぐ右手に板敷きの機屋があり、高機が据えてあった。天井は、頭がつかえるほど低く、丸竹が敷き詰められ、その上には、たたまれた蚕棚や繭の座繰り器などの道具類。使い手は当時四〇代の若き日の祖母。庭先、飛び石伝いの釣瓶井戸、戸外の便所。手桶で水屋のカメに運ぶ労働だけでもたいへんであった。

夏は、養蚕の季節であった。山家の建坪は二階建てで見積もり延一〇〇坪ほど。二階はがらんどうで中二階程度であり、養蚕の季節だけ全部蚕棚となった。一階の四つ割りの畳敷き三部屋は、蚕の成育に伴って畳が取り払われ、蚕

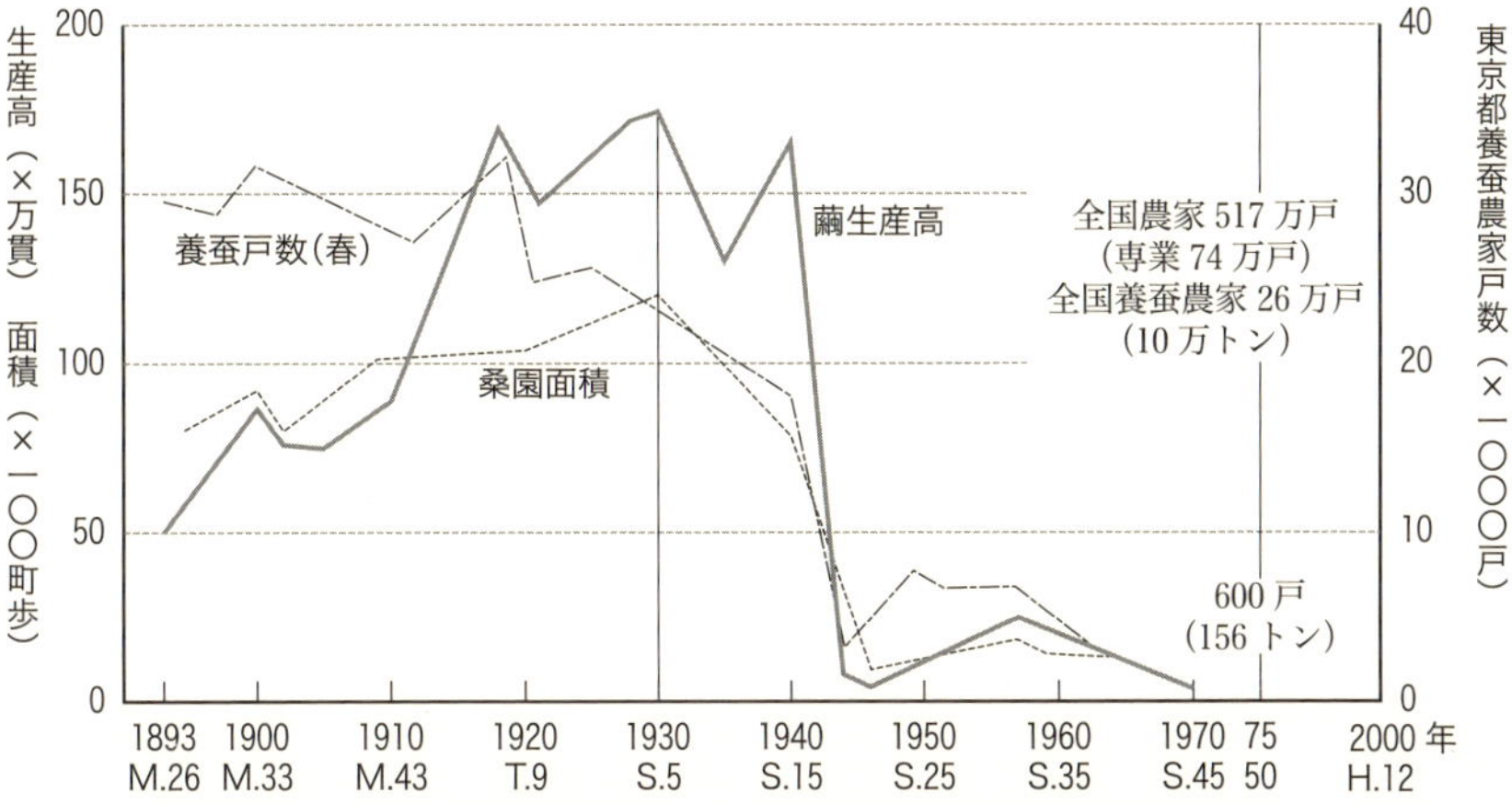

参考） 昭和 5 年の全国養蚕農家 222 万戸，桑園 71 万町歩，繭生産量 10,646 万貫

図 3 東京都下養蚕状況の推移（都経済局『東京都の養蚕，1958』）

棚となって、家族八人は残りの畳敷き一部屋と板敷きの水屋、囲炉裏を囲んでの生活だった。その他、私たちのような外来者も紛れていた。

雨模様となれば、土間はクワの葉が山積み、青臭い匂いに、クワを食む蚕の小雨の降るような音が、秋川の瀬音とヤブ蚊の羽音と入り混じって耳をついた。

第二次大戦後、私たちが中学一学年、初夏から秋、八王子市中野町に片倉製糸八王子工場（現日本機械工業株式会社）があり、それから西へ延びる秋川街道は、まだ道幅が狭くて、さながら桑畑を分け入るように見えた。萩原橋は、片倉製糸の前身、萩原製糸・萩原彦七の努力を刻み、彼の名を冠する近代橋で、記念碑が南たもとに立つ。

片倉製糸工場の操業は昭和三二年（一九五七）で終わったが、製糸業の盛んなころ、工場から萩原橋までの中野通りは、食べ物・呉服・洋服・雑貨・自転車・和菓子・洋菓子・そして紺屋までが軒を並べて、いわば、片倉製糸工場の城下街であった。

その面影は今も残り、とくに真向かいの紺屋は、一〇個ものカメを埋《い》けて正藍を建て、現在、わたくしたち手織り仲間の糸や布を染めさせてくれる。

図3の東京都下養蚕状況の推移から最盛期の昭和五年（一九三

〇）を見ると、次のようになる。

全国養蚕農家戸数二二二万戸、桑園七一万町歩、繭生産量一〇六四六万貫＝三九九万トン、同年東京都養蚕農家戸数二万四六〇〇戸、桑園一万二〇〇〇町歩、繭生産量一七三万六四四七貫＝六五一一トン。

それが、戦後一九五〇年、東京都養蚕農家戸数七二一二戸、桑園一六〇〇町歩、繭生産量九五万三〇貫＝三五六二・六トン。

さらに二〇〇五年は、養蚕農家七戸、繭生産量約一・二トンになってしまった。ちなみに、全国養蚕農家一八七六戸、繭生産量約六二五トンである。日本の養蚕はまさに風前の灯なのだ。

近世以来、夜目に白いほど盛んだった日本の綿花と藍の栽培は、明治に入り、綿花・綿糸の輸入によって一朝にして潰えた。森林列島日本は、一九七〇年代から木材の輸入によって、山河が荒廃し、山村の社会的高齢化がすすんだ。熱帯の山々は日本への輸出目当ての乱伐によって、砂漠化がすすみ、集落の社会的崩壊が起こっている。そしてまた日本の絹は、国内の需要があるにもかかわらず、養蚕が壊滅する。そしてやがて稲作も危うい。魏志倭人伝にさかのぼるまでもなく、わたくしたち日本列島の社会は、地域の連帯、相互扶助、親子相伝、信仰、祭り、タブーによる自然環境の継承、など、その地理的立地と気候風土に合わせてイネとカイコによって社会的原風景を育ててきた。盛んだった綿花栽培の断絶とは、歴史に与えるダメージは比較にならないくらい大きい。

以上は、このデータから導いた結論であるが、ここにとどまることなく歴史的視点を加えたい。

一八九三年以前の繭生産量は知らないが、これ以降の繭の産業は、以下のような特徴をもっている。
①増産は歴史的に異常なのである。そして一九四〇年から急激に減産した。これも異常である。ご存知、第二次大戦が敗色濃厚となって、食料生産すらままならず、食うや食わず、②今日の飽食時代からは想像もできない食料困窮時代、養蚕は後回し。そして戦後の復旧時代、③平和産業として輸出絹に希望を託して、回復を図った昭和三〇年代前半まで。ところがそのとき、④ナイロン、ポリエステル、アクリルなど合成繊維が市場段階にはいって、とくに絹

の市場を狭くした。

同時進行で国内は、⑤生活の洋風化が急速にすすみ、着物生地に使われていた絹の需要を減少させた。それらの結果が、⑥今日の国内伝統絹織物産地が不振の原因である。

このように見てくると、④は、生活を豊かにする意味で科学技術の恩恵として素直に受け入れるべきであろう。⑤は、利便性の面については受け入れるが、服飾として和装の工夫も検討の余地があろう。

②③は瞬間的な歴史現象である。問題は①である。筆者はこれも年月のスパンは人の一生に比して長いものの、歴史的には一時的な現象と見る。たまたま、④⑤と重なって押し寄せたので、混同して、絹自体の消滅と受け止めてしまった。重なったそれらの要因を外して眺めれば、いくつかの条件つきであるが、今後、本来の絹染織産業が地場にふたたび興る可能性が大きいと考えている。条件は、別に検討することにしよう。

四 粗製濫造でなかった近代多摩の染織——雑誌の誇張がほんとうに

多摩の中心、八王子の染織業は百姓の農間余業からおこり、一七世紀半ばの俳諧書『毛吹草』に、武蔵より出る名物の一つ「瀧山横山紬嶋」（桑、立木仕立＝養蚕技術未発達時代＝筆者註。以下同）として紹介されている。一八世紀後半（桑、山間・立木＝養蚕技術未発達、多摩川付近・中刈仕立＝養蚕技術やや発達時代）に入ると、繭や生糸、紬や太物（木綿織物）が、ここの宿場で交易され、絹中心の染織産地を形づくっていった。

一九世紀後半（桑、根刈仕立＝蚕技術発達時代）の明治時代に入ると、政府は欧米先進諸国から科学技術を急いで取り入れたが、軍備にかたよった富国強兵策が優先されて、生活を充実する染織技術の近代化はおくれ、製品の「粗製濫造」を招いた、と紹介されている。

図4 “粗製濫造”の典拠となった染色雑誌
1892年（明治25）発刊。

この点、あたかも生産業者が、悪意をもって粗悪品を市場に出荷したように伝えられている。その根拠は、明治時代の文章にありそうである（図4）。

『染色雑誌』明治二三年（一八九〇）の発行趣意の一部を採録しよう（原文のママ）。

星移《ほしうつ》り年代《としかは》り適《たまた》ま明治《めいじ》の維新《いしん》に遇《あ》ひ國勢一變《こくせいいつぺん》して文物頓《ぶんぶつにはか》に開《かい》明《めい》に赴《おもむ》きしかば漸工業《ようやこうぎやう》の忽《ゆるかせ》になす可《べか》らざるを覺《さと》り國家富強《こくかふきやう》の基礎《もと》は人民《じんみん》の勞働《はたらき》に有《あ》る事《こと》を知《し》り俄《にわか》に之《これ》か急務《きゆうむ》を説《と》き倉皇《そうくわう》業《ぎやう》を興《おこ》し輕忽《けいこつ》に泰西《せいやう》の新法《しんぽう》を輸入《ゆにう》し来《きたり》て之《これ》を行《おこな》はんとするに及《およ》んで當業者多《たうぎやうしやおほ》くは之《これ》を利用《はたらかす》する智力《ちえ》に乏《とぼ》しく或《あるひ》は之《これ》を研究《けんきう》するの學識《がくもん》なく又新《またあらた》に之《これ》を學《まな》べる者《もの》は實業《じつぎやう》に疎《うと》く經驗《けいけん》に乏《とぼ》しく二者《ふたり》の中常《なかつね》の相和《あいくわ》せず愚《ぐ》は益愚《ますますぐ》に賢《けん》は愈賢其極遂《いよいよけんそのきよくつい》に彼《かれ》は真理《しんり》に拘泥《こうでい》し是《これ》は實際《じつさい》に偏《へん》するの害《がい》に陷《おちい》り大《おほい》に工業《こうぎやう》の衰頽《をとろへ》を釀《かも》し惡弊百出從《あしきわざいろいろできしたがつ》て世人嫌厭《よのひときらい》を來《き》たし需用《うれくち》閉塞不景氣《ふさがりふけいき》の聲《こえ》は四方《しほう》に起《おこ》り〝粗製濫造《そせいらんぞう》〟踵《あと》を重《かさ》ねて出《い》で實《じつ》に暗澹《あんたん》たる工業塲裡《こうぎやうじやうり》に鵂梟《ふくろ》の鳴《な》くを聞《き》くに至《いた》らんとせり然《しか》れども當業者《とうぎやうしや》の愚《ぐ》なる其罪《そのつみ》を時《とき》に歸《き》し空《むな》しく坐《ざ》して時機《とき》の到《いた》る待《ま》たんとせり然《しか》るに明治《めいぢ》十八年《ねん》に於《おい》て官《くわん》五品《ごひん》共進會《きやうしんくわい》を東京上野《とうきやううえの》に開《ひら》き全國《ぜんこく》の製品《しな》を蒐集《ぎしう》してその優劣《ゆうれつ》を甄別《けんべつ》し大《おおい》に奬勵《そうれい》の策《さく》を講《こう》じたりしかば漸世《ややせ》人耳目《じんじもく》を攪醒《さま》し得《え》たり就中織物《なかんづくおりもの》のごときは全國《ぜんこく》の萃《すい》を集《あつ》めたるにも拘《かかは》らず董蕕席《よしあしところ》を仝《おなじ》ふし玉石器《たまといしうつは》を一《ひと》つにせるの觀《みえ》を呈《あらは》し初《はじ》めて我製品《わがしな》を以《もつ》て世《よ》の需用《もとめ》に適《てき》せざるを覺《さと》り組織《そしき》に意匠《いしやう》に染色《そめいろ》に整理《しあげ》に一《ひと》つとして之《これ》が改良《かいりやう》を要《やう》せさるものなきも當時《そのとき》にありては機業《はた》の程度《しなな》尚ほ低《ひく》く只管衆人《ひたすらひとびと》の目《め》は染色《そめいろ》の粗惡《あしさ》と整理《しあげ》の不完全なるの點《ところ》に集《あつま》り爾来《そののちは》

人毎《ひとごと》に之《これ》を談《だん》じ聞《き》く毎《ごと》に改良《かいりやう》の談《はなし》ならざるはなく……

文章はまだまだつづいて、いわゆる、産学協調を主張している。

ここに、確かに粗製濫造の語がでてくるが、当時の文章は、独特な文学的・時代的な誇張がある。その中の語句を見て、今日の言語と等しい意味に解釈するのは、当時の工人に失礼ではないか、と私は思っている。

粗悪品があったとしても、これは、急激な化学染料の応用に適切に対応しきれなかった、のが実情ではないだろうか。

しかし、事実として粗悪品があった。不評を聞き、それを率直に認めた当時の産地の幹部荻島新吉と谷合弥七は、ただちに染色技術向上に向けて行動を起こす。まず一八八九年六月、八王子織物組合（組合員三一名）を発足させ、ついで、翌三月、同組合は、「化学的染色法伝習」を目的に、農商務省技師山岡次郎を招いて、八王子織物染色講習所を同市新町に開設した。教育の効果は品質改良にたちまち現れて、八王子は染織産地として全国的な地位を確立していった。染色講習所は学制を整え、私立織染学校、府立織染学校、都立工業高等学校となって今日まで、地域の期待に応えつづけていくのである。

それはさておき、ここでは、地域の自主的な努力によって、全国の先頭を走っていち早く染色講習所をつくり、技術革新を成し遂げて産地をつくり上げていった、情熱と地域のエネルギーを評価したいのである。

わたくしの主張は、次の根拠によっている。

粗製乱造といわれた当時から七〇〜八〇年前の『新編武蔵風土記稿』（林述斎、一八一〇〜一八二五編纂）の記述をみよう。

○横川村「農の暇に蠶織を専とす」

○上椚田村「女は養蚕紡績を業として、太織縞などを織り出す」
○川口村「村民農業の暇には山へ入て、薪或は草などをとりて生産をたすく、婦人は専ら糸を繰り太織青梅縞などいへる絁を織てこれを鬻《ひさ》く」という科学的知識の乏しい時代の中に、文明開化がやってきた。

すなわち科学的知識を学ぶゆとりもない状況であった。それが、幕末の生糸輸出による生産拡大、西洋の科学知識の急速な流入と化学染料の使用、そのため、結果的に粗悪品になって不評を買い、反省に立って改良しようとした。この努力をこそ、大きく評価したのである（図5）。

図5　絹かせ糸の糊つけ
ギリ棒で余分の水分を絞り取る。加藤忠明氏撮影，1978。

　同じような時代が、第二次大戦の敗戦後にやってきた。たしかに、銘仙の原糸に芋の粉をむりやりつけて増量をはかり、染色も堅牢度が不足で、雨に遭えば流れ出して下着まで色が移ってしまうという、悪評もあった。現にその布の資料も手元にあるし、私自身も当時の現場にいて、芋粉にまみれた織機を雑巾でぬぐった。しかし、芋粉を食料にすべきか、糸の糊に使うべきかを天秤にかけなければ生きられない時代、機屋の鉄棒の格子窓が破られ、織りかけの機布が無残にも剃刀でバッサリと切られ、盗まれた時代である。現在のモノ余りの時代から振り返っても、使う尺度が違うのではないだろうか。単に弁解ではない。先人の努力を積極的に評価したい。

　多摩地域の悪弊として、郷土を卑下しすぎる嫌いがある。もっと、自らの郷土、自らの産物を互いに評価し合う習慣をつけたい。多摩地域にも歴史的遺産がある。名所旧跡もある。地域に温かい民俗行事もある。名産もある。地元がそれを知らないか、知っても、中央に目を奪われて評価しないだけだ。地域の課題はこの意識改革からはじまるで

表5　現代織機と手機の能率比較

織機の種類	筬幅 cm	回転数／分	よこ入れ率 m／分	開口形式	メーカー，織物向き，その他
地機（結城型）1丁杼使い	40	――	――	足引縄かけ糸	無地は約60時間／反
バッタン付1丁杼高機	40	――	20	踏木2本にロクロ仕掛け	普通の銘仙は約10時間／反
力織機（着尺）	40	約100	30	ジャカード縫取り前綜絖装置付き	紋お召は3～5日／反
力織機（広幅）	120	約100	100	同上	――
絹用片側レピァルーム	85	800	204	――	ネクタイ
エァジェットルーム	190	1,250	2,062	積極 カム	豊田式・交織用
ウォータジェットルーム	210	700	1,365	積極ドビー	豊田式・撚糸用

注）エァジェットルーム，ウォータジェットルームは，繊維機械学会誌vol.57, no.3，掲載の「特集ITMA' 03ならびに上海テックス視察報告記」，また，レピァルームは，同学会誌vol.43, no.1, OTEMAS観察記から借用した。力織機，普通高機，地機については，村野の体験によった。

あろう。自らを評価しなければ、他からの評価はありえないのだから。

五　現代織機の能率と手機

――武道にたとえた機織りの極意

私たちが、実生活において消費する衣服素材は、効率高く生産されている。そのなかで、手づくり製品が、どのような価値を見出していけるのか。それはつくる過程にあるのか、それとも、どんな実用的あるいは美的価値を見出し得るのか。

表5は、最近の織機の製織能率と、手織りの能率を併記した。世間的な能率が手織りの世界にまったく無意味であり、したがって、別の価値観を見出す必要があるのではないだろうか。

ところで、織物を織る原理はたて糸とよこ糸を直角に組み合わせる。そのために、並べたたて糸を上下の二手に分けて隙間、すなわち杼道《ひみち》をつくり、そこによこ糸を通す。ついで、通したよこ糸をしっかりと打ち込んで完成する。

そこで、よこ糸を通す方法であるが、衣服原料の場合、糸は

図6　革新織機——絹用レピア織機

柔らかく軽いので、硬く重い物体で先導しなくてはならない。それが「杼《ひ》」で、内部によこ糸を抱え込むように工夫してある。二手に分けたたて糸を交互に上下しながら、この杼道に杼を通していく。

この方法は、原始織機から一九六〇年代まで変わらなかった。もちろん、力織機は今日においても変わらない。

力織機は、たて糸が切断故障すると自動的に運転を停止し、杼が持っているよこ糸がなくなると自動的に補充される機構や、そのほか、たて糸をデザインに応じて一本一本が自由自在に上下するジャカード機構などを備えて、自動織機と呼ばれ、衣服の多様性と生産性を高めた。

やがて、質量の大きい杼が往復運動するために、織機の機械としての運動量、すなわち、運転速度に限界がやってきた。そのために、杼を使わない機構が工夫された。

ここに、シャットル〝レス〟になった、という内容において、織機の「革新」が起きたのである。杼をなくして、質量の小さい空気の噴流で糸を飛ばしたり、水の噴流で糸を飛ばしたり、あるいはレピアという「へら」で糸を運ぶ発想が生まれ（図6）、それぞれ独自に実用化されて、表5のように、力織機（動力織機）と共に「革新」織機が活躍する時代がきたのである。
「一」（二〇六頁）で引用したわが国最初の服飾文献とされる『魏志倭人伝』には、錦や絣とされる染織品の記述がある。それらを制作した当時の織機を原始機と呼んでいるが、同時代の織物の一つに、九州吉野ヶ里遺跡出土の「透《す》き目平絹《へいけん》」がある（小谷、一九八九、一〇五頁）。筆者の技術を標準にしては弥生人に失礼だが、その制作は、現代でも容易ではなかろう。

要するに、機織り技術は、原始時代から一九六〇年ころまで、杼を往復する原理においては変化がなく、労働生産性だけを向上しようとした。そのために、本来、創造的であるべき染織作業が、つらい作業になった。

近代にはいって、急激な西欧化＝工業化の過程で、多摩地域の染織産地にも「女工哀史」的な忘れがたい歴史もあった。その影響は、今日においてようやく薄れつつある。

では、そのまえの時代はどうであったか。明治にはいって『機《き》織《しょく》彙《い》編《へん》桑《くわ》茶《ちゃ》蠶《かいこ》機《はた》織《おり》圖《ず》會《え》』（梅殿通文序・東京書林和泉屋庄次郎蔵板）がある。

この書は、那須黒羽藩主大関増業（一七八二〜一八四五）が著した『止戈枢要《しかすうよう》』の中の「機織彙編」の復刻である。

> 此書ハ桑苗仕立方《くわなえしたてかた》を初免凡《はじめすべ》て蠶養《こがい》の事より糸の制《せい》し方染物一切織物諸傳組糸《そめものいっさいおりものしょでんくみいと》に至《いた》る迄《まで》桑《くわ》蠶《かいこ》機《はた》織《おり》にあつかる事圖《ことず》を以て解《かい》し易《やす》く裁《さば》いて残す事なし又茶の仕立の制法迄巨細《こさい》に記したり実に農家必用の書也

と序文にあるように、一〜五之巻に分かれ、寸法入りの図解があって、手工芸書として現代に生きている、と評価できる。

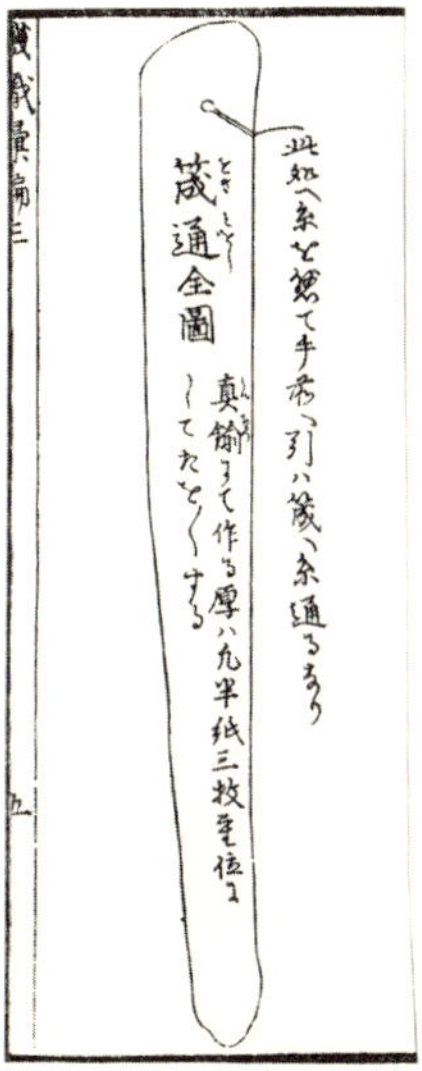

図7　機口伝「筬通全図」の図

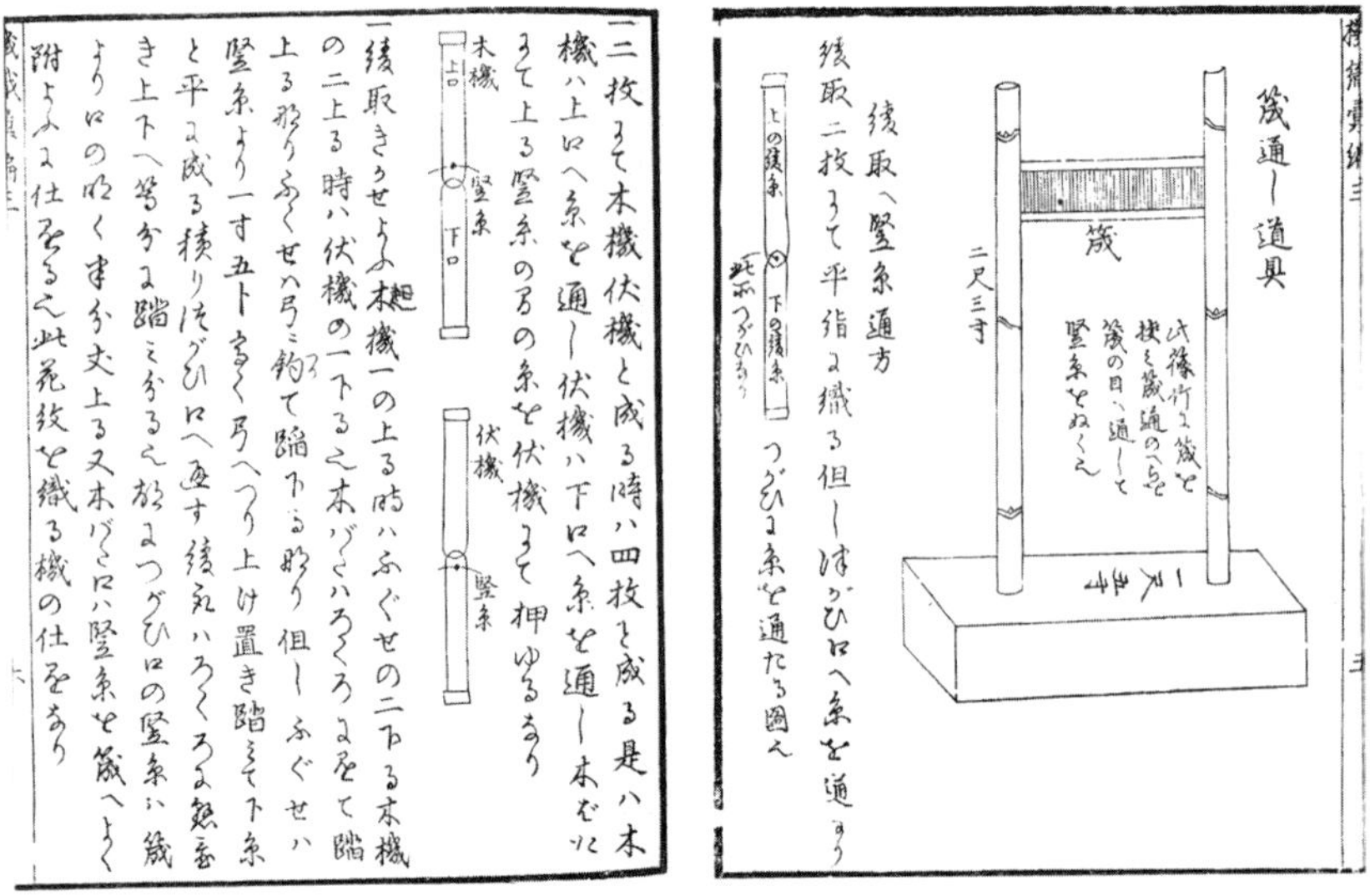

図8　機口伝「筬通し道具」の図

三之巻には「機口傳《はたくでん》」がある。そのなかには「筬《おさ》の目よミ之傳《でん》」「筬目《おさめ》へ竪糸《たていと》を入《いれ》る傳」「筬目の傳」「綾取《あやとり》へ竪糸通《たていととおし》方《かた》」「花紋仕掛口傳《かもんしかけくでん》」「絹布名号《けんぷみょうごう》」「織物地合之名号《おりものじあいのみょうごう》」の項目があるが再録のいとまがない。ただし、それではあまりにも惜しいので、「筬目の傳」から「筬通し全図」「筬通し道具」の図を掲載しよう（図7・8）。

なお、『止戈枢要』「機織彙編」三之巻「機口傳《はたくでん》」を、以下に挙げておく（ふり仮名と添え字は原文ママ、句読点、括弧内は筆者が加えた）。

夫《それ》、機を織る手前ハ己を正《ただしく》し、腰懸板《こしかけ》に腰を打置る事ハ馬を馭《の》るが如く、我心を臍下《さいか》丹田に心を治め、耳目手足ハ己が気に預け無心にして有心が如し、孟子曰、志ハ気之師也、気體之充《ミつる》也、夫志ハ至焉気次焉、故曰持其志無暴、其気此意を以て工夫して織るべし、踏竹《ふみたけ》を剣術のさそくの如く其の働く処に躰を戴《いただき》て、躰と足の不離《はなれず》して心気力一同に業を働かすべきなり、杼《ひ》を投る事ハ矢を放して飛すの如く、放れ素直なれバ其矢百発百中無疑が如く、手之内之離大事なり、杼を取る手ハ居合を抜がごとく、竪糸にあたらさる様に素直に抜べし、是居合を抜に刀之鯉口に刀の身のさハらずして素直に抜と同じ、筬ハ木太刀を打が如く心に当りて、又手之内不尽様に残心の位を以次の筬打に心を渡し、一度毎に不成様にすべし、花機の杼を投るハ、花楼にあって通糸《つうじ》（上方から通糸・馬糸《うまいと》・綜絖《そうこう》・岩糸・矢金と垂直に連なって、綜絖のたて糸を上下する）の曳綾を取る者を剣術の相手の如く心得て、遅速《ちそく》を不厭《いとハず》相手の業にしたがひ其間を見て程能く投べし、又花楼の上にて紋を引き綾を取る手の内ハ弓を素引するが如く、和らかっ釣合て締《しま》りよく弦のたるまざる様に引べし、手の内に卵を拳が如し、おろす時分も又弓を引て止るが如く、手に心を入ておろさゞれハ、筈離《はずはなれ》のしたる弦の如く、通糸にいたミ付或ハ岩竹さわきて馬糸からまる也、故に弓を素引する心持に取扱べし、投杼《なげひ》ハすべて糸（竪《たて》糸の意か）へ手の懸らぬよふにすべし、手を懸るハ白機類ひなり、筬は臍下へ力をもち擘《ひぢ》にて真直に打附べし、手先に力を入て打付る悪し、又筬を袮《ね》せて打ハしまらす筬をしやくれバめり（凸凹）を打出すなり、足ハ筬と一同におろすべし、おろすとハ足を揚る事なり、蹈竹を蹈たる足を揚れバ綾取（綜絖）下がるなり（口を閉じる）、惣て花楼にて通糸を引、筬を打、杼を投ると蹈竹を蹈ミ足をおろす（口を開く）、よほど拍子よく連続して序破急の拍子、自然に備れり、其拍子を不知ハ織物に光澤なく、又竪糸時々切、或村を織出す、鍛錬《たんれん》ハ此所にあり、織る人ハ父にし（て）、花楼の人ハ母なり、機の竪糸横糸ハ子弟なり、父これを恵み、母これを育し、子弟各父母の自愛に依て一ツの花機成就す、杼筬通糸之類ハ皆臣下にして君に事て其用をなす者なり、名誉の職人機を織れは其拍子に感して黄鳥囀《うぐひすさえづる》と云、天地之間の萬物事々物々其感応なき事なし、ましてや衣食ハ人身一日も無之してかなハざる物なり。

増業の人となりについては、「黒羽藩主列伝」（栃木県黒羽町、一九八二）に以下のように記されている。

増業性果断強記文武二道ノ若キ究メザルハナシ、殊ニ兵学弓術其蘊奥ニ至ル、弓道ノ秘奥ハ小笠原平兵衛ニ学ビ、印可ヲ得タリ増業が生きた文化・文政期は、江戸幕藩体制に疲れがみえ、内外に改革の声が高まっていても、まだ太平の世であった。弓術は、実用の座を鉄砲にゆずり、剣術も、スポーツとしての技量を磨くと共に、芸道としてのセオリーを打ち立てて高揚していた。その視点から、織機に座るときは馬に乗るように下腹に意を入れよ、杼を投げるときは矢を放つように素直になれ、居合いで刀身が鯉口に触らないで抜くように、杼もたて糸に当らないように投げよ、筬打ちは次の筬打ちへの残心が肝要である、杼を持つときは卵を握る心で柔らかに、しかもしっかりとせよ、空弦（矢が外れた弦）を離したような通糸の放し方をするな、などなど、武道に例えた教訓を垂れている。

糸をあつかい、染織する立場からみて、手順に疑問もあるが、大筋において、いちいち合点がいく内容であり、文章の意は共感できる。それも、手機に限った話でなく、筆者が体験した力織機の調整にも通じる新しさがある。いささか弓道に親しむ者として、もっと一般論に広げたいと思うほどである。

黒羽町は『奥の細道』ゆかりの地である。松尾芭蕉が滞在したのは、「機口伝」からさかのぼる約一〇〇年前の元禄二年（一六八九）のことだった。ダムのない大河那珂川は、悠然とこの地の時空を流れている。

六 「温故知新」のシンボル、絣——絣は地域の文化だ

絣とはそもそもどんなデザインの技法だろうか。『魏志倭人伝』に登場する斑布《まだらぬの》（班布と書く本もある）をかすり文様としているが、まさにそれか。括り絣、板締め絣、織り絣、糸を面に広げて絵を描く「絵絣《えがすり》」を別にすれば、文様に組み立てる以前の絣は、だんだら染めの糸の束に過ぎない。偶然の所産、染めむらから発想したといっていいだろう。

したがって、その技法の発生は服飾の発生と共にあって、世界のいずことも特定できないのではないか。

ただし、技量を練磨して大島絣とか、琉球絣とか、地域特有の染織デザインとして完成させ、あるいは完成させる過程において、どのような伝播のルートをたどったかは、興味ある課題である。完全な幾何学図形を描こうとする、あるいは自由闊達な絵画を織物に表現しようとしても、悲しいかな、人間は、機械のもつ繰り返しの正確さを持ち合わせないし、織物原糸もわずかな張力によって伸びてしまう。だから、完全さを願う人間の努力は、ついにおよばず、織物になると乱れを見せる。これがカスレル↓絣の語源ではあるまいか。

乱れるであろう、という結果を予想しつつも、なお、乱れないように努力するいじらしさ、みたいなものを私たちは、絣文様に無意識のうちに見るのではあるまいか。大げさにいえば、プロセスを大切にする思想を見るのではあるまいか。

絣については、「絣の道」という文化論もあっておもしろい。福井貞子氏がその著書において、阿波藍の技術保持者上田利夫氏の説を紹介したのが発端である。次に採録する。

インドのイカットの技法がジャワ、ボルネオ、フィリッピン、台湾、琉球を経て、奄美大島、九州、伊予、備後に移入した。それが、琉球絣、大島絣、久留米絣、伊予絣、備後絣となり、フィリッピンから大和、関東、越後、東北に入り、大和絣、遠州絣、能登上布、越後上布、結城紬等となった。これらの白絣から発達した中央系と、台湾に入る途中、フィリッピンから、中国、朝鮮を経て山陰に入った弓浜絣、広瀬絣、倉吉絣等に系統だてることが出来る（福井、一九七三）。

福井氏は、裏づける資料がすくないのを惜しみつつ、この説に賛同した。山田宗睦氏は上田説を受けて、大意次のようにいう。

太平洋を〝地理上の知見〟によって、ポリネシア、ミクロネシア、メラネシアの三つに分ける通説に加えて、千島弧、日本列島弧、琉球弧のヤポネシアと台湾、フィリッピン群島・インドネシアをひっくるめた〈インドヤポネシア〉を設定すべきだ。それはユーラシア大陸の東南をふちどり、独自の文化をもつと共に、照葉樹林文化と関わって日本文化の基層を形づくった。なお、これがシルクロードに匹敵する重要さを持ついわゆる『島の道』あるいは『絣の道』である。それは、日本人と東南アジア人との関係のシンボルでもある（山田、一九七九）。

以上、染織の絣技法が、壮大な文化論にまで発展する内容をもっているはなしとしてご紹介した。

また、絣と共通する別の話題として、シルクロードから出土するミイラの面を覆う錦の残欠と、法隆寺や正倉院に伝世する錦の宝物のはなしがある。両者は、ひょっとしたら随、唐の時代、同一工人集団が制作した染織品ではないか。同じ工房に生まれながら、片や胡人の顔を覆ってシルクロードの砂に埋もれ、一方は遠く海を東に渡り異国日本の宝物となって、伝世一千四百年余、やがて現世に再会する、染織の世界には時空を抱え込んだ壮大なロマンがある（龍村、一九六七）。

昭和時代中期までの銘仙柄は、すなわち絣、といえるほど多摩の染織は絣柄が一般的だった（図9）。

図9　戦後の絣銘仙大柄の図案（着物と同寸）
1945 ～ 47。図案用紙や絵の具もなかった（紙は包装紙）。

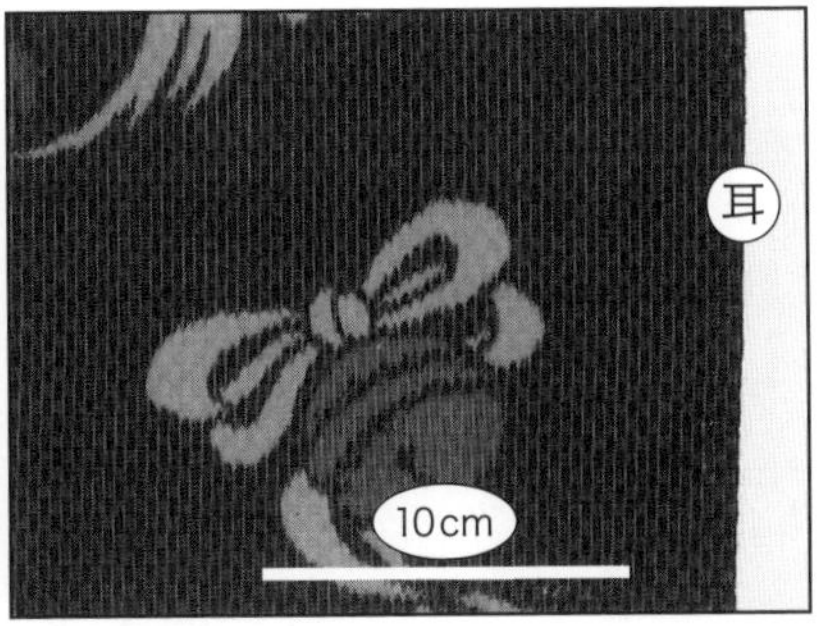

図10　赤地昼夜繻子鈴に花結び文様解し絣夏銘仙
カピタン（1950年ごろ）

図11　大枠に巻いたたて糸束の絣括り
加藤忠明氏撮影，1978。

多摩の南方の農村旧川口村（現八王子市西郊一帯）に同じく昭和はじめまで、手括り絣があった。第二次大戦後、昼夜繻子（カピタン）・紅梅・割り込み繻子などの八王子銘仙を彩ったのは絣であった（図10）。

絵絣にちかい解し絣もあったが、十字、矢羽根、亀甲、キの字、井桁、市松、蚊、立湧、麻の葉、カメだれ、など幾何学柄が基調をなし、それらを組み合わせた変化柄などが多かった。単純といえば単純。しかし、単純な要素を使いこなして、新鮮なデザインを創り出していた。この括り絣の技法は、旧川口村の伝統を引き継いでいたのである。

また多摩の木綿絣は所沢絣として昭和のはじめまで継承されていた（宮本、一九八六）。それは大正時代の後半から、砂川地域の絹織物太織のデザインに活用されて絹織物村山大島絣（紬）に姿を変えて、狭山丘陵周辺の産地に発展した。

今日、革新的なデザインを創出、パリのコレクションに堂々と出品、国際的に活躍している機屋さんが八王子にいる。その機屋さんに失礼ながら、手法が先端的には見えない。むしろ、古典的な染織技法を駆使しながら、発想の新鮮さに敬意を表するのである。手段は古くとも、発想が常に新しいのである。まさに、「温故知新」ではあるまいか。

私なども、戦後、中学生から高校生にかけて、絣括りを手伝った。当時は、半木製力織機が銘仙の製織に使われ、「たて巻き」は、すでに部分整経機の一部作業に組み入れられていた。したがって、搬入された緒巻きを再び、大きな絣枠（図11）に「糸の束」にして巻き返し、絣柄の「墨付け」をして括った（縛った）のである。

括る長さが約一センチまでは、括糸（生糸のかせを束ねる紐）を裂いた一〇番手木綿糸五本ぐらいだけでしっかりと括るが、それ以上になると、絣の幅に合わせて裁断した長さ約一〇センチの古新聞紙を二～三回巻きつけてから、太い撚った括糸でしっかりと括る。写真図案のような五センチ以上もの大きな絣になると、自転車のチューブを絣の幅に裂いたゴムシートを巻きつけてから括ったのである。また、このくらいの大きな絣になると染色や運搬などの作業で、括った部分が折れて防染能力がなくなるおそれがあるので、括る長さより一センチほど短い和傘の竹骨を紙の間にはさみ、いっしょに巻き込みながら括る。

それにしても、糸束は括るときゆれて動くので、かたく締めるには要領がいる。括る糸（ひも）はひっぱらないで、糸を巻きつけてその端をゆるまないように片手で保つだけにし、他方の手で糸束を締まる方向に回す。括り終わった糸端は、染色作業中は絶対に解けず、それでいて、染色後、濡れてかたく締まってもいても、簡単に解けなければならない。

「絣の道」や「ボロの話」など旧聞に属し、その後の展開も勉強せずにご紹介したが、絣技法と共に、今にしては懐かしいだけでなく、どこかへ引き継ぎたいはなしとして記録させていただいた。

七　近代多摩の名産黒八丈――幻の農村織物

山紫水明の秋川流域と、弥生住居址で知られる草花丘陵を割って流れる平井川流域の泥を媒土として、ヤシャの黒を染めた絹織物が黒八丈、産地名に因んで五日市ともいう。この織物は、知名度が高いわりには、説がさまざまで〝幻の織物〟の感がある。

八王子が織物市場として確立した天明・寛政の頃、黒八丈は、すでに世に知られていた。用途は半襟・袖口地等で、私たち昭和ひとケタ世代も子供のころは、半天やねんね子半天の襟に使われていたのが懐かしい。

たて糸は当地方産の島田糸、よこ糸は島田糸または座繰糸を使った。島田糸は、上糸《じょうし》ではあるが、品質が劣るとされ、荷造りの形が島田髷に似ているのでこう呼ばれた。

たて糸は生糸のまま整経し、よこ糸は生糸の綛《かせ》のまま、いずれもヤシャの煎汁で染色、鉄分を含んだ泥土液中で媒染、水洗後、さらに同じ作業を反復してタンニン鉄の黒染めを重ねる。このときよこ糸は、たて糸より反復回数を多くするので、増量が特に大きくなるものがあって、年月と共に鉄分の酸化がすすんで絹糸を脆くする欠点があった。

織物組織は平織り。たて糸は細く密接して配列する。よこ糸はこれに対して太く、つよく打込むので、布面は横畝状に盛り上がった。重目物は、幅クジラ一尺（三八センチ）、長さクジラ六丈（二二・八メートル）で一貫六百匁（＝六〇〇〇グラム）にもなった。ふつうは、四八〇～四九〇匁（＝一八〇〇～一八三八グラム）であった。なお、幅は半襟三つ取り、中幅は二つ取りであった。

あきる野市引田・故田村活三氏（田村、一九七九　四八頁）が記したものを、以下に要約する。

私のシルクロードは引田交差点から八王子へ通ずる道である。新聞も雑誌も八王子からきた。……兵隊送りも八王子へ、繭も生糸も黒八も八王子へ送られた。……大正八年の盂蘭盆前に八王子からゼブラの自転車を一二〇円で買ってもらい、八王子の熊沢書店に『日本少年』を買いに行くのが楽しみであった。……私にはすべての文化がこのシルクロードの八王子から来た。

そして、次のような意を込めて「あとがき」で悲しむ。

一〇数人の古老や経験者の口述によってここまで調べてきた。……再び黒八丈を世に出したい、と念願している老人が幾人もあった。しかし、二〇年後の今日（一九七九）、彼らは一人もこの世にいない。この拙文をもって世に留めるのみとなった。今後は、資料の保存・陳列を行うべきである。

さらに、技術的な記録も残してくれた。要約すると、以下のような内容である（括弧内は筆者註）。

たて糸＝島田糸――多摩地方で産し（商品としては下級品）を用いる。繭一〇～一五個繰り×二～三本↓一一〇デニール（目標か）。これを一疋分二五・〇メートル、一二八〇本（筬一六ヨミ＝一七羽／センチ、二本／羽）、（経《へ》枠《わく》整経）する。原料糸一〇四・三匁（三九一グラム）。経枠整経は、一周約三メートルの枠に糸をらせん状に巻き重ねて、一二八〇本の糸の束をつくる方法である。

よこ糸＝繭二〇～二三個繰り×二～三本↓一八〇デニール（目標か）。これを綛にして染める。一疋（二反）分九七・三匁（三六五グラム）。すなわち、生糸の必要量は、たて糸（三九一グラム）＋よこ糸（三六五グラム）＝七五六グラムである。

4―4 ネズと白筋耳，中耳二幅織りの両側分
生糸，生染め黒，21D　2本片撚り
21目＝20算
幅：10.5cm
外耳：外側からネズ10目，白1目を両側，中耳：内側から白1目，ネズ10目，空き2目，ネズ10目，白1目
レイヨン，黒染め，200D／40フィラメント，よこ糸密度：20.0本／cm
22.8cm
89.0cm
22g
108.4g／m^2 (83.6g／m^2)
＋30.0%

しかし、できあがった反物は、夜叉（ヤシャ・ハンの木の実）タンニン・鉄分の増量染色のため、一疋（〇・三八メートル×二二・八メートル）分で四〇〇～五〇〇匁（一五〇〇～一八七〇グラム）になったという。

染色　①たて・よこ糸一疋

表6　黒八丈の織物設計4種類（1950年ごろ村野収集）

標本の種類		4—1 絹，両白耳付	4—2 たて絹， よこ糸レイヨン 交織両白耳付	4—3 白と赤筋耳， 中耳二幅織りの 片側分
たて糸		生糸，生染め黒， 21D　2本片撚り	生糸，生染め黒， 21D　2本片撚りを 2本引きそろえて 1本扱い	生糸，生染め黒， 21D　2本片撚り
筬密度目（羽）／cm（算＝ヨミ）		21目＝20算	16.8目＝16算	21目＝20算
たて糸の筬目（筬羽）引込数	耳内 4本引込／筬目	幅：18.5cm	幅：17.5cm	幅：11.4cm
	耳部 6本引込／筬目	白耳部： 4.6mm（9目） ×両耳	白耳部： 4.6mm（7目） ×両耳	外耳：外側から 白6目， 赤4目を両側， 中耳：内側から 赤4目，白8目， 空き2目， 白8目，赤4目
よこ糸		生糸，生染め黒， 21D　10本合せ， よこ糸密度： 18.9本／cm	レイヨン，黒染め， 250D／50 フィラメント， よこ糸密度： 20.0本／cm	生糸，生染め黒， 21D　4本を 2本合せ， よこ糸密度： 22.1本／cm
標本の大きさと重さ	幅（織り幅）	19.4cm	18.4cm	12.5cm
	長さ	93.0cm	136.8cm	95.0cm
	重さ	20g	36g	13g
標本から算出した1m²当り重さ（糸使いから計算した同重さ）		110.9g／m² (83.3g／m²)	143.0g／m² (87.0g／m²)	109.5g／m² (80.5g／m²)
増量分とみられる重さとその割合		＋33.1%	＋64.4%	＋36.0%

デニール：生糸など長繊維の太さの単位。450mで0.05gを1デニール（D）と定め，数字が進むと太くなる。計算上9,000mで1g，恒長式番手。綿番手：綿糸と絹紡糸の太さの単位。ポンド（453.6g）で840ヤード（768.1m）を1番手（S）と定め，数字が進むと細くなる。恒重式番手。

算＝ヨミ：筬羽40枚の束を1算＝ヨミといい，クジラ尺の1尺間に使う束数で筬の密度を表した。着尺の織物設計に便利。

分とする。まず、生糸のまま、たて糸は整経してたて糸の束は鎖の形として、よこ糸は綛の形で吊るし糸を掛けて釜に入れて煮る――これは染色後、結果的に若練りを意味する。なお、たて・よこ糸は、別々の釜で作業したほうが混乱しない（筆者）。この作業で一〇数％は減量するだろう。②ヤシャ六〇～七〇リットルを直径一・〇～一・五メートルもの大きな鉄釜であらかじめ一日中煎じておく。二番煎汁まで使う。③煎汁を、数個のたらい（飯台）に配分し、これに泥を両手に一つかみ入れ、この中にたて・よこ糸を同時に浸漬し、一日二回ヤシャ汁の熱湯を注いで放置する。こ

表7　明治・大正・昭和の
黒八生産推定累計戸数

秋留村	172戸
東秋留村	96
多西村	97
五日市	51
増戸村	53
大久野村	50
平井村	57
加住村	6
計	582戸

注）田村，1953～54調査による。

の場合、硫酸鉄を一つまみ投入する。数時間放冷。飯台のまま流水で水洗。いわゆる「糸さらし」。この方式を一日二回、ヤシャ汁の熱湯を注ぐところから水洗まで、反復約二〇回。

せっかくだから田村氏の遺志をついで、将来、黒八丈の復活を志す方のため、収集した手元の黒八丈の織物分解資料を、設計表として掲載しよう（表6）。

ただし、標本については以下の通りである。

一、製作年は、一九四〇年ごろ、入手は一九五〇年ごろ。

二、原料生糸はいわゆる当地方産の島田糸であるかどうか不明である。

三、原料生糸の太さを「繭一〇～一五個繰り」と田村氏は記すが、本標本製作のころは、二一デニールが標準の太さで購入されていたので、この単位に置き換えた。

四、たて糸は片撚りだが、撚り数は不明、状況から一メートルあたりS一五〇～二〇〇回か。

五、増量率は、次のようにして求めた。黒八丈標本の重量を実測して、一平方メートルあたりに換算し、他方、その標本を分解して得た糸のデニールと必要糸量とから、一平方メートルあたりの織物重量を算出して、両者の差を算出織物重量で除した。

①増量率　「資料4―2、たて絹・よこレイヨン交織」がもっとも大きく六四・四％でやや多いが、他三種類は三〇数％、この種の織物としては当り前の量である。当時は、黒八丈は目方取引だったので、世間で二～三倍にも増量したと伝えられるが、大げさと思われる。

②生産量　田村活三氏は、昭和二八～九年（一九五三～四）の聞き込み調査から、明治・大正・昭和にかけて黒八生

産に従事した戸数を想定した。一戸の生産能力を手機一台月五～六疋＝年五〇疋見当と推定。この生産者が大部分。

③生産地区　明治・大正・昭和の黒八生産推定累計戸数（田村、一九五三～四調査）（表7）。

④生産量は、八王子織物協同組合資料によると、大正五年（一九一六）～昭和九年（一九三〇）一万疋～三万疋、最高が昭和五年の三万四八〇〇疋。五日市町小和田・宮崎捨次郎氏（談）の生産が最後で、昭和一八年三月という。

⑤織物市場の値段　明治二三年（一八九〇）二月二八日『染色雑誌』（八王子、染色雑誌社）第壹號の神奈川県八王子織物市場の状況として、当時の製品を高値順に網羅する（当時は目方取引）。トップに黒八丈特別精品（疋ニ付《ひき》）がある。●十五圓●十圓●八圓○同普通品（同ク）●六圓七十錢●五圓八十錢●五圓二十錢。以下○糸銀鼠立（同ク）●六圓七十銭●五圓二十錢など（疋＝二反）。

黒八丈は、たとえば八丈島の「黄八丈」と似た歴史的背景をもちながら、現代の地場染織業になりえなかった。その理由はどこにあったのか、鉄分増量による激しい脆化や、和装需要がなくなった、などの理由が挙げられているが、その他に社会的原因があるように見える。八王子など地場染織業の将来展望にかかわる社会科学的課題として気になっている。

八　先端技術に生きる先人の知恵――よじり込みとエアスプライサ、ガラ紡とオープンエンドスピニング

一九八〇年代、わが国は全自動紡績高速化システムを開発した。そのなかのひとつの傑作、高速ワインダー（糸巻機）に附属している重要な小道具に、走行中の糸をつなぐエアスプライサ（空気糸繋ぎ機）がある。高速で紡績糸を巻返す（糸速約八〇〇メートル／分）途中、極端な細太部分や節部分を切断除去して、糸の走行を止めることなく、空

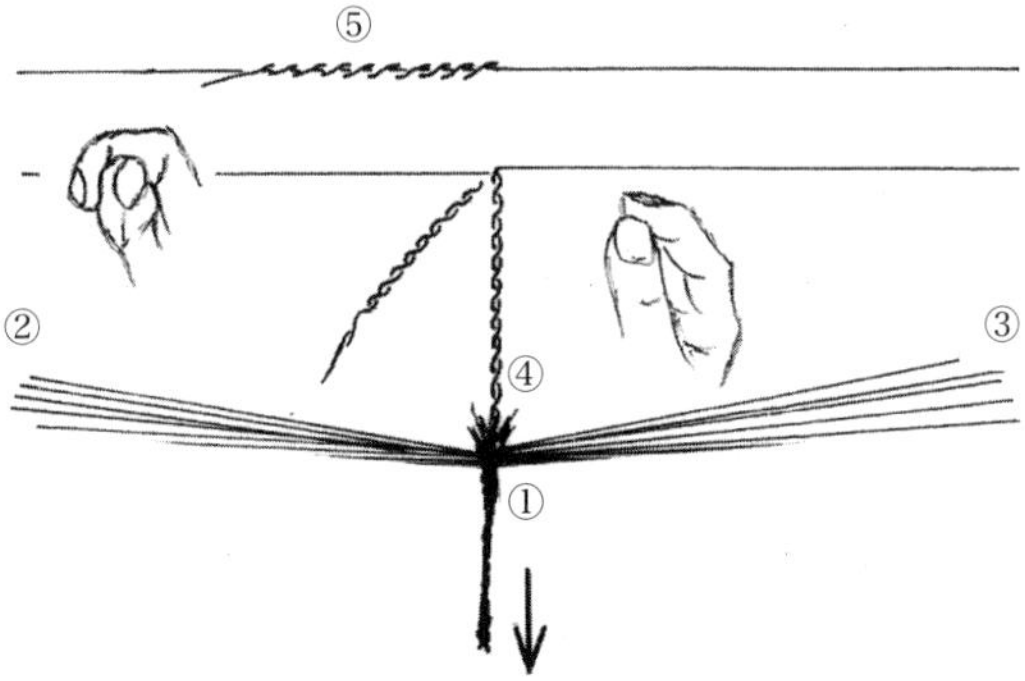

図12 「よじり込み」の手法

まず，新・旧たて糸のアヤ棒計４本を紐で固定し，それぞれのたて糸を小さく分割しておく。ついで，からだを小さくして，織機の正面左側の後ろ，たて糸に接近して腰掛ける。新糸束②と，旧糸束③を一つにまとめて①として胸に結びつけ，左手は②，右手は③の２組のあや棒をさばいて，たて糸を１本ずつ繰出し，右手の親指と人差指で受けて，２本の糸を一緒にして切りながら，撚りつなぐ。

気の渦巻きジェット噴流によって瞬時に糸端同士を撚りつなぐ役割を担っている。

さて、ひと昔まえの八王子――。

機屋の灯りと騒音が消えると、長さ一～二メートル、直径二～三センチの竹棒四～五本を自転車のフレームにくくりつけて、忙しげに駆けつける人たちがいた。工場に入ると再び灯りをともし、織り上がった織機の間丁（緒巻）側にまわり、緒巻スタンド上に用意された新緒巻のアヤ棒と、「織りおわって」垂れ下がった、旧たて糸のアヤ棒を、持参の竹棒にそれぞれ取り替え、つごう二組四本の竹アヤ棒を、織機のフレームと緒巻スタンドの両側に張り渡した紐に絡んで固定すると、自らは織り口から見て左側の、二組のアヤ棒の間に身を小さくして入り込み、小椅子に腰ける（図12）。

ついで、新旧両糸束を十数個の小糸束に分割して、①まず手前の新・旧両糸束の一つずつを胸の前に三つ手に編み合わせ、自らの胸に約一〇センチの距離をおいてガッチリ結びつなぎ、胸元に引き寄せる。②左手は新、③右手は旧たて糸のアヤをさばいて一本ずつ糸を繰り出し、それを、④右手親指と人差指で一緒に受けて、胸の前で二本の糸端を撚り切りながら撚りつないでいく。撚りつなぎ目の形は、人差指と親指の先端を摺りあわせてZ撚りにはじまり、そのまま、人差指の横腹と親指腹の摺り合せに移行しつつ緒巻側に折り返され、⑤新たて糸に撚り絡んで三子S撚り型に仕上っていく。あたかも麻績みに似ている。

撚りつなぎ目の長さは、約二～三センチ、目にも留まらない早業。撚るために摺り合せる右手指には、澱粉糊や歯磨き粉、油などを混合して独自に工夫した潤滑材兼接着材。終れば、次の糸束にすすむ。

次々と、全部の小糸束をつなぎ終ると、新緒巻を繰り出しながら旧たて糸を布巻きロールに巻き取り、「撚りつなぎ目」を旧アヤ棒→綜絖目→筬目（羽）と、それぞれの目にひっかからないように注意しながら通過させていく。つなぎ目（節）が布巻きロールの手前約五センチに近寄れば、旧アヤは新アヤに入れ替わって、旧も新もなく二本一組のアヤ棒になってたて糸の配列を保つ。こうして、新たて糸がよこ糸を通して織り始める。絹でもウールでもつなげるが、ウールは太くなるとロス（綜絖や筬目を通過できないつなぎ目）がでる。

熟達者は四〇〇〇本を約三時間、まさに名人芸。着尺のように一機分（荷口）のたて糸が数反分（数一〇メートル）と短く、たて糸設計の変更がなく、同じ織物を引きつづいて織る場合、綜絖と筬に引っ込む手間の節約と、機仕掛け作業の誤りを避ける賢明な方法である。よじり込み屋さんは、昭和四五年ごろまで、この仕事だけで暮らしていた。

それにしても、エアスプライサの発明者がこの職人技を、直接参考にしたかどうかは知らない。しかし、その撚りつないだ後の形といい、長さといい、まさに「よじり込み」の熟達者の手並みにそっくり。先端技術の発想に地域先人の職人技が、その深層において生きていることは疑いない。

いまひとつ、同じような思いを伝えたい。

最先端の紡績技術と、わが国独創の紡績機・明治六年、臥雲辰致の発明になるガラ紡との類似性についてである。現在も愛知県松平地区で、ガラ紡が操業している。明治一〇年第一回内国博覧会において一等賞を得て機構簡単、設備の安価、操業技量も簡単、動力は人力、水力、電力も可、原料は木綿・絹可、しかも、筒の口径以下の短い再生繊維の紡績が得意。ただし、能率は手回し糸車の一〇倍程度。原理は日本的、ガラガラと音を出すので、ガラ紡といい、和式と称するゆえんである。ワタから直接糸にする。

一八世紀のヨーロッパの産業革命は、イギリスが紡績機械の発明を急いだことが発端だった。そして彼らは論理的に開発をすすめた。すなわち、綿花を開く機械化→展開する機械化→細く丸める機械化→より細く引き伸ばす機械化

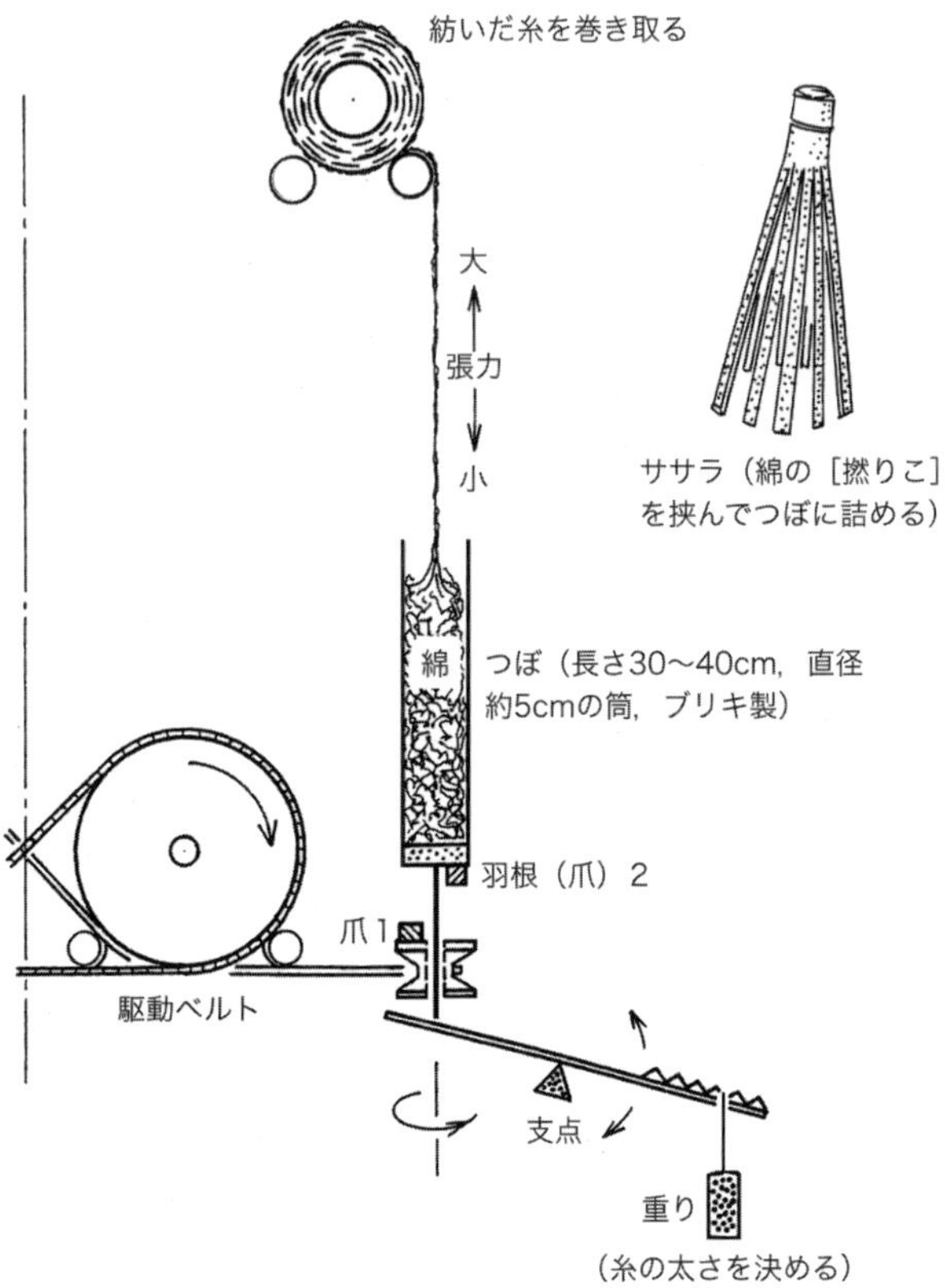

図13　ガラ紡の機構

↓撚る機械化↓さらに細く引き伸ばす機械化↓糸にする機械化↓というように。

ところが、臥雲辰致はそのような論理を踏まず、ワタから直接糸を紡ぎ、しかも、ブリキと木工細工で簡単につくった。当時は特許法がなく、その結果、だれでも真似ができ、発明者臥雲は貧窮の中に死んだ（図13）。

火吹き竹にワタを詰めてあそんでいた少年辰致が、コロコロと転がり落ちた竹筒から引き出された糸を忘れず、夜なべに糸車を回してワタを紡ぐ母の苦労を見てガラ紡を発想した、と伝えられている。竹筒をブリキ筒に変え、筒の重さを砂袋がつり下がったシーソで支える。同時に、それが糸の太さを決める要因にした、簡単な原理と仕組みである。農家の土間の人力手回しでも、川船上の流水水車でも、山家の谷川水車でも、ところかまわず普及していった。

彼の発明は、糸車でブンブンとワタを紡いでいた女性の手間を一〇倍に飛躍させた。当時、職工の中手は一日に木綿二反を織り、紡工の上手は、四〇匁だったという。布一反一六〇匁と定められていたから、上手と中手を比較しても、織物づくりよりも糸づくりが八倍の手間がかかる計算になる（村瀬、一九六五、三三頁）。ガラ紡の功績がいかに大きかったかが知られる。

ガラ紡は、短い繊維を紡ぐのが得意だったので、わが国の綿作が壊滅した以後も、洋式紡績の落綿や織物の裁ちくず、ボロ布、などのリサイクル綿・絹紡糸の有効利用で活躍、第二次大戦後もしばらくの間、作業用手袋やモップ・足袋底の原糸などに使われた。一九六〇年の最盛期は、愛知県内で約二〇〇万錘が稼動。八王子上野町に大谷石造りの工場で昭和三〇年ごろまで操業していた。

今日の紡績は、空気精紡（オープンエンドスピニング）の技術によって、従来の機械紡績法より能率が数倍も向上した。一分間に数万回も高速回転する巾着型の直径数センチの金属製ロータの中にバラバラの繊維を吹き込み、遠心力でロータ内側に貼り付けつつ、他の端からつまみ出す。ロータの回転と共に撚りが加わるので、連続的に糸になる。ロータの回転数と糸をつくる能率こそ、ガラ紡の数一〇〜一〇〇回／分と比較にならないが、ワタから直接糸に紡ぐ、という発想において、まさにガラ紡の原理といえよう。臥雲辰致の和式紡績機・ガラ紡の発明に賭けた情念が、いまも最先端の紡績技術に生きている思いがする。

現代の科学技術は、周辺分野が足並みをそろえて水準を上げなければ成り立たない。電気がなければ社会が動かなくなる。精巧な機械は一個の電子素子が不良ならば動かないし、その補充・修理もまた専門家の支援を必要とする。ところが、わがガラ紡は、電気がなければ腕力でまわせばいい。部品が壊れれば、補充はハサミや釘とトンカチ、ペンチなど身辺の道具があれば手づくりできる。土間にも、物置にも、どこにも設置できて、老若男女だれでも操作できる。発展途上国の産業においても、手工芸的にも見直されている理由である。

筒から立ち上る綿糸の糸口は、あたかも砂漠に走り回って天に届く竜巻に似ている。あたりにただようワタくずも砂のようでもある。

九　多摩が生んだ織物――消えた織物、復元の手がかり

一八世紀後半の宝暦以降、多摩地域の染織製品は八王子市場に集荷されて、全国に販売されていった。ところが、それらは名称のみ残って、実物がわからないものが多い。そこで、この機会に復元の手がかりになるように、整理しておこう。まず、明治二五年一〇月発行『染色雑誌』に八王子市場の商況が掲載されている。これからはじめよう。ちなみに、白米〇〇キログラムは明治二五年（一八九二）白米標準価格、一〇キログラムあたり六七銭から換算した。白米標準価格は『増補改訂・日本の物価と風俗一三五年のうつり変わり・明治元年～平成一三年』（二〇〇一年、同盟出版サービス）五六九頁によった。所沢飛白《かすり》の明治三五年も同様である。

〈以下、「新米場違イ」まで、価格は一疋（一般に二反分）につき〉

○黒八丈《くろはちじょう》　織物の色に因む。別名五日市、昭和一〇年代まで生産した。以下、説明は別項「七」（二三〇頁）にある。

優良品一疋一六円（白米二三九キログラム分）。

○黒七子《くろななこ》　斜子《ななこ》、ともいう。織物組織名に由来する。平組織に練糸を二本引きそろえて使うので並子《なな》、表面は魚の鱗状にも見えるので魚子、とも書く。柔らかくふっくらした手触りが特長、黒染めの武州七子は、一疋（練り九五〇グラム）につき一四円（白米二〇九キログラム分）。

○糸織（正紺）　先染め練絹糸織のこと。当時は、下撚りを加えた二～三本を合わせて、反対方向の撚りを加える諸《もろ》撚《よ》りの技法は特殊だったので、たて・よこ糸とも片撚りの絹糸。正紺というから藍染めの濃淡によるデザイン。一三円五〇銭（白米二〇一キログラム分）。

○新糸織（色縞）　黄や赤など化学染料を取りいれた色物絹糸織り、推察するところ、化学染料染色の不評を改良した糸織の華やかな縞柄織物であったろう。一〇円（白米一四九キログラム）。

○新米糸織《しんよねいとおり》（鼠縞《ねずしま》）　新米沢糸織の略。山形県の米沢から糸織の見本裂《きれ》をもちかえって、横山・館《たて》・相原（現八王子市南郊一帯）で盛んに織り出した。米沢地方は、旧藩の奨励もあって、黄八丈、綾糸織、絽・紗、袴、御召《おめし》など広い意味での糸織の先進地であった。グレーの縞の糸織であろう。七円三〇銭（白米一〇九キログラム分）。

○島八丈《しまはちじょう》（飛地《とびじ》）　八丈島産の鳶《とび》色（赤茶色、タブノキの皮染、灰汁）主体の黄八丈。黄八丈は織物の普通名詞として、八王子はもちろん各地でつくられたので、あえて「島」を冠した。染色は島内の植物染材を活用。現在も変わらない。一疋八円三〇銭（白米一二四キログラム分）（図14）。

図14　黄地に鳶色格子縞本場黄八丈（現代）

【設計例1】　たて糸は二一デニールならば八本合糸片撚り、整経は経台《へだい》を使う。筬《おさ》は一八羽／センチ、二本／羽、四枚の綜絖を三本ロクロに釣り、四本の踏木で操って、八端綾や大きな辰巳綾など変化に富んだ組織を織る。手織りの手本である。よこ糸は二一デニールならば一〇本合糸、すなわち約二〇〇デニール、二五本／センチの打ち込み。

○島八丈（黒地《くろじ》）　八丈島産の黒色（シイノキの皮染、泥中の鉄媒染）が主体の黄八丈。一疋六円八〇銭（白米一〇一キログラム分）。

○甲斐絹《かいき》（本場）　地名に由来。たて・よこ練絹糸、たて糸を濡れ巻き法によって準備する。整経↓精練↓染色↓糊付け、乾燥しないように覆いをして、強力に引っ張ってたて巻きする。これが甲斐絹技法の特長である。よこ糸に異色の糸を織り込むと妖しげな玉虫効果が出る。海気または快気などと称するゆえんである。六円五〇銭（白米九七キログラム分）。

○甲斐絹（上ノ原物）＝現上野原産の甲斐絹。一疋四円五〇銭（白米六七キログラ

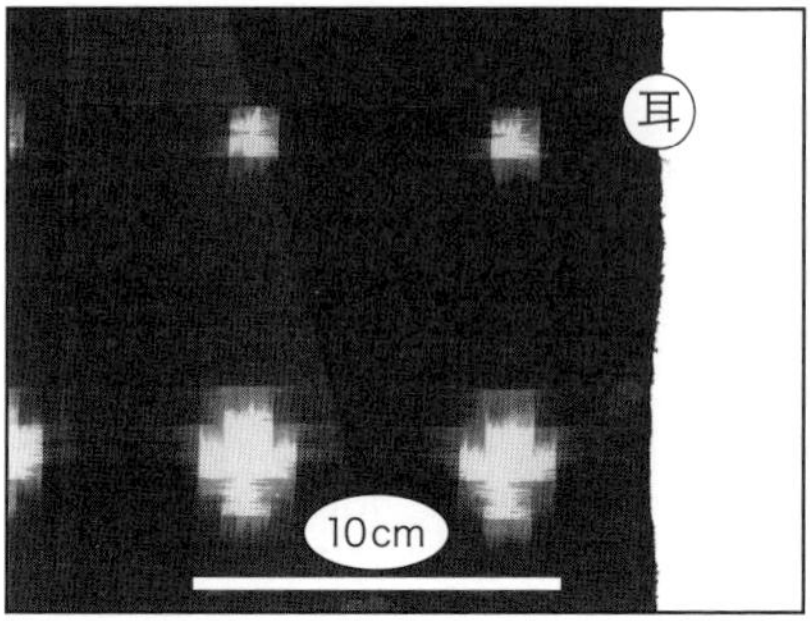

図15　赤地十字括り絣節織冬銘仙
昭和初期（1930年代）。

ム分）。

○上田縞　本来、信州上田産のたて・よこ練絹糸織りの紺や茶を主体とした縞織物。八王子市場に織物名として出荷されたのか、上田産なのか明らかでないが、推測すれば前者。一疋八円（白米一一九キログラム分）。

○白太織《しろふとおり》　太織はフトリとつづめる言い方もあって、絹の太い糸織りのこと、玉繭（二匹の蚕がつくった一個の繭）から製糸した玉糸や、真綿からつむいだ紬糸《つむぎいと》や太糸《ふといと》が原糸。銘仙もこの一種。一疋三円（白米四五キログラム分）。

○岸小縞　津久井郡川和から産したので川和縞の名が高い。紺、茶、ネズ、浅黄の縞や絣織物。たて糸は繭五～六粒付け生染め、よこ糸は太糸を練った。この商品は細かい縞柄か。現在は実体が不明。一疋五円五〇銭（白米八二キログラム分）。

○節糸織《ふしいとおり》（正紺）　原糸に由来。

【設計例２】　たて糸六～七粒付け（二一デニール目標）二本片撚り、練り、筬一五～一八羽／センチ、二本／羽。よこ糸玉糸一一〇デニール練り。たて・よこ玉糸もあった。本藍染め。一疋一〇円（白米一四九キログラム分）（図15）。

○節糸織（セイミ）＝セイミは、江戸後期から明治初期にかけての化学（舎蜜）の呼称。すなわち化学染料で染めた節糸織。一疋六円八〇銭（白米一〇一キログラム分）。

○節糸織（綿横）　綿横は、たて糸絹、よこ糸綿糸の絹・綿交織節糸織。綿作に先行した養蚕地帯で、綿糸が安価のため各地でつくられた。多摩では青梅地域で織られて資料も残っている。昭和三〇年代まで茨城県石毛地方の特産が知られていた。一疋三円五〇銭（白米五二キログラム分）。

○砂川紬　地名に由来。北多摩の砂川地域は桑苗の産地であった。養蚕も盛んで幕末から明治にかけて玉糸や節糸、つむぎ糸で太織を産した。一疋五円三〇銭（白米七九キログラム分）。大正時代絣技法を取り入れて、狭山丘陵周辺の村山大島紬となって産地に発展した。

○秩父島　秩父縞、秩父産の太織縞織物、あるいは、当時すでにそれが秩父縞として普通名詞なっていて、八王子産の秩父縞かもしれない。一疋四円八〇銭（白米七二キログラム分）。

○武蔵平（袴地）　商品名。仙台平のような高級感がない。八王子産地の本糸（節糸や太糸より格上の絹糸）の袴地。一疋一三円五〇銭（白米二〇一キログラム分）。

○節糸平（袴地）　八王子産地の節糸（本糸より格下の絹糸）で織った趣味的な袴地。現存資料は茶色系で柔らかい手触り。一疋八円（白米一一九キログラム分）。

○新米場違《しんよねばちがい》イ　新米沢糸織と品質は同じだが、市場として責任の取れないもの。一疋四円二五銭（白米六三キログラム分）。

〈以下、価格は一反につき〉

○諸糸《もろいと》織（改良染）　当時の絹糸は撚糸技術（八丁撚糸《はちちょうねんし》）からみて、一本を片方向だけに撚るのが普通で、それを二〜三本合わせて反対方向に撚る諸撚《もろよ》りは手間がかかるし、熟練の技能も必要だった。その化学染料堅牢染め。一反一三円三〇銭（白米一九九キログラム分）。

○諸糸繋織《もろいとつなぎおり》（改良染）

【設計例3】　たて糸＝練糸二一デニール諸撚り絹糸、筬一八羽／センチ内外、四本／羽、よこ糸＝練糸たて糸の二〜三倍太さの短い諸撚り絹糸を繋ぎ合わせ、結び目節をわざわざ多くして織り、耐久力を増したり、色違い糸を結び繋いだりしてデザインした。一反十一円二〇銭（白米一六七キログラム分）。

○本八端　織物面に斜文組織で菱型の織り目を表す。

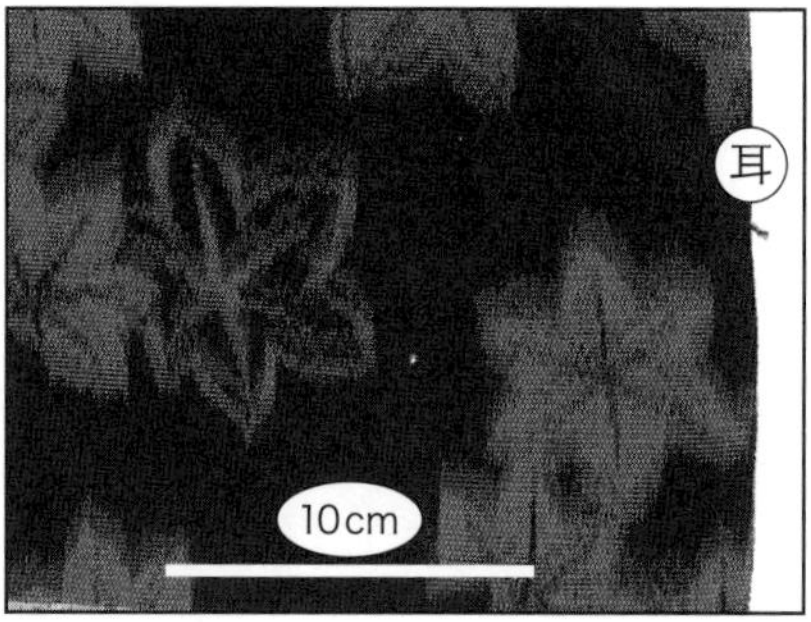

図16　濃紺八端地楓葉文様解し絣冬銘仙
昭和25年（1950）ごろ。

【設計例4】　たて糸＝練糸二一デニール二本諸撚り、筬一八〜二〇羽／センチ、四本／羽、茶色系の縞が多かった。よこ糸は二一デニールならば六〜七本合糸、二五本／センチ打ち込み。着尺、羽尺、丹前地。八王子産を「本」とし、それ以外と区別したのだろう。一反八円三〇銭（白米一二四キログラム分）（図16）。

○吉野織（改良染）　名物裂「吉野間道《かんとう》」を模した織物組織の絹織物。化学染料堅牢染め。一反八円三〇銭（白米一二四キログラム分）。

○風通《ふうつう》織（改良染）　織物組織に由来。平織りを表裏に二枚重ねて同時に織るのと同じ。織りながら裏表を局部的に交換するので、切れ味の鋭い文様を表すことができる。ただし、たて・よこの糸密度は見かけ上は粗くなる（半分）。化学染料堅牢染。練絹織物、一反一二円五〇銭（白米一八七キログラム分）。

○博多紋織（改良染）　地名に因む。たて糸が細く密度が高い。太いよこ糸でよこ方向に畝が立つ。

【設計例5】　クジラ五寸幅男性帯、長一丈五寸（四メートル）。たて糸は二一デニール六本片撚り、筬一〇羽／センチ、四本／羽。よこ糸は二一デニール六本片撚り、五本引きそろえて一本扱い、独鈷《とっこ》文様。（改良染）は化学染料堅牢染めの意。一三円五〇銭（白米二〇一キログラム分）。

○博多紋平（袴地）　地名に因むが八王子産。幅クジラ一尺二〜三分、長さ二丈六尺を一反。重さ一〇〇〜一五〇匁（三七五〜五六三グラム）。別に、一具（着）分二丈八尺〜三丈を十番とする。

【設計例6】　たて糸は七〜八粒付け（二一デニール目標）四本前後、縞部分は地部分より太目にして際立たせる。よこ糸＝繭七〜八粒付け五〜六本の片撚りをそのまま、あるいは二本引きそろえて一本扱い生染《きぞめ》とする。筬は一八羽／センチ前後。一二円（白米一七九キログラム分）。

○綾糸織（夏羽織地）　市楽織《いちらくおり》、一楽織ともいう。たて・よこ糸共練染糸、一三〇匁（四八八グラム）の反物と、一九〇匁（七一三グラム）疋ものがあった。斜文組織の応用であり縞の設計や糸使いの工夫によって多様化、当時の男女の服飾を風靡。一反八円三〇銭（白米一二四キログラム分）。一楽織は、たて四本×よこ四本の斜文の変則で、高貴織はたて四本×よこ六本の子持ち斜文の変則である。

○撚上布《よりじょうふ》（夏羽織地）　上布はもともと麻織物で、夏衣料に好まれた。同様な特長を絹織物にもたせるため、たて生糸、よこ糸に生糸の片強撚糸を織り込み、後、湯洗いし、たて方向の細長いシワ（シボ）を出して、麻織物の手触りを演出した。ちなみに、左・右違う方向の強い撚りを加えた糸を二本ずつ織り込んで、湯洗いすると「お召ちりめん」ができる。一反五円（白米七五キログラム分）（図17）。

【設計例7】　たて糸＝生糸を精練せず、無撚り、筬一四／センチ、二一デニール二本合糸↓四二、二本／羽。筬通し幅は、後のシボ寄せで約一五％の縮みを見込む。よこ糸は生糸を精練せず約二一デニール×五本に片方向だけ三〇〇〇回／メートルの強い撚りを加える。二八本／センチ打ち込み。

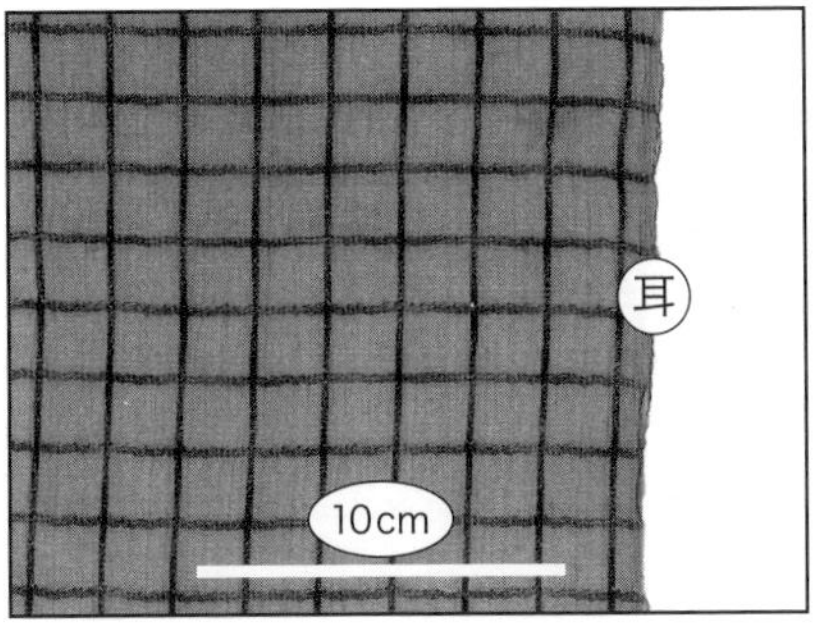

図17　生成地赤格子縞楊柳縮絹上布
昭和25年（1950）ごろ。

○本紅梅　勾配織。たて糸またはよこ糸、あるいは両方に三〜一〇ミリの間隔で縞や格子状に太い糸を織り込んで、平織りの表面に盛り上がった筋をつくった織物。「本」は八王子産を指している。一反三円五〇銭（白米五二キログラム分）。

○本練白青梅　たて糸＝練絹糸、よこ糸＝木綿の交織白着尺。一反三円（白米四五キログラム）。

○山繭紬　山繭糸は天蚕繭から製糸した生糸で、淡緑色で光沢に富む、生産量が少ないので、一般の生糸に混ぜて使う。その紬織物であろう。一反三円五

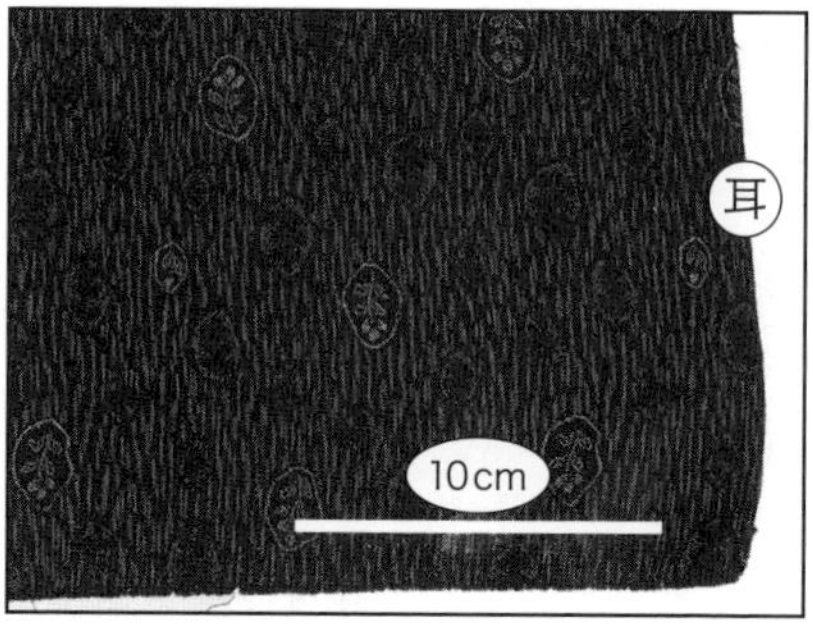

図18　黒地水流れ丸に小花文様小紋お召
多摩結城，昭和初年（1910ごろ）。

○銭（白米五三キログラム分）。
○糸織珍柄　珍柄は、新規に工夫した柄の意。新規文様練り絹織物。一反六円（白米九〇キログラム分）。
○嘉平治　創始者の名称か。たて糸＝絹練片撚り糸、よこ糸はシケ糸（繭の口糸＝緒糸、いわば副蚕糸）。一反四円七〇銭（白米七〇キログラム分）。
○所沢飛白（絣）　地名に由来する。村山大島絣の母体になった木綿紺絣。
【設計例８】　たて糸は綿糸二〇番手（二六五デニール相当）、よこ糸は綿糸一二か一四番手（四〇〇デニール相当）。技法の特徴は、たて糸を筬羽へ一本ずつ通す片羽で、十字、井桁を中心とする古典絣であった。織物は、二（丸羽）・四・六本と偶数本筬羽へ通すのが一般的である。明治三六〜三七年一反四円（明治三五年白米六〇キログラム）。

〈これまで例にあげてきた以外の織物〉

○銘仙　もともと太織だが、発展的に変化して絹練糸使いの庶民的着尺を銘仙と総称するようになった。第二次戦後は、昼夜繻子（カピタン）、八端織、紅梅織、マンガン加工、割込み繻子、などの銘仙がつくられた。文様としては、簡単な市松文など地文組織の上に手括り絣・解し絣が主体であった。
【設計例９】　「赤地昼夜繻子鈴に花結び文様解し絣夏銘仙」カピタン（一九五〇年ごろ）（図10）、たて糸は生糸二一デニール二本片撚り三分練り、筬二三羽／センチ、二本／羽、六羽ごとに一目空け、総たて糸本数一四三〇本。よこ糸は二一デニール二本と二一デニール一本の壁撚り三分練り、四〇本／センチ。
【設計例10】　「濃紺八端地楓葉文様解し絣冬銘仙」（図16、一九五〇年ごろ）、たて糸は練糸二一デニール二本諸撚りを、二本引きそろえて一本扱いとし、筬二三羽／センチ、二本／羽、総たて糸本数一七四〇本。よこ糸は練糸二一デニール五本引きそろえ、三二本／センチ。

○多摩結城　商品名、紋織りお召。織物面にシボを出すには、よこ糸に強撚糸を織り込むのが普通である。絹織物では、ちりめんは、精練する前に撚糸して織り、後に精練する。お召は、前撚り→精練→糊付→強撚して織る。共に八丁撚糸機（和式）を使う。「多摩結城」は、昭和初期の八王子で創り、一九六〇年ごろまでの主力製品であった（一九五〇年ごろの出荷価格は、一反約一三〇〇〇円）（図18）。

【設計例11】　たて糸は練糸二八デニール×二本下撚りZ一五〇〇回／メートル、上撚りS一二〇〇回／メートル、筬二四羽／センチ、総本数三八四〇本、織上げ長さ一三メートル。四本／羽、筬通し幅四〇センチ（シボを見込む）。お召よこ糸（シボを出すよこ糸）は練糸二一デニール五本合糸、S・Z両方向三〇〇〇回／メートル、二本交互に差よこ糸（柄を出す糸）を挟んで織り込む、差よこ糸は二一デニール四本合糸、下撚りZ六〇〇回／メートル、上撚りS五〇〇回／メートル。

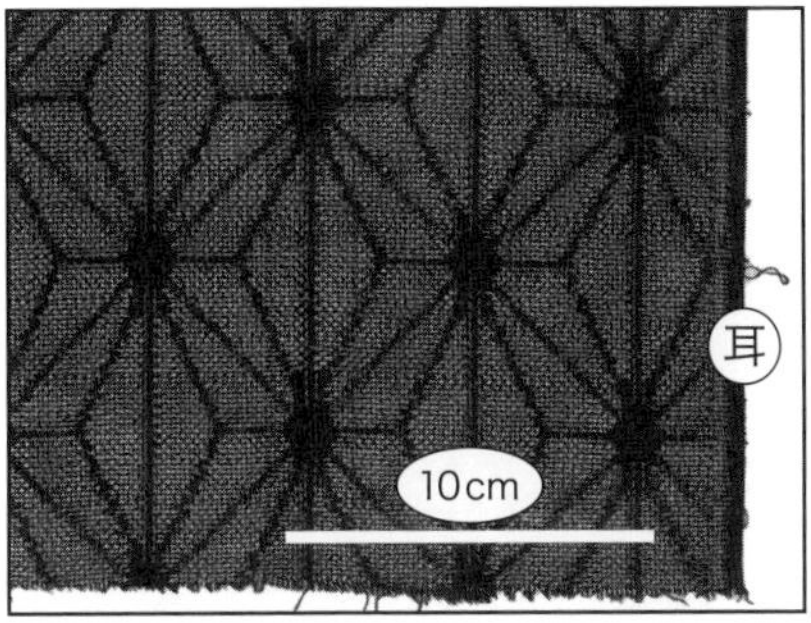

図19　黒に白粒地麻の葉赤点繋り文様板締絣
村山大島絣（麻の葉）

○村山大島紬（絣）　地名に由来。板締め絣としての産地の成立は大正一〇年（一九二一）以降である。染織の木版刷りに例えられる独特の技法は、和装から洋装への応用を期待されている（図19）。

【設計例12】　たて糸は練糸二一デニール七本片撚り二〇〇〜二五〇回／メートル、筬一五羽／センチ、二本／羽、精練、板締染色。よこ糸は練糸二一デニール九本片撚り一〇〇〜二〇〇回／メートル、精練、板締染色。着物と羽織の一対で七五〇グラム以上。

○青梅織物（縞）　一七世紀半ばの俳諧書『毛吹草』巻第四「諸国古今名物」武蔵の項に「瀧山横山紬嶋」があって、八王子織物とされ、つづいて「浅草《アサクサ》嶋《ジマ》　岩築綿《イワツキワタ》　木綿島《モメンジマ》」（原文ママ）とあって、木綿島が青梅織物とされている。

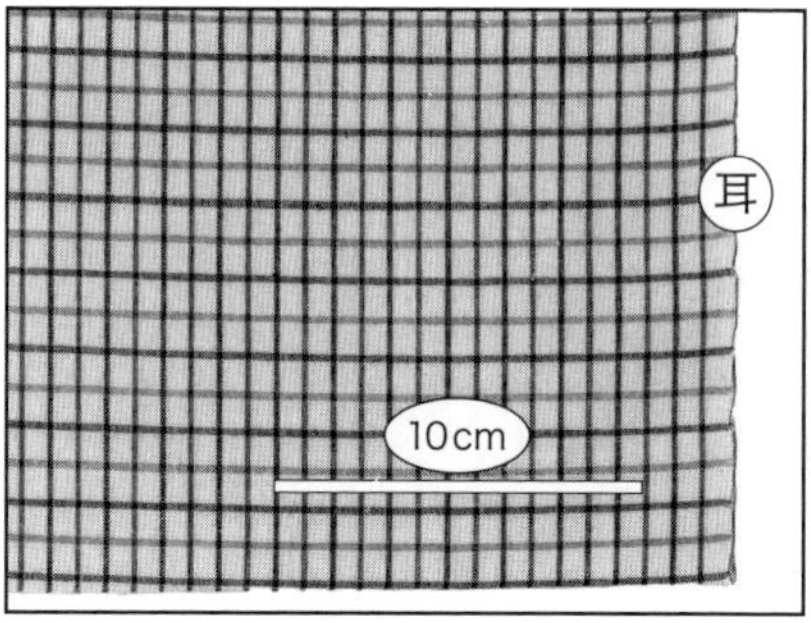

図20　白晒赤と黒格子縞木綿浴衣
青梅，第二次大戦後。

市内に調布の地名が残るように、当地の織物の起源は、鎌倉時代にさかのぼるという（図20）。

青梅縞は木綿の着尺、布団地、座布団地、浴衣地の印象がつよいが、歴史的には、①麻織物→②絹織物→③絹・綿交織→④木綿中心のホビー製品、という経過になる。八王子市場の上田縞は、青梅産とも推定できる。のちに、たてに生糸、よこに綿糸を使って、「木入《きいり》上田縞」の名が残っているからである。ちなみに木綿が主で絹を入れる織物を「糸入《いといり》木綿」といった。木綿染織の産地としての伝統は、今日、バスローブ・タオルケット、タオルシーツ・バスタオル、などタオル類の生産に生かされている。

青梅の「木入上田縞」の実体は不明であるが、手元の資料を基に織物設計を復元してみよう。

【設計例13】　たて糸は繭二〇粒繰り×三本片撚り→一八〇デニール見当、若練り、筬密度一六羽／センチ、二本／羽、総本数一二二〇本、整経長一反分一四メートル。よこ糸は筬通し幅三八センチ、綿糸約二〇番手（二六五デニール相当）一本。二〇本／センチ、平織り。

十　現代多摩の染織——地場の養蚕と染織の将来像

ここまで書いてきて、絹織物の種類の多さに驚く。そして、その実体が消えているのにも驚く。

古来、能『巻絹』に見るような神前に納める高貴な織物から、貫頭衣に仕立てる絁、真綿の織物、あるいは絹・綿交織の鄙びた織物まで、絹は多様な服飾素材に応えてきた。産地もさまざま。朝廷・貴族・祭祀の特需に応じたり、能・歌舞・遊楽の装束をつくったり、庶民の祭りやハレの着物、労働着など。それぞれ地域と自らの持分に応じて、得意分野を開拓してきた。

養蚕・製糸産業の歴史を、筆者は大略次のように理解している（正田、一九六五、一八頁）。延喜式時代の中世、養蚕国・産絹国の大部分は、原始的な技術水準にあった。わずかに、朝廷・貴族を中心とする特権的需要に応える機業は西陣、堺、博多などであり、その技術は中国から渡来し、原糸も中国産輸入白糸であった。

やがて江戸時代、平和が持続されて、庶民経済力の増大があって、絹需要を呼び起こし、この結果、各地方に絹染織産地の勃興をうながした。この中には、農村余業から自発的に発展した八王子・秩父などがあり、藩の殖産政策によって興った米沢や結城などがあり、延喜式時代から養蚕・輸絹国のまっただ中に成長した東の桐生や西の長浜などがあった。別に、領主の貢納から技量を高めた奄美大島や、沖縄諸島もあった。ともかく、この絹需要の増加は、中国産白糸の輸入の増加となり、幕府経済には輸入超過になってしまった。そこで幕府は、国内生糸の増産、生糸品質の改善を奨励したのである。

ところがそのころ、かつての延喜式時代の上・中糸国、輸絹国の各地は、綿作・藍作に占領されていたのである。一五世紀末から一六世紀初頭、畿内ではじまった綿作は、戦国時代の軍装や火縄など軍事の需要に応じて耕作面積を増やし、江戸時代に入ると日常の需要がさらに拡大していった。しかも、その地域は気候温暖で生産性の高い上・中糸国、輸絹国であった。必然的に養蚕は、綿作・藍作に取り残された関東・東山道地帯の重点作目になるほかはなかった。

養蚕の先人たちは、不利な自然条件を克服して生産性を高めるため工夫を重ね、江戸時代中・後期になると科学的な養蚕指導書を発行した。たとえば、元禄一四年（一七〇一）野本道玄著『蚕飼養法記』の刊行、正徳二年（一七一二）馬場重久著『蚕養育手鑑』の刊行、享和三年（一八〇三）上垣守国著『養蚕秘録』の刊行、文化十一年（一八一

表８　絹製品の需給動向　（単位：トン，％）

	国産繭	輸入繭	輸入生糸	輸入絹糸	輸入絹織物	輸入２次製品	計
平成 12 年	252	306	2,298	1,908	1,662	17,980	14,406
(2000)	4,764 (33.1)				(11.5)	(55.4)	(100)
13 年	234	198	1,788	1,374	1,530	8,556	13,680
(2001)	3,594 (26.3)				(11.2)	(62.5)	(100)
14 年	234	156	1,878	1,686	1,464	8,322	13,740
(2002)	3,954 (28.8)				(10.6)	(60.5)	(100)
15 年	168	120	1,800	1,980	1,440	9,360	14,964
(2003)	4,068 (27.2)				(9.9)	(62.6)	(100)
16 年	162	102	1,560	1,782	1,524	10,020	15,150
(2004)	3,606 (23.8)				(10.1)	(66.1)	(100)

注）大日本蚕糸会資料による。ただし，元の資料は，俵（60kg）単位になっているので，トンに換算した。また，織物・２次製品は，それぞれの単位を約束にしたがってトンに換算した。

四）成田重兵衛著『蚕飼絹篩大成』の刊行などである。蚕当計（温度計）も発明され、蚕室の温度管理がはじまった。

わが国の生糸の輸出は、安政六年（一八五九）六月二八日、イギリス人ともイタリア人ともいわれるイソリアに、甲州の島田糸を一斤一分銀五個で六梱売ったのが始まりといわれている。この年、約二〇三九万斤＝約一二・二トンの輸出であった。当時、ヨーロッパの養蚕業は、蚕の大敵・微粒子病が蔓延して壊滅状態にあり、蚕種と生糸の輸入を必要としていたのである。

このような情勢のなかで明治五年（一八七二）、国策による富岡製糸所の開設と、洋式製糸の勃興があって、輸出を目的とする生糸の生産に特化したのが、近現代のわが国養蚕・製糸業であった。その生産技術体系では、太糸類の原料である玉繭・緒糸・蛹しん（襯）などは、副蚕糸あるいは屑物に位置づけられていた。そのため、太糸の伝統的和装織物も、生糸の生産技術体系に合わせて生産するほかはなかった。

わが国の養蚕業は、その結果として図３「東京都下養蚕状況の推移」に見るように、一八九三年（明治二六）から輸出を目的に急激に増産し、第二次大戦によって壊滅、戦後は輸出をめざして復活したが、目的を達することなく下降線をたどって輸入国に転じ、一九九八年、ついに蚕糸業法・製糸業法の廃止をもって蚕糸振興を唱えた国策の旗を下ろした。

筆者は、明治以降二〇〇〇年までの蚕糸業の盛衰を、歴史的にはドラスチックな仮の姿と見る。理由は、国策である。明治の開国を生糸が担った。大正・昭和初期の日本の繁栄も生糸が担った。敗戦後の復興も生糸が担おうとした。しかし時は、すでに去っていたのである。

エンドレスの長繊維から真綿まで、用途に応じてさまざまに変容する万能繊維・絹は、ほかの数々の特長をすべて忘れ、「光沢があって、白くて、長くて、細くて、軽い」という綿・毛・麻類にない特長のみを誇ってきた。ところが、それらを実用面で超えたナイロン、ポリエステルなどの合成繊維が、服飾の洋風化と歩調を合わせて市場に登場してきたからである。

では、一九四〇年ごろまでの盛況を歴史上の「仮の姿」と見るならば、本来の生産量をどのくらいに見ればいいのだろうか。

表8は「絹製品の需給動向」である。需要量の約六〇%以上と多いのは輸入二次製品である。服飾品に仕立てられて輸入されているわけである。これは、服飾がファッション製品であるので、当然の結果であろう。織物の約一〇%についても同様にファッションの素材と考えられる。

そこで、国産で賄うべき目標量に据えたいのは、織物原料、すなわち糸の量とその原料の繭の量である。表8から結論すれば、平成一六年度の国産繭・輸入繭・輸入生糸・輸入絹糸の合計三六〇六トン（需要量の二三・八%、六〇キログラム詰め約六万俵）である。国内消費数量は、すでに二〇〇二年にこの量を下回っており、以後減りつづけているので、生糸三〇〇〇トン台の生産を維持しつづければ、国内消費量も十分賄うことができる。

したがって需要面からは、生糸三〇〇〇トン台の生産を、本来のわが国蚕糸業の自給目標として提案したい。生繭の生産量に置き換えると約二万五〇〇〇トンである。ここでは、生繭の生糸量歩合を一二%と見積っている。

ただし、繭生産の側から見ると、この生産量の確保は簡単ではない。常識的には、一九八〇年代前半の養蚕業に復興することを意味するからである。

図21　八王子近郊の桑園

しかしあえて、老若男女だれでも参加できる農業、自然環境維持農業、高齢者農業という高度な社会的機能を期待して、次のように設定する。中山間地の里山、都市近郊あるいは、都市のまん真ん中に立地する養蚕をイメージする場合、収繭量を一〇アール当たり五〇キログラム(3)、一戸当たり五〇アールの桑園を維持すると仮定すれば、一戸当たり収繭量約二五〇キログラムになる。とすれば、一〇万戸の養蚕農家が全国の山間・里山・平地・河川敷・都市近郊・都市・などなど、どこかに存在すれば二万五〇〇〇トンと算出される。ちなみに、二〇〇四年一月現在の全国総農家は四九八三万八〇〇〇戸、内東京都一万四〇九〇戸である。

　筆者がイメージする養蚕農家は、省力化はすすめても、大規模な集約的養蚕ではなく、山間・傾斜地、河川敷、屋内屋外、どこでもだれでも、飼育する。桑園は基本的には必要だが、いざ不足の事態になれば人工飼料も利用する（図21）。

　では、約二万五〇〇〇トンの国産繭が確保できたとき、絹製品本来の姿をどのように展望できるのだろうか。製糸以降、糸を染めて織物まで、技術的な手順あるいは環境について、順不同思いつくまま、一〜九において語ってきた。それらを、思い切ってまとめてみよう。

　もちろん明治以来培ってきた養蚕・製糸技術は世界に冠たるものであるし、それを十分に生かしきった上に、万能繊維・絹が一世紀余も忘れ去ってきた数々の特長を再び蘇らせることである。想い起こす手がかりは、まず地域の染織を掘り起こし、生産者側も需要者側も、年月をかけてその特徴を再認識することであろう。

　掘り起こした暁には、絹そのものがもっている服飾機能と文化的機能、その背景や内容、もろもろの歴史的・環境的・社会的機能が見直されるにちがいない。それを、日本列島の世代を超えて革新しつづける服飾と、環境保全に役立てなければならない。

さて、その具体的な芽生えが、どこにあるか探してみることにする。

一、研究　衣料素材の先駆的研究としては、一九七五年ごろから太糸や野蚕糸利用関連にみられるが、中心的な課題となったのは一九〇〇年以降である。現在は、従来の均斉な太さを求める生糸よりも、繭糸が本来もっている繊維の不均一性を生かし、乱雑な繊維束をつくって、それを衣料素材の性能にいかに反映させるか、に研究の関心がある。

しかし、受け止める研究機関がすくない。中央の研究機関は、遺伝子や高分子など高度に専門化して、服飾の五感に対応せず、地域の試験研究機関は電気・機械などと総合化し、産業として相対的に零細化した繊維関係を相手にする暇がない。このような時代こそ、少数・小規模の地域のため、自然環境問題を視野に入れて自然科学系、社会科学系の両面から対応する「天然繊維研究所」あるいは「絹・綿・麻類試験場」のような公的機関の設置が必要である。このとき行政といえども、産業を支援する従来の論理だけでは存立意義が不十分である。当然、短期的には償還できないからである。この機関の終局の任務は、長期的な自然環境と地域社会維持の課題解決にあることを理解する必要がある。

図22　機織り

二、行政を拠点する市民の実践活動　機織り技術の体得と伝承を目的に、活動する多摩地区のグループの例をあげよう。小規模とはいっても大切な種子である。ただし、本書は「多摩」を冠したので、ここの紹介にとどめた。

①公民館を拠点として、綿花の栽培→綿繰り→糸車の紡ぎ→染色→機織りの伝承をめざしている（八王子）（図22）。

②「清瀬の昔の織物と女性のくらし研究会」が、かつて自家用に織られた資料を収集・保存・調査・展示して、市民に紹介すると共に、次代に受け継いでいこうと活動している。昭和初期まで、養蚕農家等の女性によって、縞織物を中心として作られていたが、いまや、知る人も少ない。そこで、この近隣で織られた着物類や裂を収集し、絹・木綿など原糸の種類・布の名称・制作年代等の調査・服飾製品としての採寸、写真撮影など資料の要素を整理して、二〇〇六年、市の有形民俗文化財に指定された（清瀬）。

③「東村山ふるさと歴史館」では、体験事業・機織講座「村山絣を復元しよう」を開設している（東村山）。

④郷土資料館に集まり、綿花の栽培→綿繰り→糸車の紡ぎ→染色→機織り、と絹糸染め→手織り、のグループ活動（五日市）。

⑤青梅縞の復活に取り組む作家や、染色工房（青梅）。

三、市民の自主的な活動

①八王子織物工業組合は、伝統工芸士を小学校に派遣して、植物染色の実演講習を行っている。

②市民グループが絹糸を使い、八王子が産した「風通織」、「高貴織」、「綾織」などの復活を手織りでめざしている。

③明治以来の染織製品を産業近代化遺産と位置づけ、産地製品の保存と技術の伝承を目的に、地元の有志が学校同窓生を中心に産地資料を収集・整理・研究している（以上八王子）。

④青梅織物工業組合はノコギリ屋根工場を、染織資料室や手工芸家の工房に活用し、併せて近代化遺産として保存に取り組んでいる（青梅）。

⑤育蚕→製糸→購入のルートを予約したうえで、ブランド化したグループがある（小金井）。

このような例を見てくると、行政の支援がもっとも必要であって、それに応じきれない市民がやむを得ず、個人として活動している実態が浮かび上がる。

注

(1) 現代の竹筬の精巧さと、金筬にない特長におどろく。たとえば、軽い、汗に錆びる心配がない、筬目をこじって広げても復元する、傷んだ筬羽の交換ができる、などである。薄い竹片を均一な密度でしっかりと編み込む技術、竹を滑らかに削る技術、密度を一定に定める技術、ここに到達するには、長い年月の工夫があったはずだ。東南アジア系原始的な形を残す現代筬がある。重さ三九五グラム、幅（持ち手の長さ）四五〇ミリ、両端の親羽は中央に向かって弧上に抉られていて、天地中央もっとも狭い部分の幅三三〇ミリ、筬羽部分の幅二九六ミリ、総天地（持ち手を含む）一七〇ミリ、筬羽部分の天地一五五ミリ、厚さ（両天地楕円形丸棒――持ち手の直径）二二～二四ミリ、親羽の厚さ五ミリ、筬羽の幅約四ミリ、厚さ約一ミリ。筬羽は竹製のようにしなやかで柔らかい。天地の持ち手と親羽は木製（素材樹種不明）で、筬羽はイネ科植物茎の皮製らしい。筬羽の一枚ごとに色が定まらず斑ら焦茶色。厚さや幅（断面の形）も一定でなく、したがって、筬の表面が不揃い。したがって筬面は平面でなく、しかも竹よりも柔らかいため、全体としてよこ打ち具としての頑丈さはない。そのうえ、編み糸が筬羽の間隔よりも細く、編み方もゆるやかなので、筬羽密度や筬羽の向きも外力によって変動する。すなわち、材料と形態から総合的に見て、よこ打ち機能はなく、アイヌの織り具のように開口具の緒巻き側にあって、例えばタテ巻き幅出し筬のように、たて糸を整頓する機能にかぎられるようだ。筬は reed で、イネ科植物のヨシ（アシ）の茎やふき（吹き）藁の意がある。発明された当初は、アシなどの草の茎を格子状に並べ、その間隔は茎を固定する編糸の太さで定めたろう。しかし、編み糸の太さも、当初から均整さを期待できないので、密度も不均一になり、たて糸の間隔を大よそに保つ役割を負っていただけであろう。やがて、精巧で頑丈な竹片の製法と、太さが均整な編糸の撚り方も工夫され、現在の「よこ打ち具」としての筬に発展した、と推定している（村野「八工染織資料室だより」no.7）。

ちなみに、日本における金属筬の製作は、明治二二年（一八八九）京都の伊澤信三郎氏が桐生ではじめたのが最初だそうで、それまでは、筬密度を決める太さの糸で竹片の間隔を決め、編みあげる方法であった。今日では、筬羽を作る職人さんの後継者がいなくなり、技術の継承が危ぶまれている。

(2) 生糸を完全に精練したときの練り減りは、約二五％としていいが、水を沸騰させて、入れただけでも五時間後には一三％減量する。しかし、一〇時間かけても一七～一八％にとどまる。ここに、稲わらを燃やして灰を得て、それを水に漬けて上澄みの灰汁をつくっておく。他方、筬なしでの生の絁（三七×四〇五センチ、一八六グラム）をつくって、先の灰汁九八度中に浸漬二時間攪拌→水洗、この作業を二回反復した実験では、練減り二〇・五％であった。結果は若練り、手ざわりは硬かった（村野、一九九一）。

(3) 年間三～四回条桑育、一九八六～一九九〇の五ヶ年全国平均一〇アールあたり収繭量は四三・三キログラムであるが、一九七〇年代前半は六四キログラムであった（『蚕糸学入門』一九九二、蚕糸学会）。また、二〇〇五年は四〇キログラムになっている（『大日本蚕糸会資料』）。このように収繭量は、桑園の手入れ状況によって変動する。

（4）この場合の農家は、一〇アール以上の農地、あるいは調査時以前一年間の農産物販売額一五万円以上（『ポケット農林水産統計』二〇〇六、農林水産統計協会）。

4 明治・大正　八王子織物の生産様式

『八王子織物図譜』に描かれた歴史

沼　謙吉（図譜所有者　吉水壮吉）

■明治・大正期の八王子織物の生産状況を絵図で表現した『八王子織物図譜』が、ここで初公開される。詳しい解説つきである。このような資料的価値の高いものを本書に収録できるのは非常に嬉しい。

■沼謙吉氏は第Ⅰ部に収録した講演でも現れているように、多摩地区全体を視野に入れて多くの分野を研究しておられる地域研究者である。織物についてはいわば生き証人と言ってもよいが、その証言は第Ⅰ部で読んでいただきたい。

■沼氏は独自の研究をすすめているとともに、多摩地域に広いネットワークをもっておられる。この貴重な資料も、友人の吉水壮吉氏の提供による。本論には図版の解説だけでなく、機織唄、当時の電力供給事情、染織関係の方々の証言、当時使われていた用語、道具の詳細、働き方など、多くの興味深い情報が書き込まれており、解説部分も資料として貴重である。

かつて八王子織物の名は京都西陣や桐生に次いで全国に知られており、織物史の研究も盛んであった。戦前においては、昭和八年（一九三三）に内山忠一著『八王子織物変遷史』が出版され、翌九年には千勝義重著『八王子織物史』が刊行された。戦後になると織物史の研究は本格的になってきた。昭和四〇年（一九六五）、八王子織物工業組合から依頼を受けた早稲田大学の正田健一郎氏が『八王子織物史』上巻を執筆、平成一二年（二〇〇〇）には畑中繁太郎氏の『八王子織物工業組合百年史』が織物組合から出された。そのほか八王子織物に関連した鯨井惣輔著になる『八王子撚糸業史稿』や畑中繁太郎著『糸縒車』がみられる。

これらの諸研究は撚糸、糸の購入、染色、機織そして製品の流通に視点が注がれているが、八王子織物の高機をはじめ生産過程の様式については、正田健一郎氏の『八王子織物史』にまとまった資料がみられるだけである。内容は明治一〇年（一八七七）、東京上野で開催された内国勧業博覧会に出品された神奈川県津久井郡中野村その他各村の川和縞の解説に高機及其用具の図解が付されており、注目される。

織物の生産手段としては織物史よりも織物技術史の分野でまとめられている。たとえば『高機物語』（佐貫尹・美奈子著）や産業考古学会の「繊維」（『日本産業遺産３００選』）等に求めているものがみられるが、それらのなかで村野圭市氏の『図解 手織りのすべて』は多面的に論じられて群を抜いている。本稿も積極的に利用させていただいた。

ところが、今回ここで紹介する『八王子織物図譜』は明治・大正時代の八王子織物の生産を絵によって説明している今までにみられない織物技術史である。生産方法の視点からみると、撚糸にはじまり、染色、糸張り、整経、まざき、はたまき、引き込み、ざぐり、管巻き、はたおり、味付仕立と連携していく。その一枚一枚に生産者の身なりや動き、生産場面が日常生活を思せるような絵にはっきりと描かれている。なにしろ一本の糸も慎重に扱わなければならないのが織物であるが、そのような中での景色がおおらかに捉えられているのである。

ところで作者は村松貞良とあるが、経歴不明である。ただ昭和一〇年前後、八王子の文化人に名前を連ねていることを最近知った（丹野美子著『八王子の近代短歌と歌人たち』）。その作者が、この『八王子織物図譜』を描いた意図はどこにあったのであろうか。それについては、明治・大正初期という時代に関係すると考える。この時代は八王子織物が手機時代から力織機の時代に大きく変換するときであったからである。ちなみに大正八年（一九一九）、八王子織物の織機台数は『八王子織物工業組合百年史』によると、手機七六八八台、力織機二二〇七台、足踏織機一一七台であった。

松村はこの変革に遭遇して、八王子織物の行く手を考え、衰退していく手機時代を絵で残そうと考えたのではないだろうか。勿論、写真という方法も考えられるが、現在のようには簡単に使うことはできなかった。それに対して松村は絵心を持ち合わせていた。それゆえ絵筆を取って描き残したものではないだろうか。滅びゆくものにたいする一種の郷愁をすら感じさせる行動である。

ともかくこの手機時代の織物生産様式は、時代をさかのぼって江戸時代に連動させてもそれほど大きな違いはなかろう。そのような視点からも、今回ここに紹介する織物図譜は、目的によっていろいろと問題解決に利用できる可能性を含んでいる、と考えるのである。

はじめに

『八王子織物図譜』は八王子織物の生産過程を絵によって説明したものである。一九枚の絵をおさめた箱の上書きに、「明治大正時代（大正ハ初期）　八王子織物図譜　考証作画松村貞良」と書かれ、最後に印が押してある。

時代は明治・大正初期の八王子織物である。八王子織物は明治末から大正の前半期にかけて大きく転換した。それまで手機時代であったが、電力の導入により力織機の時代に変革していったからである。この図譜は道具から機械にかわるいわば八王子の産業革命ともいう時代を描いた作品である。

絵の大きさは色紙大でタテ一九・三センチ、ヨコ二六・二センチである。日本画の手法で色彩が施されており、どの絵にもすべて人物が登場している。明治・大正の時代、八王子織物について写真もほとんどない時に、この絵は文字では表現できない躍動感を感じ取ることができ貴重である。なおそれぞれの画に斑点がみられるが、長期の保存により生じた染みである。

1　原糸仕入之図

糸屋の番頭が紺木綿の風呂敷に糸を包んでやってくる。織物の原料の糸は羽糸《はいと》といって生糸のままの糸か撚りをかけた撚糸の糸である。糸屋と機屋の主人と取引の交渉がはじまる。生糸は二本か三本かまたは四本を合わせたもので、二本もろ（双）、三本もろ、あるいは四本もろという名で呼ばれている。糸は秤で計って売買されるが、生糸には水分がふくまれ、取引の駆け引きは微妙である（吉水壮吉氏談）。糸屋は八王子の町中にあるが、なかには神奈川県愛甲郡の半原や拝島から来る糸屋もいた。八王子の糸屋は、明治四三年（一九一〇）に出された『武蔵文庫百家明鑑』によると、新井伊兵衛、金子栄吉、高板和十郎、北村友一郎、青木伊三郎、伊藤伝吉、桜井勝之助、鈴木久太郎、金子弥三郎らの名前がみられる。

　機屋には零細機屋の多いことから機織唄でこんな唄もうたわれた。

〽旦那づらして帳場にすわり
聞けば糸屋にかりだらけ

2　撚糸之図

糸を強くするために撚りを加えるが、撚糸には古くは八丁撚糸機が使われていた。江戸時代の天明三年（一七八三）、桐生で岩瀬吉兵衛が水力利用の八丁撚糸機を完成させたが、それ以前には手動の八丁撚糸機が使われていたという。

ここに描かれている撚糸機は手動の八丁で、古いタイプの八丁も使われていたことになる。水力を利用するようになり、八王子の撚糸は水力の得やすい浅川の左岸や中野や大和田、それに八王子東端の明神町や子安に集中していた。明治四〇年（一九〇七）頃、浅川橋の用水引入れ口から用水は田町、元横山町を経て明神町にはいり長沼方面の水田に達したが、その間八丁撚糸機の水車が列をなしていたという（鯨井惣輔著『八王子撚糸業史稿』）。

それでも町中の撚糸だけでは需要に追いつかず、五日市、拝島、遠くは愛甲郡の半原から供給されていた。大正時代の中頃になって電力の利用がはじまると水力による撚糸機はしだいに姿を消していった。

3　染色之図

本間染色社長本間亥之四郎さんの話①

わたしは明治二〇年（一八八七）、茨城県の笠間に生まれました。八王子に来たのは三三年、一三歳の時でした。桂庵（職業紹介業）の紹介です。本郷の藤森さんで働きましたが、賃機専門で糸を染めたり、張ったり、賃機まわりの仕事でした。二四歳の時、独立しましたが、当時は機屋が染めから糸張りから全部やっていまして染屋というものは三〜四軒しかありませんでした。

昔は糸の増量に重きをおいていました。増量はタンニン酸を使って絹糸の目方を増やすんです。当時、増量は山形の米沢が上手でした。ですから八王子は米沢の真似ばかりしていたのです。そこでわたしは織染学校の先生のつてで米沢へ勉強しにいきました。半年ほどで帰ってきましたが、方々の機屋から注文がありました。当時の機屋さんとの取引は藤森さん、川口の奥住さん、五日市の島田さん、大横町の八絹さん、八日町の井上栄一さんでした。

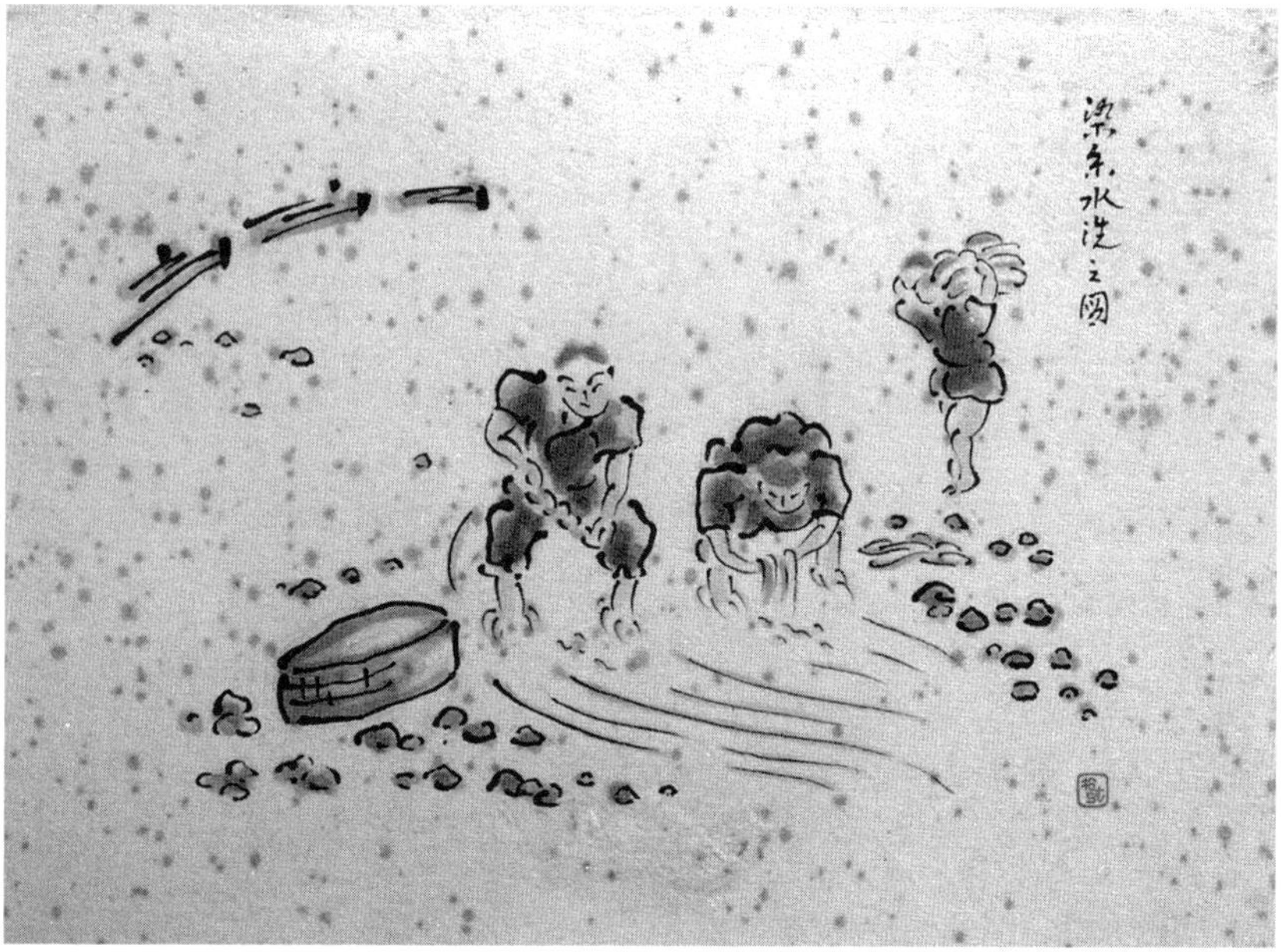

4　染糸水洗之図

本間染色社長本間亥之四郎さんの話②

大正五年（一九一六）、平岡へ移った頃、家には一五人の働き手がいたでしょうか。月によって仕事のある時とない時がありまして、特に夏場はなかったですね。そんな時はブラブラしているんですよ、でも月給は払いましたよ。染め賃は大正五年前は一〇〇匁一五残ぐらいで、濃いので二〇銭でしたね。ですから一〇人いても月一〇〇〇円取るのは容易でなかったんです。働いている人は月給でした。日給ではありません。世帯を持っている人は六円の月給でした、大正五年のことです。

仕事は夜遅くまでやるんです。今みたいに脱水機もありませんし、昼間染めておいて夜、川にゆすぎに行くんです。毎晩一二時は普通でした。忙しい時は二時、三時はあたりまえでした。別に残業手当は出しませんでした。水洗場をこしらえたのはずっとあとですよ。一番最初にいれた染屋は角田さんと柴山さんの二軒です。だんだん取り入れ、川に行かずにすみました。

5　のりつけ之図

糸に糊をつける工程を「糸張り」という。糸が毛羽立ったり撚りがもどらないためにも糊つけは大切である。機屋が染めから糸張りをやっていた時代は別棟に「張り場」をもうけ、一週間のうち一日か二日、男衆が張り場で糸張りをやった、と吉村イチさんは詳しく見て本に書いている(吉村イチ著『機の里・歳時記』)。

染屋が機屋から独立していったように、張り屋も機屋から分かれて独立していった。機屋にしてみればそのほうが世話なしだからという話をきいている。独立するには、それ相応の資金も必要となる。その場合、資力のある大きな機屋が援助していたようだ。または親族関係で独立させている場合もみられる。

染屋は染め上がった半乾きの糸を担いで張り屋にもってくる。タテ糸張りはフノリを含ませた糸に竹竿を上下に通し幾竿もつくり天日で乾かす。それに対してヨコ糸の糊つけは複雑だ。

6　いとはり之図

ヨコ糸は芋粉をつける。それに化学薬品をくわえ作業工程は複雑になる。糊つけは微妙な作業だ。機屋の要求によって糊をこくしたり甘くしたりする。それによって織物に「風合」を持たせたという（吉水氏談）。昔は糸の増量に重きをおいていた。そのため澱粉をくわえてしばしば問題をおこし、明治時代には粗製濫造として取締の対象となった。

張り屋は染屋とちがって規模はそんなに大掛かりではない。糊をつける作業場と糸を干す場所、それに雨が降った時に乾燥場が必要である。仕事は家の者と職人が二人もいればできる。子供の頃に見た屋外の糸を干す場所は七〇坪（二三〇平方メートル）から八〇坪（二六〇平方メートル）くらいだったろうか。きれいにみがかれた直径一〇センチぐらいの太さで五メートルほどの丸太に、それを支える栗の杭がつくられ、ひとすがずつ「あみそ」を引きながら「ぎり棒」で力強く伸ばすようにして並べる。乾燥させた糸は機屋に運ばれていく。

7　いとくり之図

いとくりは、張り屋から来た糸を小枠に巻く作業である。「繰り返し」ともいう。小枠の糸は「整経」や「管巻き」に使うタテ糸とヨコ糸になる。ここでは撚りの不揃いや太さのむら、糸屑などをとりのぞく仕事もする。

絵をよくみると手動で動かしている。糸車をまわす労働は単純であるからこそ大変な労働である。いとくり本体よりも、むしろ糸車をまわす仕事に気を取られてしまう。

八王子の町に電力の供給が開始されたのは明治四三年（一九一〇）のことである。これを機に八王子織物では力織機が導入され、大正時代の好況を迎えてその資力をもとに急速に機械化されていった。撚糸業界では「電力は危険である上に使用料が高価」という噂で躊躇したが、大正七、八年頃には動力に変わっていった。

当然のことながら、いとくりも手動から動力に変わって、それまでの単純な重労働から解放されていったのであろう。

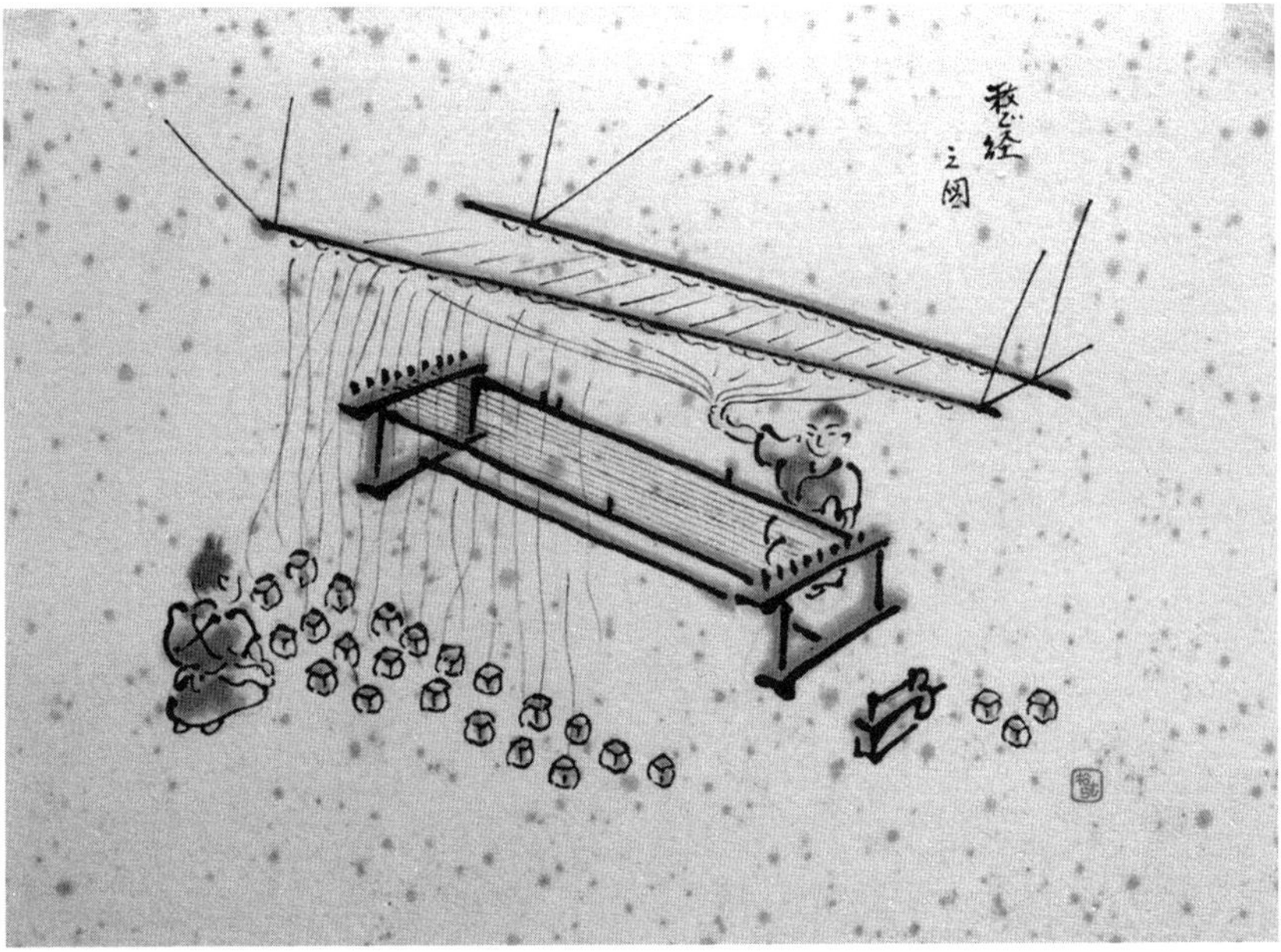

8　整経之図

整経とは、一口でいうと織物のタテ糸の長さを決め、束をつくる作業である。当然、一反とか二反とかの長さを念頭にいれて作っていく。しかも糸の一本いっぽんを同じ張力で揃えて配列し、混乱しないようにしていく。張力は強く張るより緩やかに揃えると感じがよいと専門家は書いている（村野圭市著『図解 手織りのすべて』）。

整経はおもに男衆の仕事である。「いとくり」で作られた糸枠から一本いっぽん糸を引き出し、頭上にある「みはり」を通して糸を受け取り、束ねて綾をとり、男衆の前の経台《へだい》にかけて長さを決める。これが整経の作業である。これを手で玉状に巻き取る。これを「経玉《へだま》」という。

糸枠の前には女の子がきちんとすわり、糸の行方を注意深く眺めている。

9　まざきもの之図

「まぎき」（交き）とは、たて縞を作るとき、例えば赤・白・黒の三色の縞を作るとすると、それぞれ一色ずつ整経して、それぞれ「経玉《へだま》」をつくる。つぎにまざき台を使って巻き取った経玉を設計にしたがって縞に配列する。この作業を「交《まぎ》き」、または「交く」という。

さらに具体的に話を進めよう。例えば織物一幅一五〇〇本のたて糸とし、赤・白・黒五〇本の縞とすると、合計一五〇本である。これを一完全という。一五〇〇本では一〇回繰り返すことになる（一〇完全）。五〇〇本ずつ整経した三個の経玉を五〇本ずつにわけて縞をつくる。これを一〇回繰り返して（一〇完全）一幅にする。この作業を「まざき」という（吉水氏説明）。

絵は女性が「まざき台」を前に交《まぎ》いているところである。前に経玉がある。簡単と思われる縞を作るのも糸一本一本相手の手仕事である。

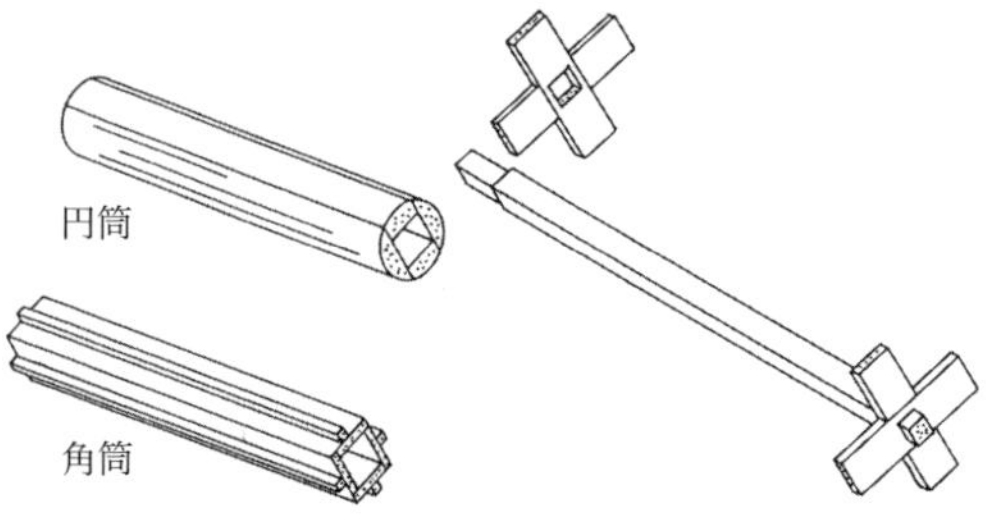

緒巻につかわれた円筒（角筒）と軸の図（村野圭市著『図解手織りのすべて』より）

10　はたまき之図

「はたまき」は「まざき」のつぎの作業である。まざき終わったタテ糸は織物の幅にあわせて目の粗い筬《おさ》通しをして図の円筒（または角筒）に巻き上げて緒巻《おまき》をつくる。この作業を「はたまき」または「たて巻き」という。その時、糸層の崩れや食い込みを防ぐために、厚紙（「はたぐさ」）を一緒に巻き込んでいく。

絵のなかで手前の女性の左手に並べてあるのが「はたぐさ」である。

「はたまき」がおわると「引込み」の作業に移る。次の「引込之図」に完成した「はたまき」が二本、右上に置かれて、次の出番を待っている。

11　引込之図

〃ひっこみ〃と発音している。引込みはタテ糸を綜絖《あやいと》に通す作業をいい、または筬に通す作業もいう。この絵は綜絖に通す作業を描いたものである。二人の間に「あやつり台」があり、たくさんあや糸が並べられている。現在は針金の綜絖になっているが、このあや糸のなかに、一本ずつタテ糸を通す作業が引込みである。絵を見よう。タテ糸を渡しているのは年季っ子であろうか。受けているのはおかみさんのように見える。平織りの場合、糸を交互に上下にすることで二枚の図のような綜絖が必要となる。

織物はタテ糸を上下に分けた間にヨコ糸を通し、その糸をたたくように寄せる。その道具が筬（上図）である。薄い竹羽が細かく並び、その間にタテ糸を二本から数本通す作業も引込みである。力織機になると竹筬は金筬に変わった。

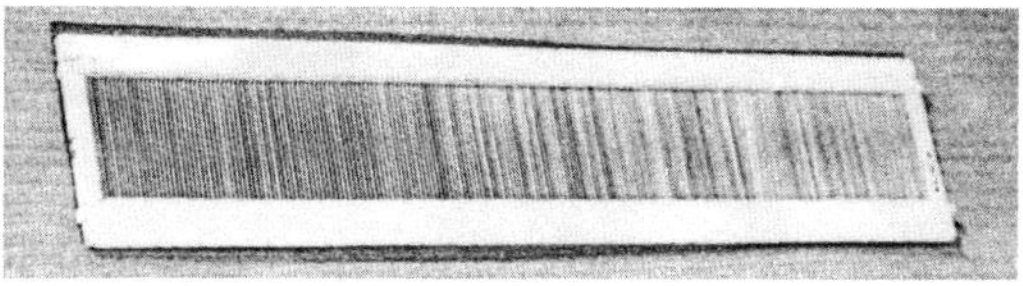
筬（おさ）の図（村野圭市著『図解 手織りのすべて』より）

12　ざぐり之図

「いとくり之図」と同じで、糸を小枠に巻き取る作業である。ちがいは、座繰器を使ってひとりでおこなう仕事である。

作業の手順は、糸（綛《かせ》）を符《ふ》割《わり》にかけて符割台にのせ、糸口をだして糸枠につけ、糸車を回して糸枠にまきつける。この糸車を座繰器または繰返器といい、この全体の作業を座繰りという。

座繰りというとマユから糸をとる座繰りが知られているが、機で使用する座繰器は製糸の座繰器と多少相違がみられるが、回転を早めるために歯車が使用されていることなど大きなちがいはない。道具について図示しておく。

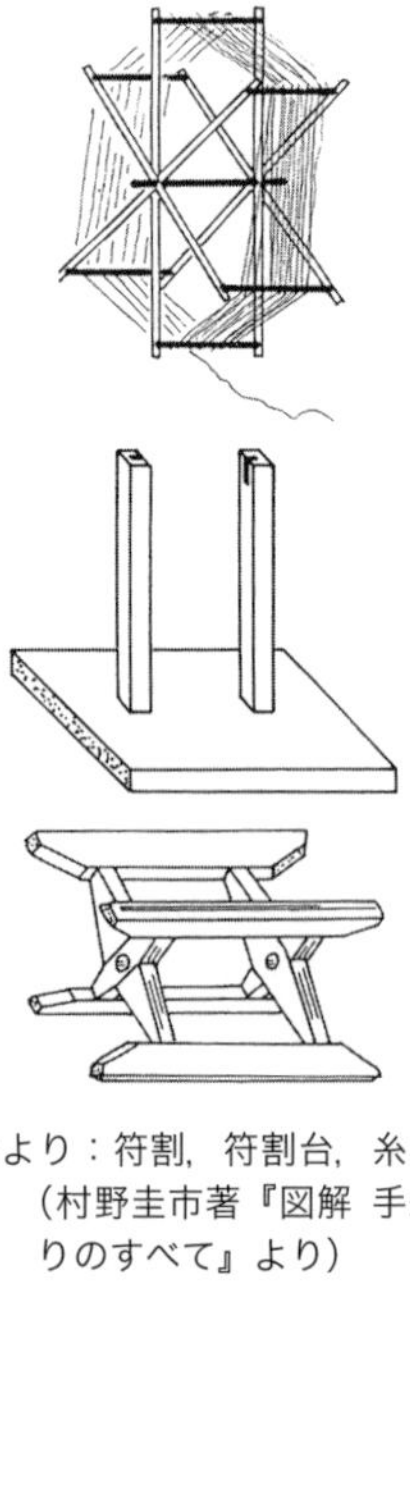

上より：符割，符割台，糸枠（村野圭市著『図解 手織りのすべて』より）

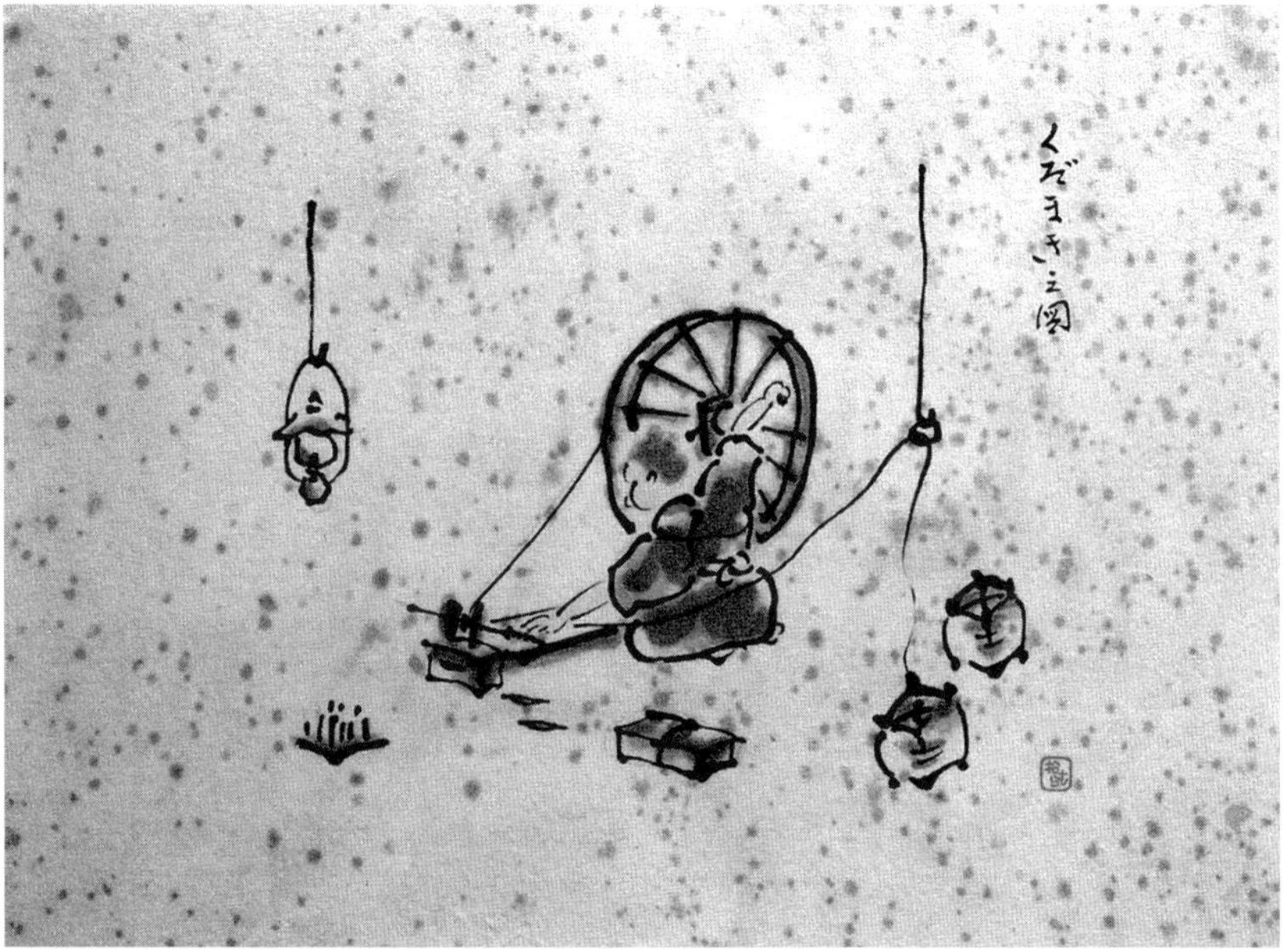

13　くだまき之図

長さ約一〇センチ、太さ七～八ミリの管《くだ》によこ糸を巻く作業で単純な仕事である。学校を終わるか終わらないうちに年季奉公に出された女の子の仕事は、子守か管巻きからはじまった。大正時代、年季三年で一〇〇円か一五〇円ぐらいという。そのお金も親にわたされて本人は拝むこともない。親にしてみれば口減らしとなるし、一人前の織り子ともなれば稼ぎになる、親孝行もしてもらえる。だから学校へ行かせるよりも、という気になるのか、明治三四年（一九〇一）全国の就学率が八〇％を越えているとき、同年の八王子周辺の浅川村六〇・四二％、小宮村六一・三三％、元八王子村六五・二六％と、六〇％台の村落もあったのである。

そのような年季娘の思いは、一日でも早く織り子になりたい、という気持ちであろう。機織り歌はそれをうたっている……。

〽いつのいつまで管巻き子守
はやく機織りさんといわれたい

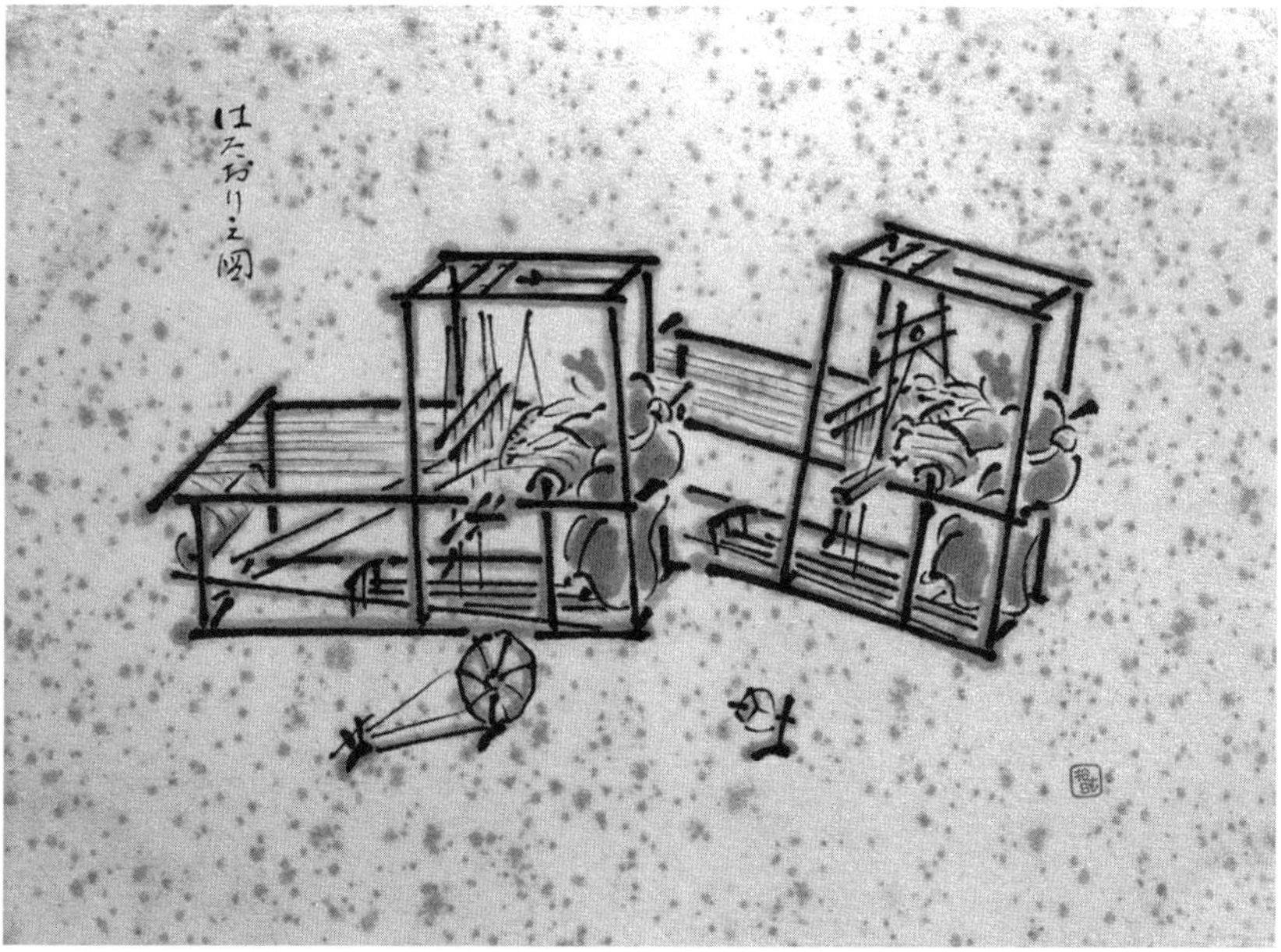

14　はたおり之図

なにかというと重労働の象徴のようにとりあげられている機織りは、手機時代は花形であった。織り子は一人前になることが夢であり、大善寺の境内にあった機守様《はたがみさま》に「どうぞこの手が上がるように」と手を合わせるのであった。その織り子集めは機屋の主人にとっては大きな仕事で、嫁入り道具などを話題に飛び回って探すか、職業紹介人の桂庵に依頼した。

大正のはじめ、機屋での仕事の時間は朝の六時から夜は八時までが普通で、食事の時間を除いて正味一二時間労働であった。織り子の生産高は、「月にならして三十反の機が　織れりゃ○○さんのおかみさん」と唄にうたわれた。これは一日一反となる。織物の種類にもよるが、三日に一疋（二反）が熟練女工の標準とされた。力織機だと手機の二倍くらいといわれている。

年契約で雇われた織り子が契約満期で生家へ帰る日が三月三日の出替りである。早く「三月三日が来ればよい」と織り子はその日を待ちわびていた。

15　ふしひろい之図

織りあがった織物のコブをとったり、具合の悪いところを直したりする仕事を「ふしひろい」という。山梨県では「コブカリ」と呼んでいるという。絵を見ると、髪のかたちから左手は女性で手にハサミをもっているようだ。吉水氏の経験では、ふしひろいは機屋のおかみさんと女子の仕事であったという。時代によって、また機屋によって異なるのかもしれない。

ところで、八王子織物で従業員の男女の割合はどのくらいであったのだろうか。明治三四年（一九〇一）、工場法の立案準備のため農商務省がおこなった「織工事情」という調査報告書があり、八王子織物も調査対象になっていた。それによると従業員は男一九四四人、女八二九二人で、その割合は男一九％、女八一％となり、女性が圧倒的に多かった。大正六年（一九一七）、大所の工場三四の男女工は男二二〇、女六一〇、その割合は男二七％、女七三％で、八王子織物は女子によって支えられていたことが数字からはっきり分かる。

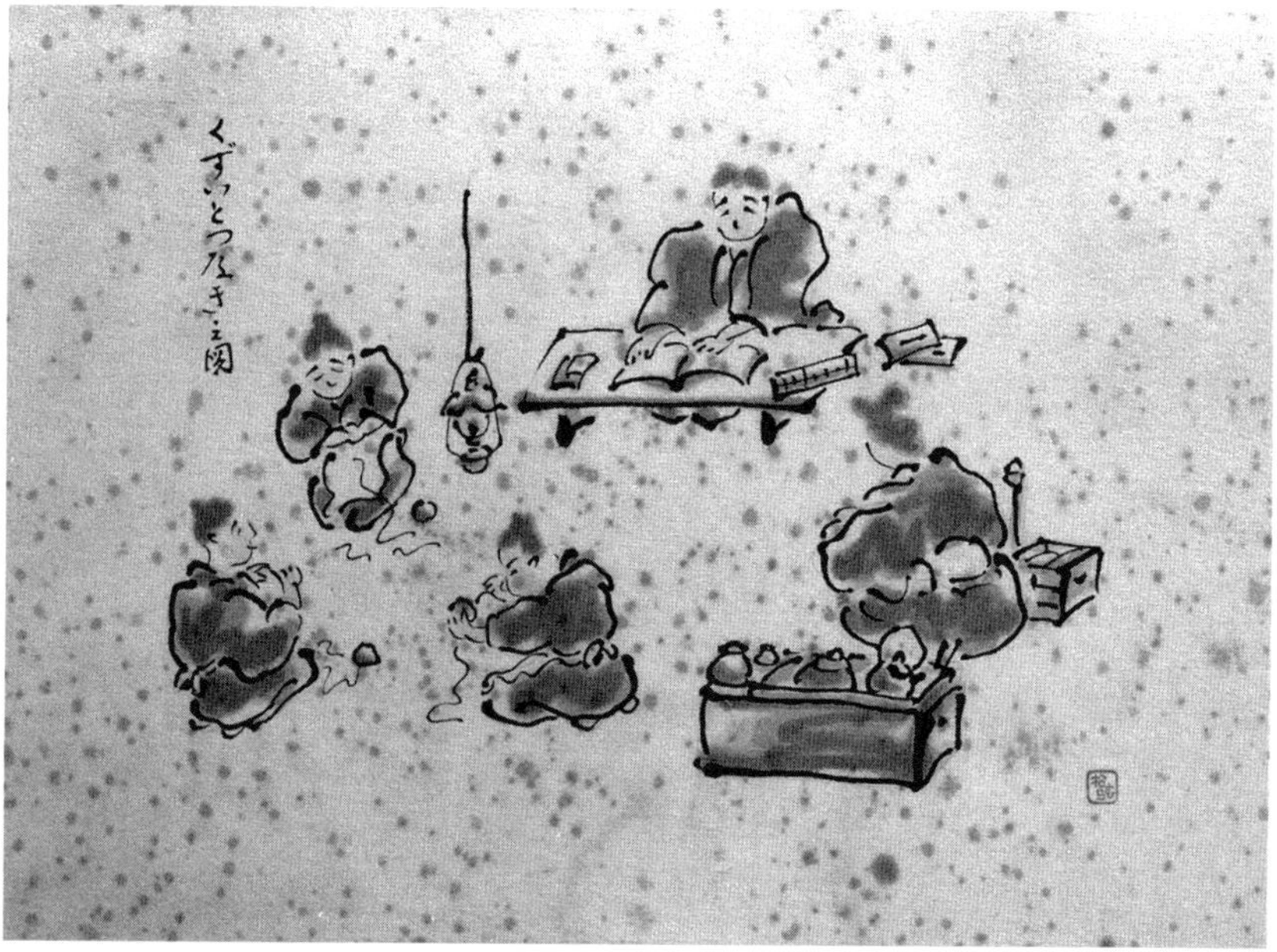

16　くずいとつなぎ之図

戦前は「もったいない」という言葉が日常の生活に生きていた。だから織物の残った糸をつないで自家用の織物に使うのは当たり前のことであった。生糸の靴下は「靴下ほぐし」といって、靴下の生糸をほぐし、その生糸を再生して使った。

戦後は手間のかかることはしなくなり、屑糸つなぎは姿を消していったという（吉水氏談）。年季っ子はキズ機を何反かつくって一人前の機織りになっていったが、そのキズ機は内用として旦那の着物になって生かされていった。

屑糸つなぎの絵をみると仕事が一段落した後であろうか、旦那とおかみさんの前で女の子が手を動かしている。主人を「旦那」と呼び、その連れ合いは「おかみさん」と呼んだ。旦那はなにもしないが、おかみさんは働いている者と一緒に起き、食事は女中と一緒に作った。年季奉公の小僧や女の子は、機屋の子供からも呼び捨てで〝さん〟など付けられなかったが、年季があけると呼び捨てにしなかった。それが明治・大正時代の仕来りであった。

17 味付仕立之図

織物では「風合」とか「味付け」とか説明しにくい言葉が使われている。実際に織物を手にとって肌にふれ、実感してはじめて理解できる言葉ではないだろうか。

「味付仕立之図」は文学的情緒のある作業のひとつである。仕上がった織物を石の台の上で木槌でたたいているところである。石の台の上は平面でつるつるしている。この石の台に織物を置き、木槌で布をうちやわらげ、つやを出す作業で、この石の台または打つことを砧《きぬた》といい、織物の風合を出す方法という。ちなみに砧は女の、秋・冬の夜なべ仕事とされた。『源氏物語』の「夕顔」に「白妙の衣うつ砧の音もかすかに」とある。都内の世田谷区に砧という地名があるが、古代に朝廷に納める布を「きぬた」で打ち多摩川でさらしたことに由来しているという。なお「風合」とは、織物に触れた時の、柔らかさ・しなやかさなどの感じをいう、と辞書に説明されている。

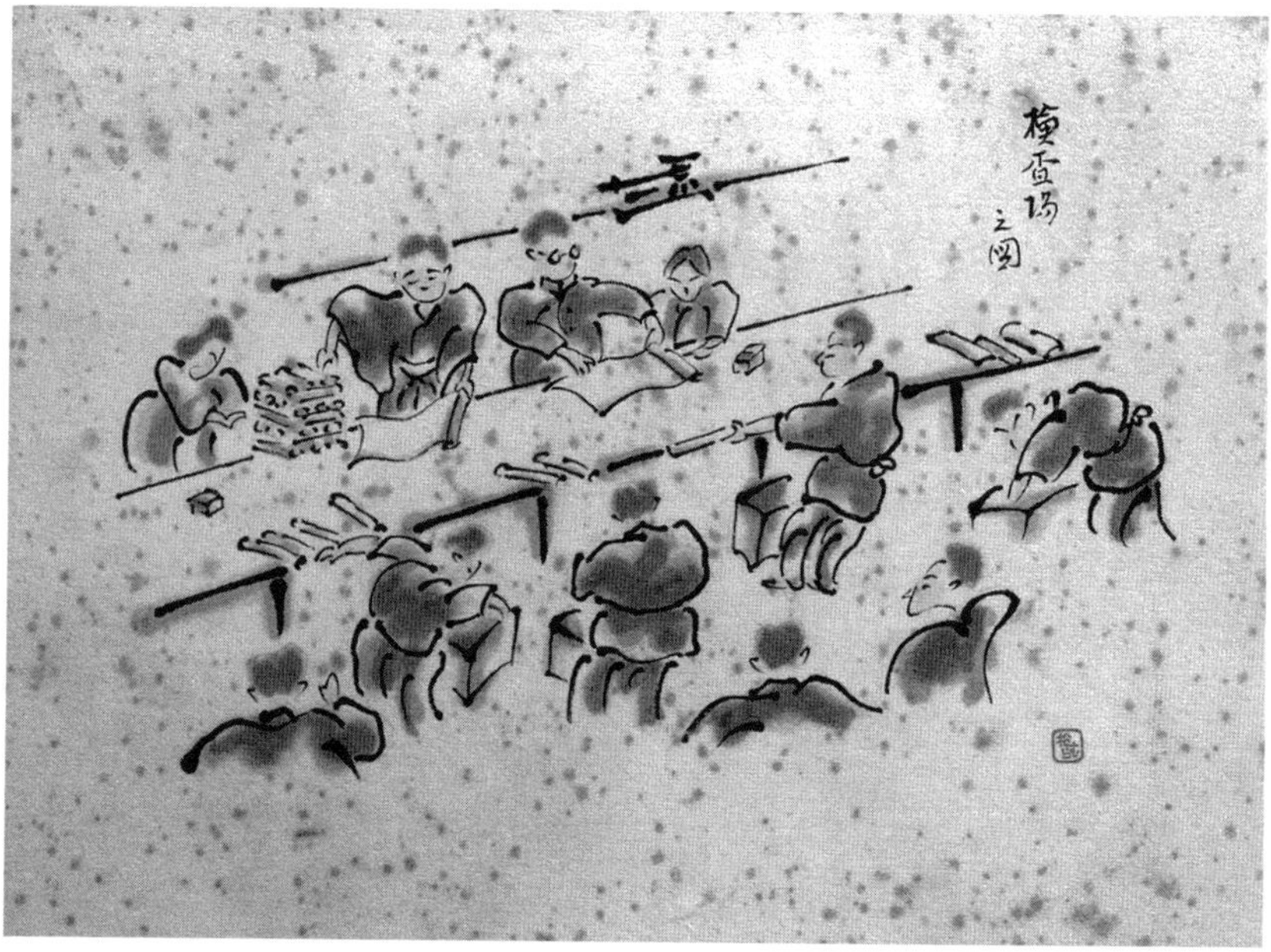

18　検査場之図

手前が機業家で机の上に機を出して検査を受けているところ、向こう側は織物組合の検査官で検査場の風景である。

何時の時代でも利益追及のため不良製品は作られていた。天保十一年（一八四〇）色八丈織屋仲間が、織物について「取極」を守ることを織物仲買に申入れている。明治一九年（一八八六）に八王子織物組合が織物仲買商によって設立されたが、その目的のなかに織物の尺幅を規定し、これに合わない織物の取扱や売買はしないと決めている。いつの時代も不正は尽きない。

明治三二年（一八九九）五月には、織物仲買商と機業家が一体になって八王子織物同業組合を設立し、規約のなかで検査規定を設け、組合の検査をうけ証紙をつけることを義務づけた。検査の内容は尺幅、染色と粘つけ等である。

検査場はこの組合の規定によって運用されていた。これらの努力が報われて明治後半期、八王子織物は西陣や桐生に次いで全国三位の成績を占めた。

19　販売之図

機屋が織物仲買商の店に織物をもってきて売買の交渉をおこなっている絵である。手前が機屋であろう。風呂敷包みの中の柳行李のような箱は機を入れてきたのであろう。向こうに包みを背負った姿もみられる。店の従業員は機の色合、柄行、組織などを入念に調べているのであろう。

織物取引は明治末から大正のはじめにかけて大きく変化した。江戸時代以来長年、八王子織物は四・八の六斎市で取引をしていた。その市は八王子ばかりでなく関東一円に知られていた。だが、時代の趨勢によって取引に変化がうまれ、反物を入念にみないと販路をせばめてしまうことになった。そこで、数年の間は形式的に市場を開いていたが、それも有名無実になったので大正五年（一九一六）三月、歴史的な市場取引を廃止することに決め、東京府に提出した。それ以後、図にみられるように店舗取引となったのである。

当時、仲買商の商店としては、久保田、西川、渋谷、それに向山が知られていた。

おわりに

本稿をまとめるにあたって、吉水壮吉氏が、所蔵されておられる『八王子織物図譜』を快く提供くださったことにまず感謝したい。吉水氏とは小学校時代の同級生である。吉水氏は、八王子織物の男物の製造に長く従事されておられた。現在、経済産業大臣認定の伝統工芸士であり、多摩織伝統工芸士会々長の要職にあり、日本伝統工芸士会監事でもある。吉水氏には、今までの経験をもとに、「解説」にも細部に至るまで協力していただいた。

他方、村野圭市氏にもご指導を受けた。村野氏は農水省農業研究センターに長く勤務のかたわら、手機の研究を続けられ、地機から高機まで自ら製造され、それらを用いて定年後も研究のため織物の製造に従事されておられる。本稿の冒頭にも紹介したように、『図解 手織りのすべて』の著書をだされており、本稿でも参考にさせていただいた。また、村野氏には全般に目を通していただいた。ここにしるして感謝の言葉としたい。

5　蚕糸・絹の道を歩む

小此木　エツ子

■小此木エツ子氏は「多摩シルクライフ21研究会」の代表である。この研究会については、第I部で実践をまじえて様々な話をうかがってきた。本論では、小此木氏の運動理念と研究会の活動を、まとめて書いていただいた。

■本論には、研究会の成立経緯、組織や構成、プロデュースしている生糸の事例、各種の活動、制作までの過程、できあがった作品を販売する方法、地域の教育活動、実演と公開の方法、講演内容、将来像などが書かれている。講演記録は論文形式にすることも考えたが、そのまま語り口を残すことにした。なぜなら小此木氏は講演では必ず実践をまじえながら、古今の生糸作りを目前に見るように話されるからだ。その様子を表現するには、やはり語り口の方がふさわしい。

■本論を通して見えてくるように、八王子の養蚕はもはや産業の時代を終えている。むしろ今の養蚕は、自然と人間との関係を認識し、身体に記憶し、あるいはものとして残す、意識的な運動のためにこそ存在しているのである。そのことを明確に意識化していちはやくその運動を始めたのが、この研究会であった。この研究会の活動は、手仕事が孤独な戦いではなく、互いに支え合い協力しあってこそ実現できる未来の仕事であることを、見せてくれる。「手仕事のいま」の姿そのものであろう。

はじめに

蚕糸・絹業は我が国の重要な伝統文化であり、また、日本を象徴する産業ともいわれ、古代から日本の四季折々に行われる祭祀や、通過儀礼等、日本の儀式とも深くかかわりながら絹がつくられて来た。そしてまた、いつの時代も、我が国のその時代時代にかかえる国情にそって進展して来たのも蚕糸・絹業である。

このように、この国で長い間にわたって蚕糸・絹業が育まれて来た原因はどこにあるのであろうか。その一は、我が国の温暖な気候と、四季折々の美しい自然の中で培われた繊細な感性と美意識が絹をつくる上でふさわしかったからではないか。

さて、明治以降約一〇〇年にわたって、経済振興に向けて生糸が我が国の重要な輸出品目になるに及んで、品質の揃った大量の生糸を生産するための、蚕品種の改良技術を初めとする各分野の蚕糸科学技術の進歩には特筆すべきものが多々あった。

加えて、生産される生糸を当時の国際市場に適応させる為の、繭・生糸の格付制度他諸制度の制定や、人材育成のための専門技術、実業教育制度の制定と施行、そしてまた、これらの蚕糸科学技術や人材を生産現場にいち早く導入し活かすための、産・学・官・民あげての国の施策は、素材が生物資源である繭だけにいかに多くの困難と努力が払われたか想像に難くない。このようにして成し遂げられて来た蚕糸業の近代化は、我が国独自の進歩の軌跡であり、他国では決して成し得ない変革ではなかったろうか。

多摩シルクライフ21研究会は、これら蚕糸業の発展の経緯のなかでも、特に女性の中間管理者として、また、地域の蚕糸・絹業振興のために、明治後期よりすでに専門技術教育を受けた「製糸教婦」の伝統を継承しようとする者の中から生まれた研究組織である。

研究会が生まれた母体は、現在の東京農工大学工学部である。代表者小此木は、上記大学に在職中の一九八四年から、これからの蚕糸業のあり方を志向して、地域の蚕業試験場との共同研究により、絹の多様化と質的向上を図るための蚕品種の改良研究に取り組み、緑繭系蚕品種、青熟交配種、四川三眠交配種等の作出とその製品化に取り組んで来た。

また、一九八七年より大学の繊維実習施設を地域に向けて試験的に開放し、施設での自主講座を開講する他、一九九二年には、大学主催の公開講座も開催する等、地域住民との交流を図って来たが、この時代の活動が、現在の研究会活動の源流となっている。

先ず、多摩シルクライフ21研究会の構成を示し、以下、順を追って活動のあらましを述べる。

一　多摩シルクライフ21研究会の構成

一九九二年秋、現在の国立大学法人東京農工大学が地域との連携をテーマに、「科学技術展'92および絹まつり」という展示会を開催した。その際に、学術試験研究機関を初め、養蚕、製糸、精練等の素材研究家、絹伝統工芸、染織家、デザイン、縫製、流通業者、そして一般の絹愛好家の方々が、ここに参加、協力、参集し、その後も引き続き活動を続けていた。そのメンバーが、一九九五年に「多摩シルクライフ21研究会」として正式に組織化され、現在に至っているのである。

研究会はそれ以来、以下のような研究と実践を積み重ねている。

研究会の業種別構成員の内訳と研究テーマ

関係業種	構成員数	研究テーマ
養蚕・製糸	六名	特殊蚕品種の掃立から桑飼育による養蚕飼育技術の研究、真綿・生糸づくり等、素材づくり技術の研究と普及、小学校総合学習指導
精練	一名	選択的精練技術研究の確立、普及
伝統工芸	一一名	草木染め月明織の伝承と指導 古代裂の修復復元の研究 生絹《すずし》、多摩織、紬織、佐賀錦、黒八丈、甲冑、友禅等の技術の伝承と創作
染織	一九名	小袖、各種織物、洋装、ストール等の研究と創作
組み紐	二名	籠打ち組の復元、綾竹、高台、丸台、角台組の研究と創作
デザイン	一名	ユニバーサル・ファッションデザインの研究・指導と創作
ボビンレース	一名	特殊品種生糸を用いたボビンレースの研究と創作
刺繍	一名	刺繍糸の質的向上の研究
流通	一名	新しい時代の呉服小売りの研究
その他（研修生）	二名	素材づくりと染織の研修並びに研究

研究会のブランドシルク事業を主体とした活動の流れ

①上記構成員よりなる多摩シルクライフ21研究会は、活動の主体となるブランドシルク事業部が中心となって、活動計画に基づき、春蚕繭および晩秋蚕繭の生産に先立って、必要な糸や白生地、その他の発注を会員各自に指示す

る。

各会員は、つくろうとする作品の最適な加工条件を研究企画して、必要な糸や白生地その他について、具体的な加工条件を提示の上、必要量発注する。

《平成一八年（二〇〇六）の春繭時の例》

現行品種名　春嶺×鐘月

生糸繊度

通常生糸　二一デニール、二七デニール

特太丸糸　四二デニール、六〇デニール，二四〇デニール

偏平糸　二四〇デニール、五〇〇デニール

特殊品種名　青熟交配種、四川三眠交配種、小石丸他

生糸繊度

通常生糸　二一デニール、四二デニール、六〇デニール

合撚糸　希望者は希望の合撚糸本数、撚糸回数を提示

精練　希望者は希望の合成灰汁練り（何％練り）を提示

【注】灰汁練りは各自が自分で行う

製織　手織り、機械織

手織り＝会員が各自織物設計して行う

機械織＝ちりめんその他の織物を研究会が発注する

玉糸　一〇〇％玉糸、五〇％玉糸（玉繭五〇％・生繭五〇％使用）

組織のフローチャート

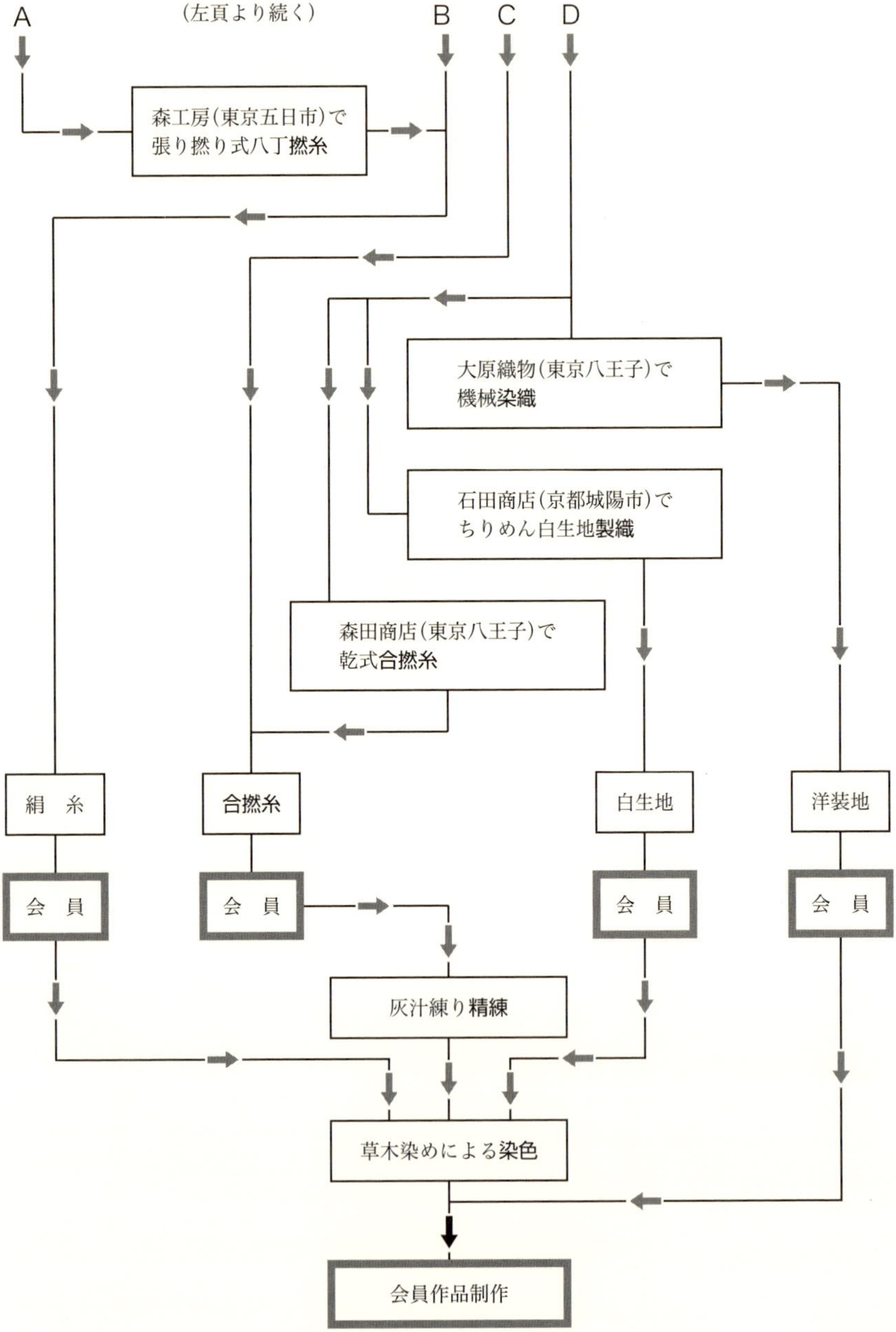

A
(左頁より続く)
B
C
D
森工房(東京五日市)で
張り撚り式八丁撚糸
大原織物(東京八王子)で
機械染織
石田商店(京都城陽市)で
ちりめん白生地製織
森田商店(東京八王子)で
乾式合撚糸
絹　糸
合撚糸
白生地
洋装地
会　員
会　員
会　員
会　員
灰汁練り精練
草木染めによる染色
会員作品制作

表1　研究会と連携

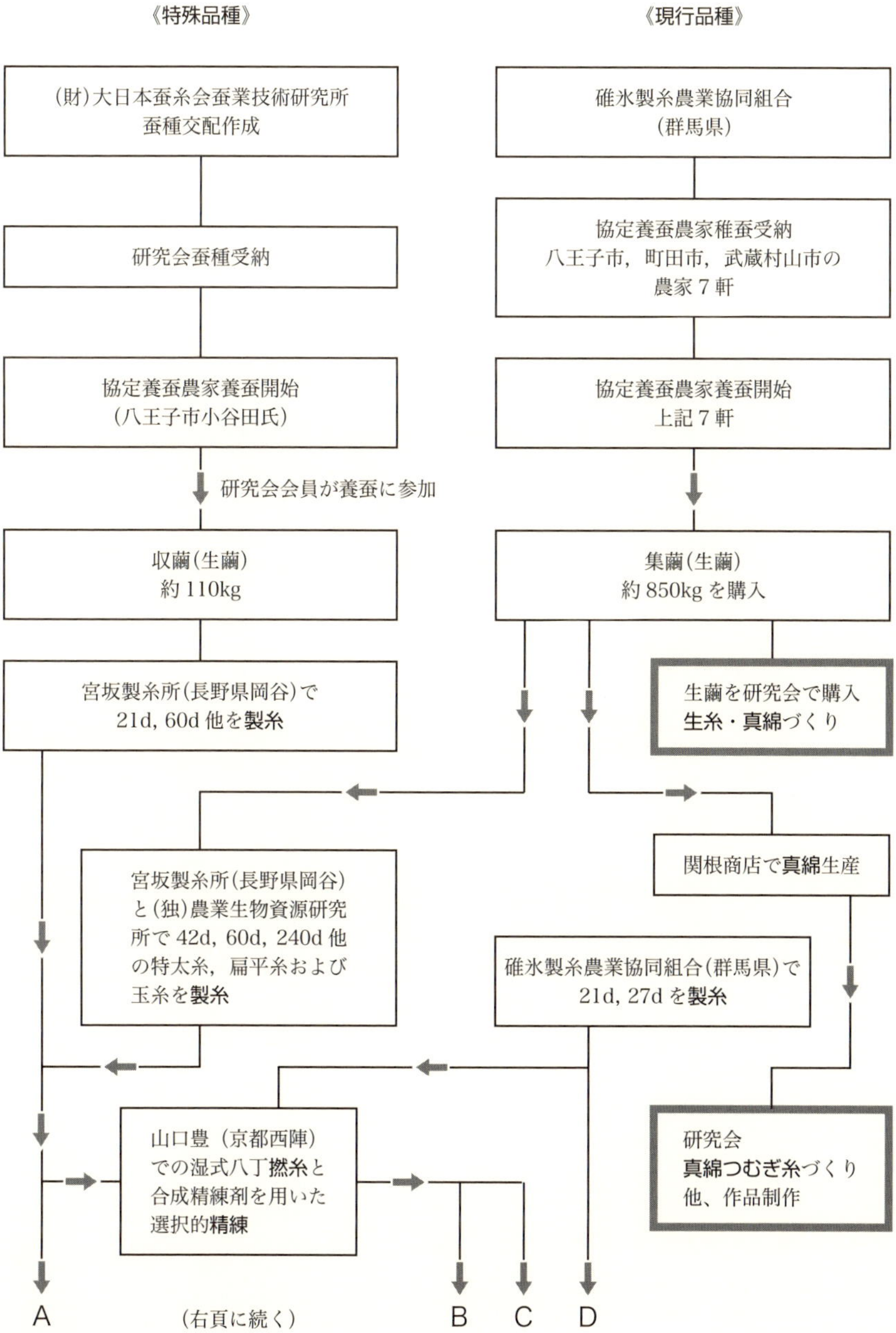

《特殊品種》
《現行品種》
(財)大日本蚕糸会蚕業技術研究所
蚕種交配作成
研究会蚕種受納
協定養蚕農家養蚕開始
(八王子市小谷田氏)
研究会会員が養蚕に参加
収繭(生繭)
約 110kg
宮坂製糸所(長野県岡谷)で
21d, 60d 他を製糸
宮坂製糸所(長野県岡谷)と(独)農業生物資源研究所で 42d, 60d, 240d 他の特太糸，扁平糸および玉糸を製糸
山口豊（京都西陣）での湿式八丁撚糸と合成精練剤を用いた選択的精練
碓氷製糸農業協同組合
(群馬県)
協定養蚕農家稚蚕受納
八王子市，町田市，武蔵村山市の
農家 7 軒
協定養蚕農家養蚕開始
上記 7 軒
集繭(生繭)
約 850kg を購入
生繭を研究会で購入
生糸・真綿づくり
関根商店で真綿生産
碓氷製糸農業協同組合(群馬県)で
21d, 27d を製糸
研究会
真綿つむぎ糸づくり
他、作品制作
A
(右頁に続く)
B
C
D

真綿　　　　　　袋真綿、角真綿
真綿つむぎ糸　　一八〇〜二二〇デニール、二八〇〜三〇〇デニール
生繭　　　　　　現行品種繭、特殊品種繭、天蚕繭
副蚕糸　　　　　緒糸、毛羽

②研究会は、会員の注文を受けて、各依頼先に生産を依頼する。
ただし、特殊品種については、蚕種の必要量を予測して、前年の二月迄に、(財)大日本蚕糸会蚕業技術研究所に生産を依頼する。

二　多摩シルクライフ21研究会の主たる活動

研究会活動は大きく分けて次の二つがあり、一は東京ブランドシルク事業、二は生涯学習である。

特に東京ブランドシルク事業では、それぞれの活動の中に、各会員の各種絹加工技術のたゆまぬ開発研究があり、作品づくりに大きく貢献していることは特筆すべきことである。

ただし、各種絹加工技術の開発研究には、会員各自が相当な力を入れ、付加価値のある新しい作品をつくり上げていながらも、その開発研究の詳細は、工業所有権上、もしくはノウハウ非開示の関係で、公開出来ない点は先ずお断りしておきたい。

ブランドシルク事業

先ず、この事業の特徴とするところを、これまでの実績をもとにご紹介する。

私ども研究会のブランドシルクづくりの姿勢は、つくろうとするものに向けて、素材から最適な加工条件で組み立てつくるということである。

素材は日本の風土が生み出すもの、国産糸を主として使っており、作品づくりに当たっては、先に紹介したような蚕種、養蚕、製糸、撚糸、精練等、異業種間の連携を重視しているが、個々の取り組みは次の通りである。

①養蚕

当研究会では、現在、東京都下八軒の養蚕農家の手によって生産される現行品種と特殊品種の生繭、あわせて約一トンを買い上げ、それを製品化している。

図1　2006年春蚕（蟻蚕）の掃立風景

図2　蚕が回転まぶしの中につくった繭の様子をみる小谷田氏

特殊品種は、青熟交配種、四川三眠交配種、小石丸が主な蚕品種であり、研究会員が催青に始まり、掃立、桑飼育など、すべての養蚕業務にかかわり、約一一〇キログラムの優良繭を生産している（図1～4）。

②製糸

研究会では生繰り繰糸の利点を採り入れて、生糸づくりに生繰り繰糸法の採用をし、それに、繊度別繰糸、扁平であるとか節糸であ

図4　2006年春繭出荷前に小谷田氏ご夫妻（前後列左より二人目）と記念撮影した研究会員と地域の人々

図3　研究会員による春繭の収繭風景

るとかというような形状別繰糸もあわせて採用して、緩速度低張力繰糸のみで生糸を生産している。

なお、生繰り繰糸においては極力偏繰を避け、繰糸速度を可能な限り遅くして、低張力で巻き取っているので、糸はふっくらとした、ふくらみがあり弾力あるものとなり、加えて、糸には透明感があって、純白で光沢があり、美しい。

③撚糸

八丁式湿式撚糸、乾式合撚糸を採用し、それに、現在では全国でも二〜三か所しか残っていないと思われる張り撚り式八丁撚糸を特殊糸向けに採用している。

なお、張り撚り撚糸された糸の用途は、手術縫合糸の他、主にボビンレース、刺繍糸などである。

④精練

研究会では従前の灰汁練り、マルセル石鹸練りの他に、選択的精練が可能な精練法を採用して、つくろうとする作品に見合う絹糸を生産することに力を入れている。

選択的精練法では、三分練り、五分練り、八分練りといった練り方を可能にし、副蚕糸、毛羽、屑繭、緒糸など副産物のセリシン定着や強度、嵩高性の付与に貢献し、草木染めの代表と目される発酵藍の堅牢染も可能にしている。

⑤製織

製織は手織りと機械織に区別されるが、会員が目的の作品に合わせていずれかを選択し、手織りの場合は、会員自身が設計した織物設計で、一楽織、平織、紬、絣、錦、羅、もじり織り、花織り、畝織り等多種多様である。

⑥染色

草木染めが主流であり、昔ながらの手描き友禅、江戸小紋、板締め、型絵染、藍染め等の多種の染色法で染め上げている。

なお、京都の業者と連携して、各種ちりめん等白生地を製織して、会員の手で染色が施されている。

⑦組み紐

綾竹組、籠打組、その他一般の高台や丸台、角台を用いて、様々な製品がつくり上げられている。

⑧総合的加工技術の開発研究

当研究会のものづくりは、古来のものづくりだけにはこだわらず、たとえば、シルクスクリーンやシルクフェルト、真綿加工等に関する様々な加工技術研究も行われており、多種多様な絹づくりに向けて、たゆまぬ開発研究が行われている。

なお、当研究会では、東京産の繭を素材とする糸を五〇%以上使用した製品については、「東京シルク」の名を付したラベルを付けることを認め、それ以外の素材を用いた製品と区別している。

東京シルクは染色性に優れ、でき上がった絹製品は、手触り、光沢が美しく、特に着用性能には定評がある。

生涯学習

当研究会は、発足以来、養蚕、製糸、染織、そして最終製品に至るまで、日本の風土に根ざした技術の組み立てを重視するものづくりに取り組んで現在に至っているが、加えて、日本の古くからの長い伝統を継承すると共に、その技術の普及にも努めて活動を続けて来た。

生涯学習は、蚕糸技術普及の一環として、研究会で特に力を入れている活動の一つであるが、一は小学校の総合学習指導であり、二は地域の資料館等での体験学習である。

①小学校の総合学習指導

当研究会では、一九九九年より小学校の理科教材としての蚕種の配布を東京都農業試験場より引き継いで来たが、現在、一〇〇校に配布している。ところが、その後、それら配布校の間で新しく始まった総合科目授業で、繭からの糸づくりや製品づくりにも取り組みたいという要望が出て来たため、東京農工大学にも参加協力していただき、毎年夏休み期間を利用して、蚕種の配布校の中から希望の先生方を集めて教師研修会を開き、「蚕の飼い方、繭からの糸・絹づくり」その他について勉強をしていただいた。

その研修が大好評で、小学校にとって大変有意義であることから、参加校の要望にそって、小学校個別の総合学習授業にも参加し、指導をしている。

小学校児童の蚕や糸づくり等に対する関心は非常に高く、総合学習としての成果が上がっているので、先生方から大変喜ばれ、二〇〇六年も夏休み期間中に実施している。

②地域の資料館、博物館での体験学習

地域の資料館、博物館等での体験学習への企画参加活動は、現在まで、八王子市を初め、世田谷区と清瀬市で行ってきたが、特に、八王子市では繭・糸等、素材づくりから始める機織り伝承館をつくろうとする話に発展しつつあり、注目している。

③一般市民のための素材づくり学習会の開講

染織家だけでなく、一般絹愛好家を対象とする一般市民のための素材づくり学習会の開講も注目の一つである。

受講者は非常に熱心に学習しており、今、多摩地域では一種の手づくりブームが起こりつつある。

④以下は、小学校や一般市民を対象とする学習についての概要である。

1　小学校での蚕糸・絹づくりの学習

過去四年間に、延べ五一校の小学校に出向き、約三三〇〇名の児童が、総合学習の一環として、繭からの糸・絹づくりに参加したが、小学校の総合学習を行うに当たって、実態調査をしたところ、「蚕を飼育する狙いは何か」に関しては次の項目に高い関心のあることが判明した。

◎昆虫の生態を調べる
◎生命の神秘、生命の尊厳を学ぶ
◎生物環境と自然とのかかわりを学ぶ
◎養蚕が盛んに行われた市町村市の歴史を学ぶ
◎昔の人の知恵、農民の生活を学ぶ
◎物づくりと物を大切にする心を学ぶ
◎地域の伝統文化に関心を持たせる
◎昔のことに対する意識を高める

そのようなことから、当研究会では、小学校児童に有効な学習を検討して、蚕に関して次の項目についての授業を行い、成果が得られた。

(a)蚕の飼い方についての学習と繭からの糸・絹づくりについての学習の内容

●蚕の飼い方学習のテーマ

・自然と昆虫　・昆虫の特徴　・蚕の一生　・蚕の飼い方　・蚕の観察　・桑園の管理　・催青　・孵化法（掃立日の調節）　・蚕の病気

図5　2006年教師研修会での実習風景

●繭からの糸・絹づくり学習のテーマ
・繭を精練して真綿をつくり、糸をつむぐ　・繭を精練してづり出して、糸をつむぐ　・繭を煮て糸を繰り生糸をつくる　・つくった糸で織り方の基本を学ぶ　・シルクストールやマフラーなどの作品をつくる
(b)小学校の総合学習で分かったことはおよそ次の二点である。
・単に蚕の飼い方や糸・絹づくりをセットで体験させれば、それで事足りるという単純な考え方で参加するのでは、総合学習の目的は達成できるものではない。
・教える側も、小学校の置かれている環境、地域との関わりや学校の歴史や伝統など、地域社会と深く結びついた物づくりとは如何にあるべきか等、総合的な見方、考え方を踏まえた上で、学習に携わることが大事である（図5）。

2　一般市民を対象とする蚕糸・絹づくりの学習
(a)真綿教室　　繭の精練法と袋真綿、角真綿のつくり方について学ぶ
(b)真綿加工教室　　真綿から噴止真綿をつくり、ふとんやベストのつくり方について学ぶ
(c)真綿つむぎ教室　　「つくし」や紡糸器を用いて、真綿から糸をつむぐ方法を学ぶ
(d)糸繰り教室　　煮繭法と繰糸法を学習し、あわせて生糸の精練法について学ぶ
上記教室に参加される方は、一回の教室に付き、最低でも二〇名前後、年間では約一七〇名に達し、熱心な質疑応答もあって、各教室が毎年盛況である。

なお、教室に参加された方は、何らかの形で、染織に携わっておられる人たちが多く、そのせいか、絹素材づくり

をこれらの教室でしっかり学ぶことによって、改めて自らの作品づくりを見直したり、意欲的に取り組んだりしている様子が窺える。

また、養蚕・製糸という地域とかかわる素材づくりを学ぶことによって、各地域の蚕糸・絹業に関する関心が一段と高まって来ているようである。

三　研究会活動の公開

東京シルク展

①開催日と会場

第一回　東京シルク展
　平成九年一一月一四日～一一月一七日（四日間）　東京中野　山田屋「シルク・ラブ」
第二回　東京シルク展
　平成一一年一〇月二日～一〇月一七日（一六日間）　東京上野御徒町　セイコきもの美術館・鈴乃屋ホール
第三回　東京シルク展
　平成一三年一〇月四日～一〇月七日（四日間）　東京上野御徒町　セイコきもの美術館・鈴乃屋ホール
第四回　東京シルク展
　平成一五年一〇月一七日～一〇月一九日（三日間）　東京上野御徒町　セイコきもの美術館・鈴乃屋ホール
第五回　東京シルク展

図7　第4回東京シルク展の展示風景

図6　自ら創作した着物を着てファッションショーで舞う研究会員

平成一七年一〇月一四日～一〇月一六日（三日間）　東京
上野御徒町　セイコきもの美術館・鈴乃屋ホール

②主なる展示内容

1　実演

素材部会員および専門の会員が中心となり、様々な実演を行う。一部の実演は、ご来場者も体験実習ができる

《主な実演内容》

糸を繰る、糸を組む、編む、織る、真綿をつくる、真綿から糸を紬ぐ（紡ぐ）、床上整経、はた織り、手描き友禅、縞と間裂き、絣ずらし、ボビンレース、他

2　展示

過去一～二年の間に、会員が制作した作品を展示する

《主な展示品》

復元した古代裂、着物、着尺、帯、帯締め、洋服、洋服地、ストール、マフラー等の洋装品、服装品、バッグ、ボビンレース、小物類、壁掛け、生糸、繭、真綿、真綿加工品、他

3　催し

《主な催し物》

シンポジウムとトークセッション

シンポジウム　　平成九年（一九九七）一一月一四日

「よい糸ってどんな糸」
トークセッション　平成九年（一九九七）一一月一六日
「東京の糸を染織する」
トークセッション　平成一一年（一九九九）一〇月二～四日
第一日「絹の神秘」「野蚕のお話」「草木染」
第二日「蚕のいろいろ」「錦の復元と古代絹」
第三日「多摩の織物」「絹の構造と実用性」
トークセッション　平成一五年（二〇〇三）一〇月一七～一九日

図8　第4回東京シルク展でおこなわれた縞と間裂の実演風景

第一日「縞と間裂（まざき）」解説と実演
第二日「小袖の歴史と模様」解説と小袖を楽しむショー
第三日「山崎桃磨が語る草木染」
トークセッション　平成一七年（二〇〇五）一〇月一六日
「江戸時代の蚕・糸・絹づくり」
基調講演＝江戸時代の文化について
法政大学教授　田中優子
話題提供＝江戸時代の蚕種・養蚕
江戸時代から現代までの絹糸の質を考える
江戸時代の絹織物、江戸時代の蚕・糸・絹づくり
フロアトーク＆ミニファッションショー　平成一三年（二〇〇一）
一〇月六～七日

「絹づくり・絹づかいへの想い」
フロアトーク　平成一七年（二〇〇五）一〇月一四日
「東京シルク・絹づかいへの想い」
「日本の色・多摩の色を染める」

多摩シルクライフ21研究会が企画から関わった活動

シルクサミット二〇〇四in八王子
テーマ「伝統と創造　マルベリーシティからの発信」
平成一六年一〇月二一日〜二二日　八王子市学園都市センターにて開催
主催　独立行政法人農業生物資源研究所
共催　岡谷市立岡谷蚕糸博物館、八王子市
基調講演＝八王子の歴史と織物
パネルディスカッション
テーマ「地域でつくるシルクの輪　今何をなすべきか」

日本の絹展への参画
平成一六年より毎年八月、東京日本橋高島屋で開催。平成一八年は八月一六日より二〇日までの五日間開催された。
シンポジウムへの参加
二〇〇四年一〇月一六日、法政大学多摩キャンパス百周年記念館において、法政大学主催で開催された第七三回

「多摩の歴史・文化・自然環境」に参加した。以下は、シンポジウムのテーマ「多摩の歴史と絹——その過去・現在・未来」の席上、糸繰りなどの実演をしながら講演した、その内容である（図10）。

●講演

私の母校であり、かつて在職していた東京農工大学工学部は、法政大学と同じように、開かれた大学を目指して、主として多摩地域の蚕糸・絹業関係者と一〇数年前から連携して活動を行って参りました。その一環として、大学の施設公開や公開講座の開講なども行っておりましたが、私が教官を定年で退官する一年前の平成五年に、「科学技術展および絹まつり」というイベントが開催されましたのを機に、地域の伝統工芸の皆さん、八王子織物工業組合の皆さん、養蚕農家の皆さん、蚕糸関係研究機関の皆さん、それに大学からは私が代表となって、蚕糸関係者が母校で一堂に会したのです。

図9　2006年「日本の絹展」の実演風景

図10　シンポジウムでの実演風景

ところが、蚕糸・絹業の将来を考えるという意味で、「終わったら、即、解散してしまうのではなく、折角、このような機会に恵まれたのだから、このまま連携関係を持続してみてはどうか」という建設的な意見が大勢を占め、それではということで、本格的な活動が始まり、その活動も参加者各位の協力もあり、平成七年（一九九五）の春になって、「多摩シルクライフ21研究会」という名のもとに正式に組織化し、結成されたのです。

それでは本論に入って参りますが、先ず、糸をつくるということはどういう事なのか、皆さんには、よくお分かりにならないと思いますので、最初にちょっと説明させて頂きます。

糸を吐く寸前の蚕を、ちょっとかわいそうなんですけれども、ジュジュっとおなかを切ってみますと、アメ状になったものが詰まった袋が出てきます。その袋の中には液状絹という糸になる寸前の液体がいっぱい詰まっているのです。その袋を絹糸腺といいますが、その蚕を、上蔟期《じょうぞくき》といって、繭をつくる時期になってから、蔟《まぶし》という格子状の枠の一つひとつの升の中に入れてやりますと、その絹糸腺から吐糸口を経て、糸を吐き繭をつくって行くのです。

蚕は「糸を吐く」と、良くいいますが、蚕は「糸をつくる」んです。繭を形づくっている糸のことを繭糸と呼びますが、繭糸は、糸質というフィブロインたんぱく質と、糸膠といわれる糊のようなセリシンたんぱく質の、大きく分けて二種類のたんぱく質で構成されていて、その糊のようなたんぱく質があるために、蚕が糸をつくる足場ができるわけです。だから、ちょんと足場に糸を吐いて、そこを足場にして、ぐうっと引っ張るのです。その引っ張るしぐさを、しごきと私どもはいっているんですが、そのしごきの作用によって、学術的に言うとズリ応力によって、繊維化されるのです。これを「糸をつくる」といいます。

蚕はこのようにして、糸をつくって行きますが、最初は、蔟の升の中にちょん、ちょんと、足場をつくって行って、それから一番初めはV字型に糸をしごき、だんだん中心に行くにしたがって、グイ、グイと、8の字の形に力強く糸をしごき、中心の自分に一番近い部分は、ちゅるちゅると偏平な8字形に緩やかに糸をしごきながら、繭をつくって行きます。

このように、糸をしごく事によって、糸の化学的な性質と物理的な性質が変化して行くのですが、どのように変わるかといいますと、繭の一番外側、すなわち繭をつくり始める最初は、非常に水をはじきやすい性質、疎水性の性質に、真ん中は吸湿性、放散性のいい糸質に、一番自分に近い部分、すなわち繭をつくり終わろうとする最後の部分は、水をあまり外へ蒸発させない性質になります。

蚕はこのような事を特別に考えてやっている訳ではないけれども、生体保護のために必要な事を自然の営みの中でやっている訳ですね。すごい事です。

このしごきの違いは、絹糸腺の各部位の化学的組成の違いとも深くかかわっています。繭の形は、先程お話ししましたように、セリシンという糊のような部分があるから乾いたときに、繭の形がすっかり出来上がるわけです。蚕の糸のつくり方は、学術的には、機械的変性紡糸といいます。蚕の糸のつくり方については、最近、科学的な解明が進み、蚕の糸づくり機能について、素晴らしい事が実証されて来ました。つまり、非常に理想的な糸のつくり方をしているわけです。

このようにして蚕によってつくられた繭は、いろいろな種類があるのですが、品種によって黄色い繭もあれば、緑色の繭もあります。それから小石丸という有名な銘柄の白くて小粒な日本種の繭もあります。小石丸という品種は、江戸時代から飼いつながれている在来種で、くびれがあります。くびれがあるのは日本種の特徴で、中国種にはくびれがありません。

そのように、いろいろな蚕品種があります。そして、蚕品種によって、それぞれ特徴があり、繭糸の長さが違うし、糸の化学的な性質と物理的な性質も少しずつ違っています。糸質の違う繭を、今度はどのようにして糸にするかといいますと、糸をつくるパターンというものは、江戸時代、いや、もっともっと昔からほとんど変わらないで、今日まで来ているわけです。

それでは、どうやって糸にするかといいますと、繭糸を何本か集めるわけです。繭糸を集めて糸にする作業を繰糸《そうし》といいますが、この繭糸を何本か集めるという作業が最初に行われるわけです。そして、その後に繭糸相互を接着する為に、よりを掛けます。このよりを掛ける作業は、糸を抱合し、糸に丸みを持たせ、水分を除くというような三つの作業を一度にやるわけです。

そして、次に小枠という小さな巻き取り枠に巻き上げるのですが、糸をこの小枠に均等に巻き上げる為に、糸を綾振りさせ、乾かしながら、小枠に巻き取ります。このように、繭糸を集める、抱合する、綾振りさせながら巻き取るという作業は、現在、主流になっている自動繰糸機でも作業パターンは全く同じです。

それから糸づくりの為の大きな作業の流れとして、二つあります。一つは糸道をきちんと付けて糸を形づくる作業と、もう一つは、補充する繭を用意する作業です。繭というのは、最初から最後まで、切れないでほぐれるということはないのです。また、突然、ぽつん、ぽつんと切れたりして、繭は落ちるわけです。だから、繭が落ちたときには、補充する作業が必要になります。現在でも小さな箒を使って、糸緒《いとくち》を探し出し、つなげて行くのですが、一匹の蚕の出す糸は一本ですから、その糸緒を小箒で探索し、一つの繭から、一本の糸が出るようにすぐって行くわけです。この奇麗に糸をすぐって、糸緒を出す作業の流れは水平方向に、繭糸を抱合して、糸道に掛けて巻き取る作業は垂直方向に、それぞれ流れています。

この二つの作業の流れが組み合わさって、糸づくりが行われているのですが、この糸づくりのパターンは、自動繰糸機であれ、何であれ、繭から糸をつくる作業においては全く同じです。このような事が分かっていると、例えば製糸工場へ行っても、今、何をしている作業か、すぐ分かります。以上が、糸繰り、すなわち繰糸作業の成り立ちです。

次に、織物には先染め織物と後染め織物があるという点に関わる事項として、撚り糸の事を少し触れて置きます。先にお話しましたように、最初に繭から糸をつくります。この糸の事を生糸といいます。生糸は数本の繭糸を集めて、抱合させてできたものです。生糸には先程お話したセリシンという膠質のたんぱく質が付いています。この生糸を目的の織物に合わせて、合糸して、撚ったものが撚り糸です。撚り糸の状態はどういう状態かといいますと、ピンと針金みたいな固い糸です。その固い撚り糸を、灰汁や石鹸液のようなアルカリ溶液で精練して、セリシンを取ってしまうと、大変柔らかな光沢の糸に変わります。これが絹糸です。

この絹糸を、織る前に染めて、織ったものが先染め織物、お召しなどがその代表例です。演台上に用意した織物はほとんど先染め織物です。この先染め織物とは逆に、織ってから精練して染めた織物が後染め織物です。その代表格が友禅ですが、織物にはそういう二種類があるということです。

ここまで申し上げたことは、繭の糸がどうやって生糸や織物になるかという本当に簡単な説明ですが、それでは、次に「製糸器械の変遷」のお話に移らせて頂きます。お話の便宜上、第一期から第五期に分けてみましたが、第一期は「紬の時代」です。紬の時代、「あしぎぬ」という呼び名で、絹が用いられた記録がございます。「あしぎぬ」以外のものとしては、つまり、細い糸で織られた絹布です。どういうものがあったかといいますと、いわゆる「カトリ」とかいう呼ばれ方をした絹があったのです。

西暦初年代から六〇〇年代に、どんな絹が日本で織られていたのか、皆さんのとても知りたいところだと思うのですが、史実にはあまり残っていません。中国の『魏志倭人伝』という書物には、「カトリ」や縣などがつくられていたという記録がはっきり示されていますが、その他に、私が最も興味を持つ織物として「アカギヌ」という織物が日本でつくられていた事が『日本書紀』の巻第六に出ているという事です。「アカギヌ」がどういう絹布かといいますと、「ニホンアカネ」で染めた絹で、非常に素晴らしい絹だといわれています。

また、出雲大社の古伝新嘗祭の中で、國造が両手に小さな榊枝を持って舞われる神楽舞で、「すめがみをよきひにまつりしあすよりは　あけの衣をけころもにせむ」という神楽歌が歌われますが、その歌の意味は、今日の吉日に尊い神様のお祭りをする事が出来たので、明日からは普段着に着替えて、平常の生活に戻りましょう。というのだそうです。この歌から、「あけの衣」というのは、けころも（褻衣）に比べると、とても素晴らしい高級で神聖な赤い絹であったであろうという想像ができるわけです。古い時代では、絹は本当に位の高い方しか着られなかったわけです。

大きな祭典で、神職が「衣冠単」という装束を着けますが、この「単《ひとえ》」には主に紅綾が用いられます。この「単」が、あけの衣に相当するのか否かはハッキリしませんが、白い袍の下に着ける赤い衣である点では同じです。その事から、「あけの衣」は素晴らしい衣であったに違いないと思います。このように、当時の日本の技術は、相当高い水準ではなかったかと想像が出来るわけです。

それから、古典に「カトリ」という織物がよく登場します。「カトリ」という織物はどういう絹かといいますと、二本の糸を引き揃え、撚らないで、生絹で織ったものをいいます。硬い絹で、水も漏らさない程、硬く織った織物であるといわれています。それ程までに非常に硬くて、きれいなきちんとした織物であったといわれております。

それから「帛（ハクノキヌ）」と呼ばれている絹織物があります。「帛」については、平成五年（一九九三）に行われた神宮の第六一回式年遷宮の御神宝の奉製に私が携わった時、思った事なのですが、御神宝は史実を検証し、史実に基づいて奉製しますので、その通りにやらせて頂きました。「帛」は優美であることが第一条件、絶対に節があってはならない、糸は細く、太さにむらがあってはならない、織り方もきちんとしたものでなければなりません。その為に、蚕品種の決定から、製糸、撚糸、製織に至るまで、入念に作業を進めましたので、素晴らしい「帛」が完成しました。出来上がった「帛」は、神宮司廳神宝装束部を通じて、宮内庁正倉院の染色専門の先生の手で板締めによる纐纈《きょうけち》という技法で染め上げられ、皇大神宮別宮の月読宮の御料「青纐纈綿《あおこうけちわたの》御衣《みぞ》」となりました。「青纐纈綿御衣」は数多い御神衣のなかでも、唯一染色によって文様が表されている御料で、非常に厳しい条件でつくり上げられたのです。それくらい「帛」は値打ちのある織物なのです。

「ハクノキヌ」に対して、ざっくりと、普通に織った織物が「アシギヌ」といわれている織物です。「アシギヌ」というと皆さんは、太い糸で、ばさばさと織った織物のように連想なされるかも知れません。しかし「アシギヌ」といえども、正倉院には細くて、きちんと織った素晴らしいものが存在するそうですので、一概に太くて、ざくざくと織つた織物すべてを、「アシギヌ」とはいえないかも知れません。そのような事からも、日本の古代の製織技術は相当進んでいたものであったと推測されるわけです。

次は第二期「胴取手挽の時代」です。西暦一九五年から六八三年の頃、絹織物の技術が渡来人によって盛んに日本に入って来ました。この頃、蚕品種なども大陸から日本に入って来たわけです。それから、九〇一年には、銘柄の名前ですが、赤引糸、犬頭白糸などの糸がつくられています。先程お話しました「カトリ」や「ハクノキヌ」なども、このような糸でつくられました。それから、一六二四年には、登糸というこれは京都西陣に向けて供給された生糸の事ですが、先ず美濃や近江国辺りから、ぼちぼちつくられ始めるわけです。次に、一六三七年には、中国の製糸法が耕織図などの複製によって日本で紹介されています。この耕織図は中国で出されたものですが、原著はこの頃より約五〇〇年も遡る一一〇〇年代位に、南宋の高宗帝の推奨によって刊行されたものと伝えられていて、最も古いものなのです。それが何回も複製されて、一六三七年に日本で複製されるようになったわけです。「耕織図」の「耕」は、農耕の「耕」で、織は「養蚕と製糸」の事を指します。これを二つに分けて描きました。当時は農業が生活の基本ですから、それを図によって表したわけです。

余談になりますが、皆さんが、今、博物館などに行きますと、歌麿の錦絵に出合うかと思います。それは耕織図の模写です。いかにも歌麿がいた時代に、昔の人はこんなおべべを着て、糸を挽いていたのかと、知らない人は信用してしまいます。そうではなくて、これは「耕織図」の模写ではないかといわれております。私はこれを実際にやってみましたけれども、こういう糸取りは、日本の環境には合いません。こうやって中国のやり方で取った糸は、江戸時代の西陣向けの糸には不向きなのです。したがって、皆さんがこういう「耕織図」のような絵図をご覧になったとき、「ああ、こういうの、日本でやっていたんだ」なんて信用なさらないで下さい。

それでは、この辺りで糸繰りの実演をしてみたいと思います。最初に、胴取り手挽きの時代というのがございました。先ず、胴取りをするときには、「オッタテ」といいまして、枠がこの丸い胴であったり、角枠であったりします。此処にあるのは東日本型の「牛首」というものです。「牛首」と書いて、「ウシクリ」と読みます。この「牛首」で糸を繰る時には、どうしても、この辺りで糸を集めないと駄目なのです。それでは、糸を何で集めたかといいますと、馬のしっぽで集めたといいます。馬のしっぽが一番生糸に向いていたんですね。昔はこういう「糸を集める道具」

を工夫してつくったのです。竹でつくったり、いろんなものを利用してつくりました。そして、この糸集め具の先に馬のしっぽをくくり付けて、この中の一本ないしは二本に糸を通して、ここへ置いたものなのです。このようにして、先ず、糸を集める道具がつくられたわけです。今は「糸寄せ器」と呼んでいます。

次に、胴取りはどうやって糸を繰るかといいますと、左手で綾を振るわけです。糸の巻き取り枠が丸胴であったり、角枠であったりするわけですが、もちろんこの作業は、座ってやるわけです。これは速く回り過ぎてうまく行かないのですが、本当はもっとギシコン、ギシコンと回るわけですね。

これは、藤ノ木古墳が発掘された後、私がＮＨＫ総合テレビに出演して、糸繰りを再現した時の写真ですが、こんなふうに座って行うのです。今は丸胴でやっていますが、この胴をこう叩きます。だから、招きどりとも、叩きどりともいったのです。枠は丸胴があったり、角枠があったりするわけです。

さて、次に、これが恐らく昔の手挽きとしては一番古いやり方でしょう。ここにあるのは三丹地方のものです。丹後や但馬地方でもやっていたでしょうし、胴取り手挽きは奥州の方でもやっていたでしょう。糸繰りは、この胴取りから先ず始まったのではないかと思います。この点は、はっきり史実に残っておりませんので、何ともいえませんけれども、一番古い時代の糸繰り法だと私は思っています。

ところで、この胴取り手挽き法で糸を繰りますと、糸は固くなります。したがって、先程ご説明した「カトリ」なども、そういう固い糸で織るから、固い布になったのではないでしょうか。その当時の糸にはよりが掛かっていません。ですから、当然ぴーんと張った感じの糸になります。

明治時代に入ってからも、ぴーんと張った感じでした。一番向いているのは織物の耳の部分です。耳の部分は、固い方がいいのです。わざわざ胴取りで糸を取ったという記録がある位です。固織というのは、胴取り手挽きの方法で取った糸で織れば、いやでも固くなってしまうということですね。

そして、その後にやって来るのが、第三期の「角枠手挽とざぐり器の時代」です。

一番大きな転換期は、一七一〇年から一七三〇年です。当時、日本は中国からどんどん白糸を輸入していました。ところが、白糸を大量に輸入し過ぎた為に、銀の流出があまりにも膨大になり、国策で銀の流出が抑制された事によって、中国の白糸が入らなくなってしまい、やむなく、国内で糸を生産しなくてはならなくなったわけです。江戸中期になりますが、その頃から蚕糸業が盛んになってくるわけです。では、その頃はどのようにして糸を取っていたのか。当時はからくりの技術というのが相当進んでおり、織物業界などではかなり採り入れていたようです。蚕糸業界も織物の技術をどんどん採り入れれば、糸繰り器もかなり高度なものが出来る筈なんですが、実はそうは巧く行かなかったのです。

先ずは、原料繭が需要に追い付かなかったという問題です。当時はその辺に自生する桑を使って、よっちこ、よっちこ蚕を飼うわけですから、その程度の桑で、いい原料繭が出来るわけがありません。蚕品種も小石丸の繭を見てお分かりのように、小さくて、かわいくて、薄くて、というような小粒な繭でしたから、数量的に間に合いっこありませんね。このように、原料面の供給が間に合わなかったということと、もう一点は、京都西陣の要求がものすごく高かった、レベルが高水準であったという事です。それは問屋商人が目利きで、力のある商人たちが支配していて、とてもとても、その人たちが望むような糸が、急きょ出来るわけがなかったのです。

もう少し詳しくお話しますと、用いる糸は柔らかく、細く揃い、光沢に富み、硬軟、軟らかからず硬からず、というように、西陣が要求する糸はレベルが高かったわけですが、そこで何が起こったかといいますと、養蚕と製糸と西陣の三者を結ぶ商人たちが、大変活躍したのです。特に、どんな商人が活躍したかといいますと、蚕種商人だったのです。蚕種商人というのは、「今度の種はええで、今度の種はええで」といって、蚕種を売り回るのですが、売ったそのお金は、一年後に回収するという独特の蚕糸の販売形態があった位に、売り手と買い手の間の信用取引が確立していて、その蚕種商人が力を入れて蚕糸業を振興して行ったわけです。したがって江戸期には、蚕種商人が著した本もあるぐらいです。そのような西陣と養蚕地帯とを結ぶ商人たちの活躍によって、だんだんに絹の道が開けて行くわけです。

そこで、そういう西陣向けの高級糸をどのようにつくったか、製糸をする人たちはそれにどう応えたかといいますと、手挽きという手段を用いました。この手挽きという糸繰り法を、今、私がちょっとやってみます。この糸繰り法は、糸を寄せるところは、これまでの糸繰り法と全く同じです。しかし、これまでの糸繰りと違うのは、集めた繭糸に手よりを掛けた事です。この手よりが、日本独自の技術なのです。ということは、先程やりましたが、浮世絵に出てくるような感じの糸繰り法では手よりは絶対に掛かりません。糸が乾いて、切れてしまいます。私も幾度となく試してみましたが、どうしても糸が乾いて切れてしまい、駄目でした。そうなれば、西陣が要求するような高級糸をつくる工夫をしなければなりません。その糸とは何デニールの太さだったと思いますか、皆さん？

デニールとは生糸の太さを表す単位ですが、なんと八デニールなのです。現在、一般に出回っている生糸の主体は二七デニールですから、八デニールの糸がいかに細いかがお分かりになると思います。そんな細い糸を取らなければいけないわけです。しかも、軟らかくなく、硬くなく、光沢も素晴らしい糸をです。今、お目に掛けましたが、ゆっくり手よりを掛けて……、こうして……、座って……、これが手挽きなのです。この糸繰り法は、一見簡単なようみえますが、とても難しいですよ、本当は（笑）。これが手挽きなのです。

それでは、手でよりを掛ける技術ですが、どうやってよりを掛けるかといいますと、こうしてね……、ここで一回、指先をくるっと回して、糸をこう持つんです。そうすると、この時、繭糸相互がしごかれて、ここで糸に丸みを持たせる事が出来、かつ、先程お話しましたように、ここね、ここによりが掛かるのです。これだけで、胴取りの糸とは全然違う糸が出来るのです。私は一遍試した事があります。胴取りした糸とこの手挽きした糸を比べてみますと、胴取りの糸は乾いてしまったら、もう糸が切れちゃって、切れちゃって、ばさばさになる。この事は明治後期の記録として残されています。どうしようもない糸だったのです。それに対して、この手挽きの糸は、非常に綺麗に取れるということで、もうみんなが、この手挽きがいいといって盛んにやりました。本来ならば、当然、もっと技術の進歩があってもいい筈なのですが、手挽きが江戸末期まで行われていたというのは、西陣側の糸に対する要求があまりにも高かったからだといわれています。

技術の進歩というのは、織物をつくる側の規定要因があったり、蚕品種とか、養蚕をする側の規定要因もあったりして、起こるものであって、何も一方の側の要因だけで、器械が開発されたり、変遷したりするというものではないということがお分かりいただけたと思います。そのようにして、江戸時代は、手挽きが主体になって、生糸がつくられて行ったのです。

一方で、太織りという織物があります。銘仙などを織る為に、右手ざぐり器といって、巻き取り枠が高速回転するように歯車を使ったざぐり器が開発され、銘仙、その他の太織り織物が盛んにつくられました。これはごく自然なことであり、そういう太織りとか、銘仙とかいう織物を織る為には、右手ざぐり器を用いて、巻き取り枠をどんどん回して、糸を大量につくったという事は考えられます。

次に、その頃から、「奥州ざぐり」というざぐり器が現れました。駆動部分がだんだん改良されて、速く回るような繰車が付いたり、それから小石丸が選出されたり、「上州の右手ざぐり」がこの辺から出てくるわけです。ということは、その頃から、巻き取り速度を速くして、益々能率を上げようという気運が高まって来たわけです。そして、蚕品種の方も、だんだんに、丈夫で、糸量も沢山取れる蚕へと、少しずつ品種が変わって行くのです。一八三〇年代になりますと、「山路絡交」と呼ばれる「綾振りの機構」が考案されました。この「山路絡交」は、奥州と上州とが互いに交流し合いながらつくられて行くわけですが、しかしまだ、鼓車という、繭糸相互を抱合させる技術にまでは至っていないのです。

私は「多種高品質西陣向生糸供給」といういい方で説明しますが、それが手挽きです。一方で、その反対の「太織度低品質生糸供給」向きに、「右手ざぐり」に繰車の付いた「奥州ざぐり」があったわけです。史実として、写実がきちっとした形で出て来たのが、上垣守国が一八〇二年に出版した『養蚕秘録』という蚕糸にかかわる図書です。この書物は、初めて写実主義が採り入れられており、養蚕や製糸の作労風俗画が写実的に記録として残されるようになったのはこの頃からです。それまでは、恐らく前述の中国史書の「耕織図」の写しであろうといわれ、私自身も、自ら実際に試し繰りした事から考えても、「耕織図」の写しであろうと、そう思ったわけです。この頃初めて、生糸をこうやってつくって、織っていたんだということがはっきりします。さて、そういうような過程を経て、やがて明治時代に入るわけですが、安政六年の開港によって、江戸幕府の支柱であった鎖国制度が崩れて、海外市場へ向けて膨大な生糸が輸出される時代になって行きます。

ここで第四期の機械化の時代になるのですが、富岡製糸所が表舞台となる前に、東京築地の小野組という製糸所ではすでにイタリア式繰糸機械を導入しています。富岡製糸所はフランス式ですが、富岡製糸所がすべて日本の代表的な繰糸機械として画期的な業績を上げたかというと、決してそうではないのです。富岡製糸所の繰糸機械はフランス式であった為に、日本の実情に合わなかった。つまり、フランス式繰糸機械は、よりの掛け方とか、それから初期は大枠直繰繰糸機という日本の気候風土に合わない部分が沢山あったため、比較的早い時期に三井に譲り渡されたわけです。それではその後は何が活躍したかといいますと、イタリア式とフランス式のいいところがだんだんに採り入れられて行きます。しかし、日本的な座繰繰糸機が普及するのは、富岡製糸所の時代から三〇年位後の時代です。

それでは、それまでの間、どんな繰糸機が活躍していたのでしょうか。それはこの「左手ざぐり」というざぐり器です。江戸初期の時代には、このざぐりではいい生糸はつくれなかったのですが、奥州地方とか上州地方とかが交流し合って、江戸時代末期に、結局、「左手ざぐり」に落ち着いたのです。しかしその当時は、糸を抱合する装置がなかった為に、結局、いい糸はつくれませんでした。それが明治の時代に入って、機械製糸が行われるようになって、イタリア式の「より掛け装置」が導入され、そのより掛け装置を左手ざぐりに採り入れてみようということから、左手ざぐりに鼓車が付いたわけです。つまり、機械製糸が入ってから、左手ざぐりが完成したといっていいでしょう。この「鼓車付左手ざぐり」が活躍したのです。

もう一つ左手ざぐりが活躍した理由は、多種で少量の雑ぱくな繭から糸を取るためには、座繰繰糸機を使うよりも、左手ざぐりの方が手っ取り早かったからです。だから、ざぐり器が活躍した時代が、明治二六年頃まで続いたのです。しかし、左手ざぐりは糸の品質を揃えるのが大変な技です。一人ひとりの手作業で、みんながやるわけですから。そこでやがては、日本式の座繰繰糸機の時代に取って替わられるわけです。そして、大量生産の時代に向かって、共同で揚げ返ししたり、検査をして、出荷することによって、製品を統一したりして行ったわけです。そして、その間に、足踏製糸器とか、煙気繰りとかいういろんなことが試みられました。煙気繰りとか足踏式というのは、要するに家内工業方式なのです。日本の生糸生産が、家内工業によって支えられて来た時代があったということです。『女工哀史』などにも出ていますが、まだまだ家内工業的な製糸工場がたくさんあったということですね。その頃、その糸がどんな用途に使われていたかといいますと、ほとんどが欧州向けの織物向けで、輸出生糸が主だったのです。

以上のように、明治中期までの時代は、道具から機械生産の時代へ変わって行ったということです。時代がずっと過ぎまして、やがて大正時代になりますと、大きな転機がやって参ります。その要因となったのは、蚕の一代交雑種の出現です。これは非常に画期的で、蚕糸業の大きな転換期になりました。

それはどういう事か申しますと、皆さんよくご存じのメンデルの遺伝法則により、雑種強制を利用した蚕をつくる事が出来たという事で、一代交雑種の蚕は素晴らしい性質を持った繭をつくるという事を、外山亀太郎博士が十数年の年月をかけて交配を繰り返した結果、見出したのです。一代交雑種の蚕が人工的につくり出されるようになったことによって、製糸機械も大量生産出来る多條繰糸機へと変わって行きました。一人で二〇緒を受け持って生糸をつくる製糸機械に替わっていったわけです。

その頃の生糸は何に使われたかといいますと、第一次大戦後、ヨーロッパ、アメリカの諸国では、女性の社会進出が非常に盛んになって、女性が丈の短いスカートを身につけるようになり、それに伴って、靴下がどんどん売れるということで、靴下向けとして、細い一四デニールのむらのない糸が要求されるようになったのです。織物業界では、レーヨンの出現によって、広幅物にはほとんどレーヨンが用いられるようになり、レーヨンの比重が高まって行くわけです。

いよいよ第五期として、「自動繰糸機の時代」に入って行く事になります。昭和三五年（一九六〇）頃になりますと、労働生産性の向上で、少ない人数で能率を上げなければならないという事で、一気に自動繰糸機の開発が進みました。自動繰糸機というのは、明治、大正の時代から、湯浅式だの、いろんな自動繰糸機が開発されていたのですが、完全な自動繰糸機には至らなかったのです。それが一九六〇年代に入り、糸の太さを自動制御する定繊度感知器という糸の太さを刻々検出する機構が開発され、本格的に自動繰糸機の時代に入ったのです。と同時に、先程お話しましたように、一代交雑種から更に発展して、四原交配等の蚕品種改良技術も進んで、蚕品種の面でも、繭の面でも、揃ったものが一挙に供給されるようになって、自動繰糸機の実用化が一挙に進んだわけです。良質で揃った繭の供給が出来なければ、自動繰糸機の開発はもっともっと遅れたと思いますが、蚕を飼う側と繰糸機をつくる側の双方が相まって、自動繰糸機の実用化が進んだのです。

その当時、生糸が何に使われたかといいますと、国内フォーマル用衣料を生産する為につくられたのです。皆さんのお母さんでしたら、多分ご存知だと思いますが、塩月弥栄子さんという方がいらっしゃって、着物の着方とかいう本を出して、ベストセラーになりましたが、当時は国内フォーマル用衣料の需要が非常に高かったわけです。そうこうして、自動繰糸機の改良技術も進んで、合理的な大量生産に向け、繰糸機は飛躍的に進歩しました。その当時、座繰繰糸機から自動繰糸機へと技術革新が進んだ時、繰糸機の発展を称して、籠かきから一気に超音速ジェット機への進歩だと、よくいわれたのですが、それ程、素晴らしい進歩をここで遂げているわけです。その進歩の誘因は何かといいますと、先ず一つは繭の価格とか、糸の価格を決定する検定制度、格付け制度、セリブレン制度など、諸制度を制定したということ、もう一点は、人材教育の為の教育制度の制定です。

私の先輩諸姉は、明治後期にすでに女性としての専門技術を学んでおりました。そのような人たちがどんどん社会

のです。

この時代の蚕糸科学技術は飛躍的に進歩したのです。このような事はよその国では例を見ない程の速さの進歩だった技術の普及活動とか、蚕品種の改良技術研究を行って、産・学・官・民の連携による素晴らしい活躍を見せたので、へ進出して、中間管理者として活躍しました。それから実業教育を充実させて、実業教育を受けた人たちが蚕の飼育

例えば、前述の一代交雑種の普及伝播にしても、アメリカではコーンベルト地帯でコーンの一代交雑種を普及させたのですが、その広さは日本全国土の大きさと同じ位だったらしいのですが、それが普及するのには二五年かかったといいます。それに対して日本では、蚕の一代交雑種をわずか一〇年で、全国の隅から隅まできちんとやり遂げた。その正確さ、ち密さ、速さは、もう驚異的なものだったらしいです。それが何故出来たのかというと、前述のように、一つはいろんな制度を制定したこと、それから専門技術・実業教育制度の充実、産・学・官・民が一体となってやり遂げたという日本独自のやり方にあるのです。このことについて研究している先生がいらっしゃいますが、私は今さらながら、日本は素晴らしいと思っております。

そういうことで、江戸時代から今日までを振り返り、蚕糸技術の発展の過程をみて参りましたが、蚕品種とか、織物の製品別の糸の取り方とか、そういう明治以降の科学技術に対する考え方の基礎になるものが、日本では江戸末期にすで出来上がっているのです。この事は皆さんも、是非心に留めて置いて頂きたいと思います。富岡製糸所に入った外国の技術すべてで、日本がよくなったのではなく、科学技術の基本となることは、江戸時代末期に既に出来上がっていたのです。それと合わせて、生糸を輸出する為の供給体制も、シルクロードも、江戸時代には既に出来上がりつつあったのです。江戸という時代は、やはり素晴らしいと思いますし、日本の蚕糸・絹業というのは、その時代時代に、きちっとしたものを次の時代に渡しながら、今日まで発展して来ているという事は素晴らしい事であり、私たちはこの事実を、単に過去の話だとして、このまま忘れ去ってはいけないのだと思うのです。

さて、以上は過去のお話でございます。

それでは、蚕糸業はこれから先、どうなって行くのだろうか、という事になります。私ども研究会は、未来の事をとやかくいう力はないのですが、恐らく江戸時代にやって来たような製品づくりを目指して、素材から組み立てる時代になるのではないかと考えているのです。

そういう観点から、先ずいろいろな蚕品種の改良を試みました。また、現行品種の繭から糸を繰る場合でも、糸の取り方にこだわり、例えば、繰糸をする前に、一般には、繭を一一〇度位の高温の熱風によって乾燥してしまうのですが、乾燥すると、繭は熱変性を起こして、その結果として、糸が硬くなる事が分かりました。そういう糸ではまずい、熱風乾燥するのはやめようという事になり、生繰りといいまして、繭が出来上がった自然の生のままの状態で糸にする方法を採用し、しかも、ゆっくりゆっくりした巻き取り速度で、丁寧に糸を繰る事に固執しております。緩速度で、丁寧に糸を繰るのでは、生産能率が悪くなるので、製糸工場は嫌がるのですが、二次製品、三次製品とした時に付加価値のつくいい糸になります。そのような良質糸をつくる事にポイントを置いているのだと、常に製糸工場側と話し合い、交流をしながら、高い生産費を支払って生産して貰っています。

高い生産費を支払って生糸をつくって貰うからには、つくる製品も付加価値を付けないと駄目です。ということで、多摩シルクライフ21研究会の皆さんは一生懸命に、より素晴らしいもの、付加価値の高いものをつくる研究を日夜続けております。蚕品種なども、現在は四種類位採用して飼育しているのですが、最近は伝統工芸展でも、どこでも、素材というものに着目し始めたのです。いい素材を使ったいい製品が、大きな伝統工芸展などで入選します。研究会の皆さんの作品も入選しています。入選するだけではありません。一五〇万円以上の値をつけた着物が三枚、あっと言う間に売れちゃったそうです。どうしよう（笑）。

このように、ブランドシルクに興味を示す人が、最近、だんだんと増えて来たという事です。またここにおられる境さんや難波さんたちが塩蔵糸という生糸を苦労してつくり上げました。塩蔵糸というのは、塩漬けした繭を繰ってつくった糸の事ですが、そうする事で、生糸の保水性能が高まるのです。そういう特殊な糸を素材にした帯も売れました。最近のお客様はとても目が肥えていらっしゃるし、どこでどういうお客様がどういう目で、私たちの作品をご覧になっているか、分かりません。しかし、やはり素材というものが、最近見直されて来たというのが実感です。どこで、誰が、どういうふうにして、「いいものないかな」なんて、選んでいるかというのが分かり始めて来ました。

それから、もう一つ大事なことは、素材づくりからこだわるものづくりをやらなくて、なぜ文化といえるのかという事です。素材にこだわってつくるからこそ、日本独自のものが出来上がるのであって、やはり、その土地土地の風土と、その地域の人たちとが密着してこそ、はじめて独特の文化が生まれるのではないかと思います。

研究会の人たちは、すべて草木染めによって、糸や織物を染めています。その草木染めの材料は、その辺りで買って来るものだけではありません。自らで栽培もしますし、家の庭にある季節のもの、春の桜、それから秋の桜、皮がいいか、幹がいいか、実がいいのか、など自らで研究し、涙ぐましい程の研究をしながら、抽出をして染料をつくり上げ、媒染剤を使って素晴らしい色柄に染め上げて、工芸展で入選するような素晴らしい作品に仕上げているのです。そういうやり方が、これからのあり方ではないかと、私は考えております。

（講演おわり）

四　研究会の将来像

蚕糸・絹業の未来を目指して

東京農工大学在職中、新しい時代の絹づくり、即ち、絹の多様化と高品質化を目指して、蚕品種から製糸、撚糸、製織、織物性能に至るまでの研究を続けて行く中で、もっとも知りたかったこと、また、やりたかったことは、つくろうとする絹製品に向けて最適な加工条件で、素材から組み立ててつくるにはどうするかという事であった。

そこで機会に恵まれたこともあって、昭和六〇年から三か年かけて、「蚕糸・絹業の視察ならびに研修」旅行を一都三三県にわたって実施した。

その研修旅行で知り得た事は、日本の養蚕技術のレベルの高さと、地場産業や伝統工芸の技に改めて感動したが、当初の目標とする課題は解決しなかった。その理由は、まだ、蚕糸業法が改正されていなかった事もあり、特殊蚕品種の育成等も自由に出来ない状況にあった事から、ほとんどの県で、素材は旧来の慣習にならって普通に流通している繭や生糸を使って、従来通りの絹づくりが行われていたからであった。

そこで、当初の目標に向かって独自に研究を続けて行こうと、平成二年から当時の東京都農業試験場秋川支場との共同研究により、新蚕品種の育成とその製品化に取り組むと同時に、現行品種による高品質化についても取り組んだのである。これが「東京ブランドシルク事業」の始まりであった。

このように、蚕品種から織物まで結んで最適生産するという考え方は、当時としては、まだ先駆的な行き方であり、蚕糸業界ではほとんど行われてはいなかった。その後、この絹づくりのあり方は、研究会の組織化と相まって、着々と成果を挙げ、最近では、染織工芸界、一部問屋業界に於いて、高い評価が得られるようになった。

今日までの道のりを振り返ってみると、決して平坦な道ばかりではなく、誠に苦しい試行錯誤の連続ではあったが、ここまで前進出来たのは、僅かに残る養蚕農家の中に、パイオニア精神に富む優秀な方がおられ、念願の特殊品種の蚕飼育が出来た事と、製糸・染織に於いても、研究心に富み、優れた技術を持つ研究会員に恵まれた事が、このブランドシルク事業を大きく前進させた理由であると思う。

このように、絹の多様化、高品質化を目指して、素材づくりから組み立て、新しい絹製品を創出するという行き方は、これからの国内での蚕糸業を含めた絹づくりの主流になると考えている。

以上、研究会の蚕糸・絹づくりについて記して来たが、もとより絹をつくる事のみが私ども研究会の目標ではない。これからの日本が目指す安心・安全で豊かな文化国家を達成するには、私どもの活動も次のような事が求められる。

（1）養蚕について

養蚕の目的は、一言でいえば、「蚕によってシルク素材を生産すること」に尽きるが、養蚕をもっと多角的な視点から捉えなければ広がりは出て来ない。たとえば、養蚕によって、「生命に出会い、生命を育て、生命に感謝し、その素材を活かし尽くす」という考え方に立てば、蚕を育てる自然・地域・人間環境、そして同じ「蚕を飼う」という作業を通じて、子供から高齢者に至るまで、広い関わりを持つ中で、仕事をする事が出来る。このような考え方は、私どもの研究会活動の内、特に、小学校や一般市民対象の生涯学習の中に活かして来ている。

養蚕を通じてこそ、日本の風土、地域社会としっかりと結びついて文化を育成する事が出来るのである。したがって、養蚕が関わらない絹づくりとは、文化の基盤が異なると思う。

（2）製糸から染織まで

作品の加工手段が長い伝統に培われて来たものを継承しながら、それをもとに、新しい時代の考え方や感性を折り込みながら創作して行く事、さらに、携わる会員が創作する過程で、会員相互や、連携する人々と、共々に、極度に進むグローバル化の波の中で、なお、あえて国内で一貫して、蚕糸・絹づくりをしようとする事に対する意志、アイデンティティを再確認し合いながら、その上で、お互いの活動母体を育てて行く事が求められるのではないかと考えている。

以上のように、強い意志のもと、古い時代に生きた者から新しい時代を生きる者に向けて、さらに、同じ国の同じ時代に生きる者同志の連鎖、すなわち、「生命の連鎖」によってこそ、生命感溢れる独自の文化が生まれて来ると思っている。

それは、他国や他者のつくるものに比べて優位とか、低位にあるとか、比較されるべきものではなく、つくった人たちだけの財産であり、また、それを使う人たちにも共感を与える事が出来るものとなる。近い将来、そのような伝統文化を育む時代が来た時、初めて、私どもは、堂々と胸を張って、世界の多くの国々と国際交流が出来るのではないかと考えている。

6 繊維博物館の役割

これまでとこれから

田中 鶴代

■本論は単なる博物館紹介ではない。繊維博物館の成立の物語がそのまま、日本の産学協同の歴史だからである。ここで述べられているように、参考品陳列場（繊維博物館の前身）を併設した農商務省蚕業試験場から東京高等蚕糸学校が生まれ、それが東京農工大になった。大学が博物館を作るのではなく、博物館を中心とする産業施設から大学が生まれた稀な事例であった。

■その意味で繊維博物館は、日本の養蚕が国家のための産業であったことを示す証人のような存在である。ならば国家の産業でなくなったときに、その存在は何を担えるのか？この問いは、養蚕や生糸や織物がこれから何を担うのか、という問いと同じである。

■博物館は単にものを見せるだけの施設ではなく、さまざまな活動の拠点となり、歴史を認識する場であり、教育現場でもある。さらに、歴史的な証言や、人々が作り続けてきた多くの「もの」を保存するところである。織物こそ、残ることによって次の時代に、人間がどのように自然とかかわってきたかを示す、大事な「もの」である。伝えるためには、ただ美しい着物を並べればいい、というわけにはいかない。思想を基盤とする説明機能が必要になる。博物館はその役目を担っている。

はじめに

繊維博物館の正式名称は「東京農工大学工学部附属繊維博物館」である。この名称からは東京農工大学工学部があって、そこが作った博物館であるようにみえる。実は反対で、繊維博物館が先にあり、東京農工大学工学部の方が後からできたのである。最近では博物館を作る大学が増え、国立大学法人で三一、私立大学で約一二〇の大学博物館（美術館・資料館も含めて）があるが、繊維博物館のような歴史的経緯をもつところは他にない。

繊維博物館の特色は博物館設立の歴史に深くかかわり、そのため日本の産業社会の変化の影響をうけ、その役割が大きく変わっていった。その移り変わりを述べるとともに今後に期待される繊維博物館の新しい方向について考えていきたい。

一　繊維博物館の概要

歴　史

明治維新当時最も重要な輸出品は生糸であった。政府は殖産興業と外貨獲得のため蚕糸業育成の政策を推進した。一八八六年（明治一九）農商務省（現在の農林水産省と経済産業省の前身）の蚕業試験場に設置された「参考品陳列場」が繊維博物館の始まりである（図1）。「参考品陳列場」から東京農工大学工学部への沿革は次のようになる。

沿革

一八八六年　農商務省農務局蚕業試験場（のち東京蚕業講習所）に参考品陳列場（のち標本室と改称）が設置される。
一八九六年　蚕業試験場が蚕業講習所として発足。のち東京蚕業講習所となる。
一九一三年　東京蚕業講習所が農商務省より文部省所管に移る。
一九一四年　東京蚕業講習所が東京高等蚕糸学校として発足。
一九四〇年　東京高等蚕糸学校が小金井に移転。
一九四四年　東京高等蚕糸学校が東京繊維専門学校となる。
一九四九年　東京農工大学繊維学部・農学部が発足。
一九五二年　標本室が繊維博物館として博物館相当施設に認定される。

図1　農務局蚕業試験場真景

一九六二年　繊維学部が工学部に改称。
一九七五年　工学部本館がすべて繊維博物館となる。
一九七七年　繊維博物館が工学部附属教育研究施設として官制化される。

施設

博物館の本館は一九四〇年（昭和一五）、東京高等蚕糸学校が小金井に移転した際建てられた鉄筋コンクリート造三階建の建造物である。のべ床面積は三〇〇八平方メートルで、そのうち一四三三平方メートルが展示室として使われている。本館のほか、繊維博物館別館・繊維博物館附属施設があり、収蔵展示、サークル活動等に利用されている。

主な所蔵品

繊維といえば、繊維素材から糸・織物・編物・繊維製品と非常に幅広い分野を含むが、繊維博物館の所蔵品は主に繊維素材と素材から製品になるまでに使われる道具・機械が中心となっている。繊維博物館はその成り立ちから行政・生産者サイドの立場にあり、衣服などの繊維製品や消費者関連の所蔵品・展示は少ない。

図2　生糸提造

1　蚕糸関係

前身の東京高等蚕糸学校標本室当時の蚕糸関係の資料が多数ある。特に世界各地の繭や生糸の標本が多数あり、これらは蚕業試験場時代に蒐集したものを引き継いでいる。また一九一六年（大正五）に貞明皇后が東京高等蚕糸学校に行啓された際、下賜された小石丸（蚕の品種名）などの繭や生糸がある。因みに現在も皇居の御養蚕所で育てている小石丸の原種は東京高等蚕糸学校産のものである。また幕末から明治初期に作られた生糸の綛をまとめて束ねた提《さげ》造《づくり》（または提糸造《さげいとづくり》）とよぶ形は現存する唯一のもので養蚕県の群馬県にも残っていない（図2）。

養蚕関係の道具として、蚕種紙・羽箒・蚕座・蚕棚・簇《まぶし》等、製糸関係の道具では胴繰器・座繰器・揚返器・真綿製造機・括造機・八丁撚糸機等が展示されている。また手織機も多数あり、友の会サークル（後述）の会員たちが織物制作に励んでいる。蚕や生糸の品質検査に使われた古い木製の試験機類も展示されている。

図3　蚕織錦絵

図4　生糸商標

2　蚕織錦絵・生糸商標

蚕織錦絵とは故鈴木三郎東京農工大学名誉教授が蒐集し、一九八〇年（昭和五五）に繊維博物館に寄贈された養蚕・製糸・機織をテーマとした江戸時代から明治初期までの錦絵で、一〇〇〇点近くある（図3）。歌麿をはじめ、英泉・広重（初代・三代）・国貞・国芳・芳員・房種・周延など代表的な絵師が描いており、蚕織錦絵としては日本最大級のコレクションである。

生糸商標は生糸を輸出する際に貼った商標（ラベル）で明治初期のもの約三〇〇点も含め一六〇〇点あり（図4）、これも鈴木教授から寄贈されたものである。明治初期のものは意匠をこらし、輸出用のため地名や生産者名をローマ字で書くなど、当時の日本人の意気込みがしのばれる貴重な資料である。

3　天然繊維・化学繊維の素材

絹以外の綿、麻、羊毛その他天然繊維の素材も多数ある。珍しいものとしては綿を運送のために圧縮した「綿の俵装」、羊の剥製、各種の麻素材などがある。また化学繊維では一九世紀末に発明された世界最初の化

図５　シャルドンネ人絹

学繊維である「シャルドンネ人絹」（図５）があり、世界中で残っているのは繊維博物館のものだけといわれている。昭和初期に現在の東レ、帝人などの合繊メーカーの前身が製造したレーヨンの綛と商標も保存されており、企業にも残っていない貴重な資料である。

　日本の化学繊維の技術は世界最高であり、その最先端の技術資料の展示室もある。それは二〇〇五年秋にオープンした化学繊維情報室で、炭素繊維など高強度・高耐熱性の素材や光ファイバー、南米産のモルフォ蝶の羽の色をナノテクノロジーで再現したモルフォテックスなどが展示されている。また環境に配慮した生分解性繊維、ＰＥＴボトルの再生繊維など最新の技術の情報を得ることができる。現在の日本の工業は繊維産業に起源をもつものが多く、歴史的資料だけでなくその進化の延長上にある最先端の資料を展示することによってこそ繊維博物館の役割がより一層明らかになるのである。

4　繊維関係の道具・機械類

　繊維博物館には繊維素材と素材から製品になるまでに使われる道具・機械が多数あり、これらは最もこの博物館を特徴づける展示となっている。中でも圧巻なのは繊維機械展示室にある自動繰糸機、紡績機、織機、編機などである。機械につけられたTOYODA, NISSANのマークが日本の工業化の歴史を物語っている。特色ある機械として、各種の繰糸機、自動繰糸機、ガラ紡績機、各種の紡績機、編機、豊田式Ｇ型自動織機（図６）、ジャカード織機、エアジェット織機などがあり、繊維技術研究会（後述）会員によって稼動できるように整備がなされている。

5　その他の特色ある資料

●組台＝強く美しい絹の組ひもは古くは鎧・兜・刀の柄、明治以後は帯〆などに使われている日本の伝統技術品である。繊維博物館には丸台、角台、高台を初め鉄製の製紐機まで各種の組ひもを組む道具・機械が展示されている。

●ミシン＝一九世紀から現在までのアメリカ・イギリス・日本製の家庭用ミシンを約五〇〇台所蔵している。ミシンは日本の近代化の歴史に関わりが深く、技術以外の研究テーマとして内外の歴史・経済・社会学者が多く訪れる。

●日本各地の手織機模型＝繊維博物館は日本各地の手織機の縮尺模型六〇点を所蔵している。これらは織物研究者重松成二氏（故人）が一九八〇年代に日本各地を訪れてその地方の手織機を調査し、実測結果に基づいて一〇〇分の一五の縮尺で製作したものである。写真や製図だけでは分からない手織機のメカニズムを理解でき、修復や復元にも役立つ貴重な資料である（図7）。

図6　豊田式G型自動織機

図7　手織機縮尺模型

●中西式紋織物＝大正から昭和初期に博多の中西金作氏は多数の紋紙を使わずに光電管を利用して絵柄のある織物を織る装置を発明した。この装置を使って当時の写真・ポスターなどの図柄をもとに織り出した多数のすばらしい織物作品がある。

二　日本の博物館史と繊維博物館

内山下町——博物館のあけぼの

東京国立博物館、東京農工大学工学部、農林水産省蚕糸試験場（現在の独立行政法人農業生物資源研究所）の沿革に共通して登場するのが、「東京府麹町区内山下町」という地名である。しかし専門的史料を除き、一般的には東京国立博物館の歴史には蚕業試験場のことは登場せず、逆に東京農工大や蚕糸試験場の方には東京国立博物館のことは触れられていない。同じ時期に同じ場所に誕生したこれらの施設が全く無関係のはずはない。

内山下町は現在の東京都千代田区内幸町の帝国ホテルがある一帯である。幕末まで薩摩藩や島津氏分家等の屋敷や藩邸があったが明治維新後は国に接収され、ここに一八七二年（明治五）博覧会事務局がおかれた。この事務局はその翌年にウィーンで開催される万国博覧会に日本からも出展するため各地から出品物を集め整理・公開するために置かれたものである。したがってここはすでに一種の「博物館」といえるものであり、翌年には名称も「博覧会事務局博物館」となった。この名称には博覧会という勧業振興政策の一方で、日本にも大英博物館のような本格的な博物館を建設したいという構想との合体したものであったことがうかがえる。一八七七年（明治一〇）に上野の山で第一回内国勧業博覧会が開かれたが、その跡地にこの「博覧会事務局博物館」が一八八一年（明治一四）移転し、その後いろいろな変遷を経て現在の東京国立博物館となる。

「参考品陳列場」の由来

この内山下町の博物館施設には一八七七年（明治一〇）には八つの「列品館」（展示館）があった。列品館には各地から集められた農業・工業製品もあり、生糸なども含まれていたと思われる。その他にヨーロッパで技術を学んできた人々の伝習施設が作られ、その一つに「生糸所」があった。くわしいいきさつは「国立東京博物館百年史」や「東京農工大学工学部百年史」に譲るが、「博覧会事務局博物館」上野移転後の一八八四年（明治一七）に内山下町に設立された農商務省蚕病試験場（その後蚕業試験場）の教育・研究がこの「生糸所」で行われた可能性が高い。蚕病試験場に初期から「参考品陳列場」があったのは、内山下町の列品館で展示されていた物品、もっと古く万国博覧会出展のために各地から集められた物品等を引き継いでいたからであろう。現在の繊維博物館の所蔵品に当時のものがあるかどうかは不明であるが、生糸の提造（図2）などは短い期間にしか作られていないので、「参考品陳列場」に展示されていたものである可能性が高い。

蚕糸試験場の盛衰

内山下町の農商務省蚕病試験場は一八八六年（明治一九）東京府下北豊島郡西ヶ原村（現在の北区滝野川）に移転して蚕業試験場と改称し、試験研究とともに教育機関としての任務を持つようになった。一八九六年（明治二九）には蚕業講習所となる。同時に各地で蚕糸業が盛んになるに従い、輸出上の点で蚕種や生糸の統一化・標準化を望む要望が高まり、一九一一年（明治四四）政府は蚕糸業法を制定し、原蚕種製造所を全国主要地に設置した。蚕業講習所と原蚕種製造所は共存することになったが、蚕業講習所は高等教育機関であることから文部省所管となり、一九一四年（大正三）に東京農工大学工学部の前身・東京高等蚕糸学校が発足した。

東京府豊多摩郡杉並村大字高円寺（現在の杉並区和田）にあった原蚕種製造所はその後農林省蚕糸試験場となって長らく日本の蚕糸研究の中心となっていた。一九七二年（昭和四七）蚕糸試験場は茨城県筑波学園都市に移転する。その頃から生糸の輸入量は輸出量を上回るようになって日本の蚕糸業は縮小していった。各地の生糸検査所や繊維試験所の閉鎖や合併が相次ぎ、蚕糸試験場も農業生物資源研究所の一グループに縮小し現在に至っている。
以上述べたように東京農工大学工学部と農林水産省蚕糸試験場の起源は同じであり、また繊維博物館の成立は日本の博物館の歴史と関わっている。繊維博物館は日本の蚕糸業史、博物館史の両方に関係している存在であることが分かる。

三　教育施設としての繊維博物館（一八八〇年代～一九七〇年代）

繊維博物館は発足以来、明治以後の日本の工業の基礎となった繊維産業を支える高度専門技術者の養成に寄与してきた。特に高等蚕糸学校以来の養蚕・製糸業との関わりが深い。卒業生も繊維関係の公務員や繊維関連企業の技術者となる人が多かった。日本各地の繊維関係の行政施設や企業に連絡すると必ずといってよいほど、「農工大の卒業生です」と名乗っていろいろ便宜を図ってくれる人がいる。

一九七〇年代初め頃までは東京農工大学においては、繊維関係の教育が大きな部分を占め、繊維博物館は学生の講義や実習に大いに活用されていた。

しかし産業構造の変化により繊維産業は二一世紀の今日では日本の主力産業の座はとうに譲った。繊維および繊維製品の製造出荷額構成比では一九七八年には全製造業の六・一％であったが二〇〇三年には一・八％となり（図8）、従業員数も五一四万人で全製造業の五・九％となった。

また繊維品貿易では一九八六年以後輸入超過が進み、二〇〇四年には日本はアメリカについで世界第二位の輸入大国となって、そのうちの約七三％は中国からの輸入が占めている（図9）。養蚕・製糸業に関しては、一九九八年（平成一〇）には歴史ある蚕糸業法、製糸業法も廃止となり、養蚕・製糸は自由化される。繭の生産高は二〇〇三年には全国で七六五トンと一九三〇年（昭和五）の全盛期の〇・二%にすぎず、製糸工場は全国に二ヶ所となった。

工学部の教育目的が社会に役立つ技術者の養成にあることを思えば、産業界の需要が減少するに従い繊維に関する教育は既にその目的をほとんど終えている。工学部の学科名の変遷（表1）をみると一九八二年（昭和五七）に繊維のつく名称は消え、最後の繊維専門の教授は一九九九年度で退官した。

このような社会の変化とそれに伴う教育内容の更新の中で、工学部においては学生が博物館に足を踏み入れる機会も少なくなってきた。ただし一九八一年（昭和五六）に設置が認められた、数少ない理工系大学での学芸員養成課程

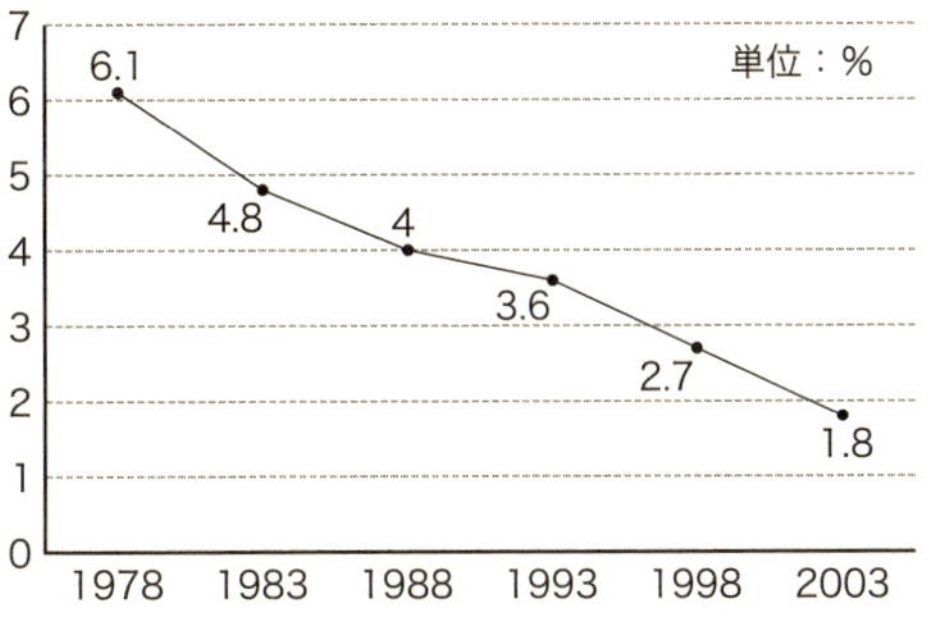

図 8　製造業出荷額における繊維関係製造業の構成比の推移（工業統計表・産業編に基づき作成）

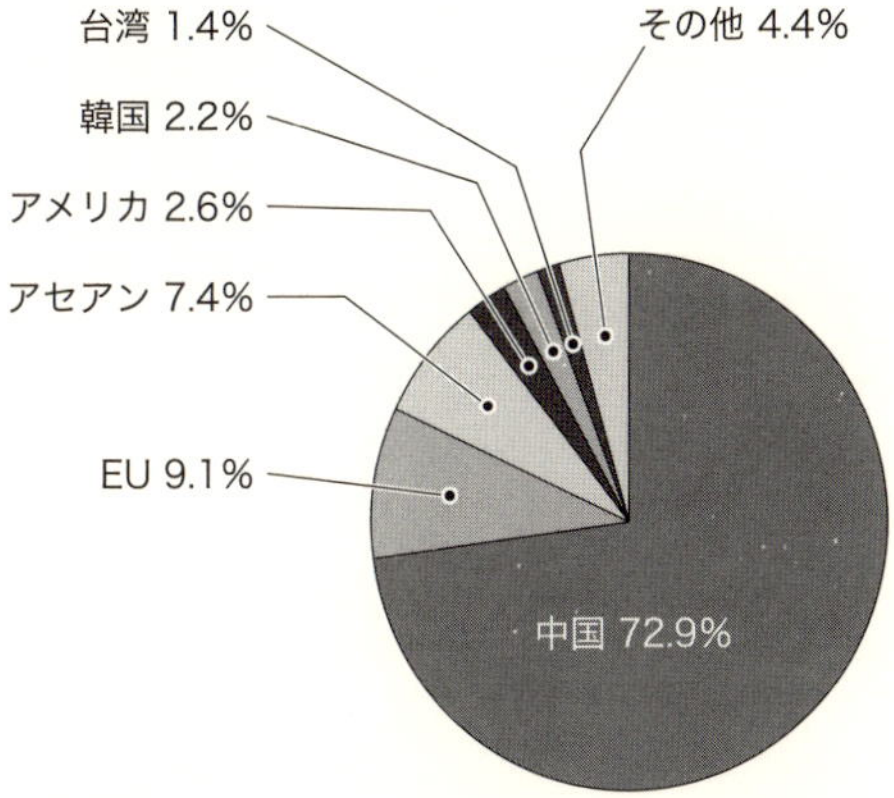

図 9　繊維製品の輸入（2004 年，金額ベース：繊維ハンドブック 2006 に基づき作成）

1949年	1953年	1962 年	1971 年	1982 年
養蚕学科	→	農学部へ		
製糸学科	→	→	→	高分子工学科
繊維学科	繊維工学科	→	繊維高分子工学科	材料システム工学科

表 1　東京農工大学工学部の学科名の変遷

を受講する学生の、実習の場としての意義は大きい。毎年三〇〜四〇人の学生が学芸員資格を取得している。卒業生のなかには国立科学博物館や宮城県伊豆沼内沼サンクチュアリセンター、愛媛県立科学館で学芸員として活躍している人もいる。

工学部では繊維博物館は学芸員養成課程以外はその役割を既に終えたとする立場と、残すべきであるとの立場でのせめぎあいが長いあいだ続いていた。しかしこれまでに述べたように繊維博物館は日本の近代化および博物館史との関わりも深く、貴重な資料を多数所蔵している。繊維博物館は単に東京農工大学工学部の一施設にとどまらず、今後新たな課題によりその存在意義を社会に提示していく役割がある。

四　繊維博物館と社会貢献活動（一九八〇年代〜）

三に述べたように、繊維博物館の学生への繊維教育における役割は一九七〇年代で次第に減少してきた。そこで学生教育に代わって求められてきたのが地域の人々への社会貢献活動である。生涯学習の中心である友の会活動の他に、子供科学教室・繊維技術研究会の活動を紹介する。

繊維博物館友の会

高度経済成長で日本人の生活に余裕ができた一九七〇年代になると、子育てを終えた専業主婦層を中心に学習意欲が高まってきており、新聞社等のカルチャースクールが各地で開かれるようになった。繊維博物館は一九七四年（昭和四九）に一般公開を開始したが、熱心な常連見学者を中心に博物館を生かした生涯学習の場への要望が起こり、一九八〇年（昭和五五）友の会が設立された。なかでもサークル活動は手織り、手紡ぎ、手編み、組ひも、藍染などの手仕事の技術を体系的に身につけるために始まり、それを伝承していく役割を担うことになった（図10）。

繊維博物館のサークル活動は他に見られない独特のシステムをとっている。まず講師はいない。会員たちの自主活動である。また同一サークルには四年以上在籍することはできず、「卒業」することになる。卒業前の一年間は「マネージャー」として館との連絡やサークルを運営する役割を担うというものである。巷にある他のサークル活動にはないこの独特のシステムが二〇年以上にわたり多少の消長はあったが、続いてきた理由であろう。現在一二サークル、約二六〇名の会員が活動し、その成果を年度末に開催されるサークル作品展で発表し、その時期に次年度の会員を募集している。

図10　サークル作品展風景

この制度の性格上、非常に高度で美術的価値の高い作品の制作には適しておらず、サークル活動を終了した会員達のなかには、さらに高度な技術習得を目指して工房等で研鑽を積むものもいる。また地域の小学校の総合学習や公民館・郷土博物館の体験教室等で指導を依頼されることも多く、サークルの社会貢献活動として特筆すべきものである。「サークルに入って人生が変わった」という元会員もいるほど中高年女性の生きがいになっている。

このように長年にわたり続いてきたサークル活動であるが国立大学の法人化以後、曲がり角にさしかかっている。現在新たな会則を制定し、活動していく方針で検討中である。

子供科学教室

繊維博物館では一九九三年（平成五）に当時の宮田清蔵館長（のち東京農工大学学長）の提唱で地域の小中学生を対象とした子供科学教室を開始した。

子供科学教室は一九九〇年頃から問題となってきた子どもたちの「理科ばなれ」を防ぎ、子どもたちに科学の楽しさを知ってもらうことが目的で開催されたものである。このような講習会は当時他ではあまり行われておらず、講師を務める東京農工大学の教官のレベルの高い内容が好評を博した。

二〇〇二年（平成一四）の完全学校五日制開始のころから各地で同様の催しが多くなる。子供科学教室では保護者の参加も認め、親子で一緒に実験に取り組む光景が見られるようになった。さらに二〇〇三年（平成一五）からは小金井市教育委員会との共催も行っている。

繊維技術研究会

繊維技術研究会は一九九九年（平成一一）に壁矢久良氏（元館長）が中心となり繊維博物館の支援を目的とするボランティア活動団体として発足した。主な活動は博物館が所有する繊維機械類の運転・保守および来館者への技術的指導や解説を行うことである。会員二〇名の多くは繊維関連企業を定年退職した技術者であるが、伝統工芸の継承者や織物業者であった人など多士済々である。繊維技術研究会会員たちの活動によって、自動繰糸機、紡績機、織機、編機、製紐機、ミシンなどの主なものが運転可能になり、特別展の際などに動態展示を行う他、一度途絶えかけた学生教育にも活用されるようになった。繊維技術研究会の活動は繊維博物館の今後の役割を考える上で、非常に重要な意義を持つと言える。

五　繊維博物館の新たな役割

現代は情報化社会であるといわれる。情報化社会は展示・調査研究・教育・社会貢献といったこれまでの博物館の役割以外に新しい役割を創り出すことになる。新しい役割として次の三つをあげたい。

- 新しい価値観の創出
- 技術の調査・伝承および新たな学問体系化
- 地域社会のネットワークづくり

工業化社会から情報化社会へ

アルビン・トフラーは一九八〇年に著書「第三の波」で、人類がこれまでに経験した大きな社会変動を「第一は農業革命」、「第二は産業革命」とし「第三は情報革命」と予言した。二一世紀に入ってからの日本の社会はまさに情報化社会が進展している。

明治時代の日本はイギリスの産業革命と同じではないが、政治・経済・社会あらゆる面で工業化社会へ向けて突き進んだ。工業化社会の特徴は工業製品を効率良く大量生産することにある。工場は大規模化・極大化し、分業化が進む。政治形態としては中央集権になり、製品の規格を定めるなどの法整備を行う。協調性に富み、忍耐強い社員を育成する教育制度を整える、マスメディアによる大々的な宣伝を行う等々である。しかし長く続いた農業社会の習慣は簡単には崩れず、真の工業社会が実現したのは敗戦を経験した第二次世界大戦後といえる。

経済の高度成長期を経て日本の国民は世界で最も平和で安定した生活を手に入れた。ほぼ均一な生活・教育・価値観は、一方では異質のものを排除する傾向もあった。バブル経済の崩壊後、長い低迷のなかに、新しい情報化社会が徐々に進展してきた。情報化社会は大量生産ではなく、多品種のものを少量生産することを可能にする。政治の地方分権化が進む。個人の個性・独創性が重んじられるようになり、教育のあり方が変わる。男女の役割分担は崩れ、家族の形態も多様化する。このような社会は農業社会・工業社会の規範を信奉する人から見れば荒廃した社会とうつり、価値観をめぐる論争がさかんであるが、そのなかに今までにない新しい生き方が次々と登場している。

新しい生き方のひとつとして個人および社会の広い意味での「文化的活動」の復権がある。経済優先社会の効率第一、「得か損か」の価値観から離れた文化、芸術、旅、ボランティアなどの活動が盛んになる。今までも博物館や美術館・劇場やホール・観光地などは女性や高齢者の姿が多くみられたが、団塊世代の大量退職後は元気な男性が増えることによる新たな企画も加わることが期待できる。男女共同参画事業やＮＰＯ法の成立などがこれらの活動を後援している。

博物館は昔は「博物館入り」などという言葉にあるように、古くて役に立たなくなったものを所蔵するようなイメージがあったが、情報技術の進化は逆にひとつひとつの資料に新たな光を当てることを可能にする。美術品の新しい分析技術による新解釈などにみられるように、今まで収蔵庫に眠っていた資料が脚光を浴びることも多くなる。繊維博物館では現在主要な所蔵品のデータベース化を進めて、新しい展示に活用している。博物館の新しい流れと連携しあって更に有意義な存在へと発展していくことが必要である。

産業遺産と技術の伝承

1　産業遺産について

経済の高度成長期には産業遺産すなわち幕末〜明治・大正期に使われていた建築物・土木建造物・機械などは不要なものとされ、壊されたり廃棄されたものも多い。このような流れに抗して、古いものを守ろうという運動が起こったが、孤立無援の戦いになることも多かった。その中で保存運動が成果をあげ始めたのはまず建築物である。これは明治期の洋館などは人目につきやすくその景観を惜しむ声が多かったためもある。産業遺産を重要な文化遺産として保存するための研究・評価活動を行う産業考古学会は一九七七年（昭和五二）に設立された。その名称は、一九五〇年代イギリスに創設されたIndustrial Archaeology Societyに呼応したものである。

バブル崩壊後、低成長経済のなかで産業遺産だけでなく、町並み・伝統工芸・伝統芸能・祭りなどを見直す運動が盛んになった。きっかけのひとつに小樽運河の保存運動がある。小樽市は戦前の栄光を失ってさびれ、汚れた運河の存続問題には長い抗争を経た。その後一部保存された小樽運河が観光地として脚光を浴びることになる。嘗ては栄えていたが戦後過疎化が進んだ都市などに、同様の経過で続々と多くの人が訪れるようになっている。

また一九七二年に第一七回ユネスコ総会で「世界の文化遺産および自然遺産の保護に関する条約」が採択され、日本もこの条約を一九九二年に批准し締約国となった。文化遺産・自然遺産だけでなく産業遺産にも関心が高まることになった。

2 「江戸のモノづくり」の調査・研究

経済の低成長時代にはまた江戸時代の生活の見直しをする機運が高まった。明治以後江戸時代を鎖国による停滞した暗い時代とする歴史観が主流であったが、長い平和の続いた江戸時代は日本独自の文化や技術が発展した時代でもあった。特に近代工業化社会が生み出した地球環境汚染に対し、ほぼ完全なリサイクル社会であった江戸時代の生活には今後の日本社会の進む方向に対し学ぶべき点が多数あり、現在は一種の江戸ブーム期にあるともいわれている。

このような背景もあって、二〇〇一年（平成一三年）にスタートした文部科学省科学研究費補助金特定領域研究「我が国の科学技術黎明期資料の体系化に関する調査・研究」（通称「江戸のモノづくり」）には国立科学博物館を中心とし総勢約四〇〇人の研究者が参加した。今までは日本の科学技術は欧米のモノまねで独創性に乏しいと言われてきたが、江戸時代には既に多くの面で欧米に遜色ない科学技術を生みだしており、その基礎をもとに明治以後の発展があることが分かってきた。繊維博物館もこの研究に加わり、繊維機械、特に組ひもを作る組台と手織機に関する調査・研究を行った。

組台については、江戸時代末期に考案されたからくり仕掛けで糸を組む「内記台」のメカニズムの研究と復元を行い、成果を第六〇回繊維博物館特別展「日本のわざ——組む・結ぶ・織る」および国立科学博物館特別展「モノづく

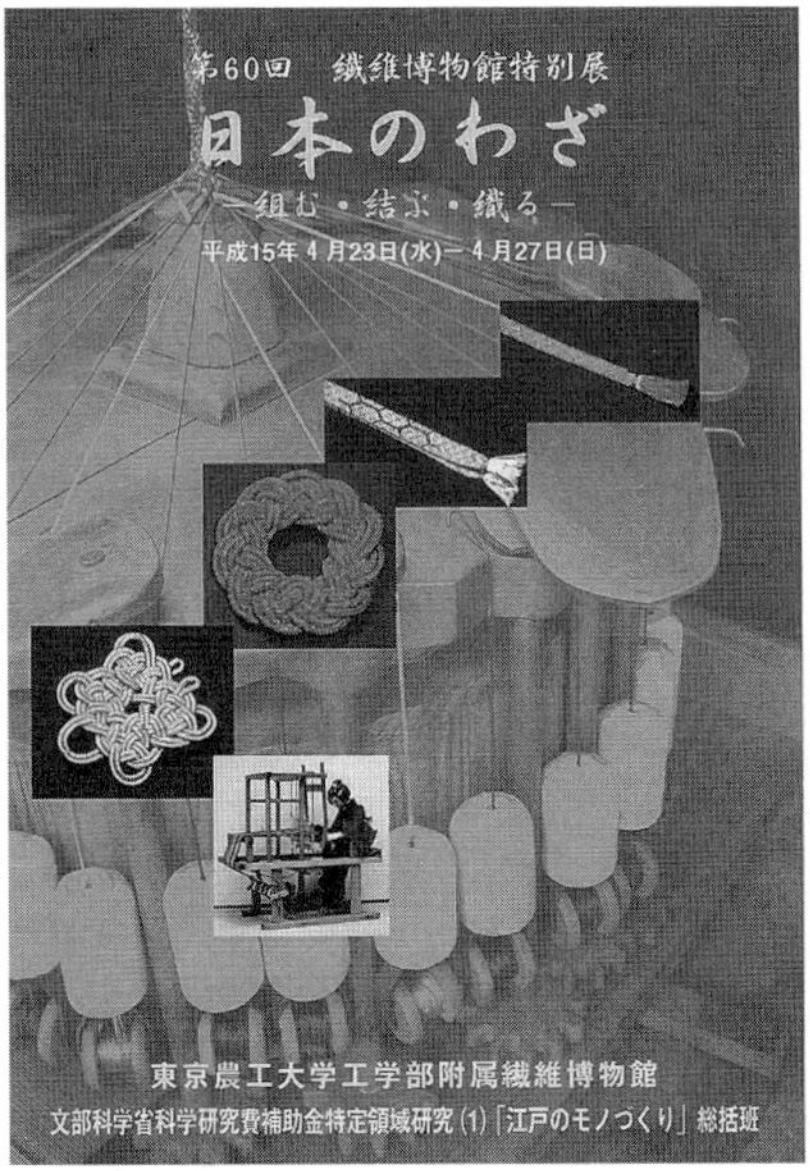

図11　第60回特別展目録

り日本　江戸大覧会」で公表した（図11）。

3　技術革新学の開講

二〇〇四（平成一六）年度から繊維博物館は工学部共通特別講義「技術革新学」を担当している。「技術革新学」とは最近新たに登場した研究分野で、これまでの歴史学の一分野である「技術史」や前述した「産業考古学」とは異なる目的・手法をもつ。

この研究は国立科学博物館が一九九七年（平成九）から行った我が国の産業技術の発展を示す貴重な事物の所在を確認し、その評価・保存・活用に関する調査研究に始まる。戦後、日本がめざましい経済発展をとげた背景に明治以来脈々と形成されてきたモノづくりの技術としての産業技術があるが、このような産業技術を培ってきた先人達の足跡を物語る様々な事物は、産業構造の変化、生産現場の海外移転、戦後技術を支えてきた人たちの高齢化などにより、急激に失われつつある。そのために国立科学博物館は二〇〇二年（平成一四）「産業技術史資料情報センター」を設置し、センターでは関連する工業会・学術団体・行政と連携して、全国に残る産業技術の歴史資料の所在把握、資料情報の蓄積と公開、技術発達と社会・文化・経済との相互関係の調査研究、などの事業を行うことになった。この新しい研究が「技術革新学」と呼ばれるようになる。

繊維博物館には手作業に使う簡単な道具類から工場で稼動していた機械類までが系統的に揃っているだけでなく、手作業はサークル活動、機械の運転は繊維技術研究会の会員によって受け継がれており、モノの所蔵とともにヒトによる「わざ」と「知恵」が伝えられている点で技術革新学の教育に最適な環境にある。

特に一九九九年に組織された工学部卒業生を中心とするボランティア団体「繊維技術研究会」の会員は、企業において日本の繊維工業の技術革新に携わってきた人々である。会員達は繊維機械の動態展示を通じて技術革新の真髄を伝えるべく努力している（図12）。

現在の最先端分野の科学は機械工学、材料科学、生命工学をはじめとして情報工学に至るまでその基礎を繊維科学にもつものが多い。繊維科学の技術革新における基礎資料と他分野の基礎資料を分析・解釈することにより、繊維博物館は新しい学問分野「技術革新学」の構築と学生の教育に貢献することが期待されている。

繊維博物館で「技術革新学」を受講した学生からは有意義な授業であったとの声が多く寄せられている。「技術革新学」の充実はこれからの繊維博物館に大いに期待される活動であろう。

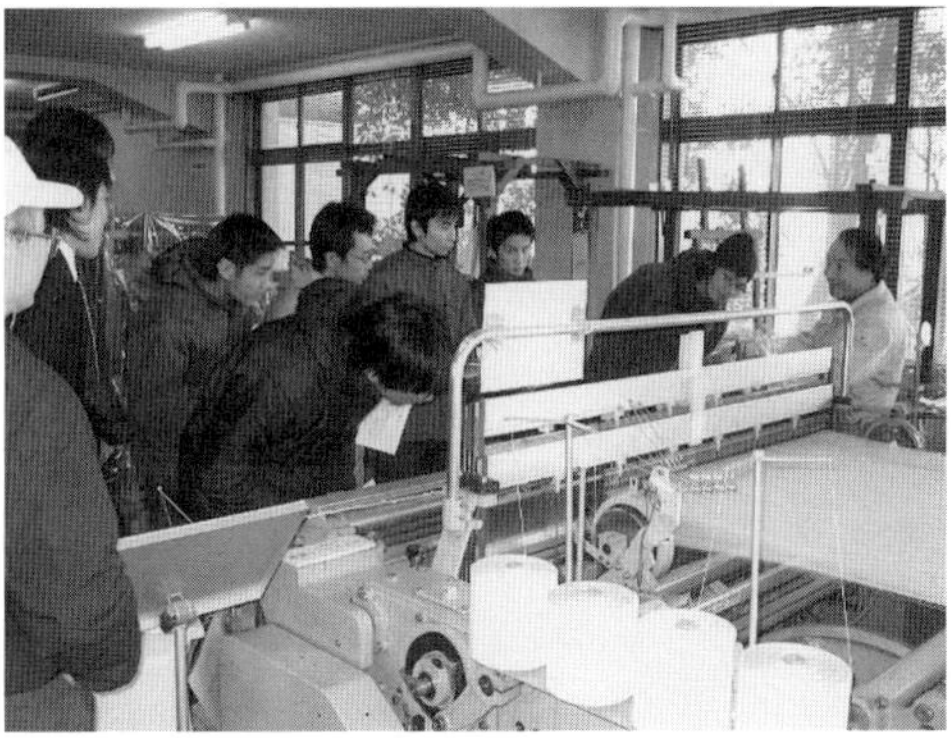
図 12　技術革新学の授業

模型が結ぶ手織機ネットワーク

既に述べたように、繊維博物館は織物研究者重松成二氏が一九八〇年代に日本各地を訪れてその地方の手織機を調査して製作した手織機の縮尺模型六〇点を所蔵している（図7）。模型のモデルとなった手織機の当時の所在地は北海道以外の日本全国にわたっている（図13）。

●モデル機の現在

二〇〇三年（平成一五）に重松氏製作の手織機縮尺模型のモデル機六〇台を所蔵している五〇か所（複数台所蔵しているところもある）にアンケート票を送り、モデル機の現状について調査した。

その結果は次のようになっている。

織ることがある　一六台

東北地方：
岩手県盛岡市
山形県置賜郡
山形県米沢市
福島県会津若松市
福島県本宮町
福島県船引町
信越北陸地方：
新潟県小千谷市
新潟県十日町市
新潟県塩沢町
長野県上田市
長野県南安曇郡
富山県福光町
石川県羽咋市
石川県白峰村
中国・四国地方：
鳥取県鳥取市
鳥取県河原町
島根県安来市
島根県広瀬町
広島県新市町
徳島県徳島市
愛媛県松山市
近畿地方：
奈良県奈良市
大阪府堺市
滋賀県愛知郡
京都府網野町
兵庫県西脇市
兵庫県青垣町
東海地方：
静岡県掛川市
静岡県浜松市
愛知県蒲郡市
愛知県知多市
三重県松阪市
関東地方：
茨城県結城市
埼玉県秩父市
東京都八王子市
東京都瑞穂町
東京都八丈島
群馬県高崎市
群馬県桐生市
千葉県館山市
千葉県佐原市
神奈川県横浜市
九州・沖縄地方：
福岡県久留米市
沖縄県那覇市

図 13　日本の手織機縮尺模型モデル機所在地（地名は当時）

展示している　　二四台
収蔵している　　一二台
その他　　　　　八台

その他八台には織物業の廃業に伴い伝統技術保存会などに移動したものが多い。廃棄されたり、行方不明になった手織機はほとんどなく、きびしい状況のなかで手織機を守ろうとした関係者の努力が伺える。

調査の際には現在の手織機関係者から手織機の現状にまつわるいろいろな情報が寄せられた。古い手織機を修復して子どもたちに体験教室を行っている様子を知らせてくれた郷土資料館もあった。それらを公開するために二〇〇四年（平成一五）三月からパンフレット「日本の手織機便り」を年四回発行することにした。機会をみてモデル機の所蔵地を見学し、関係者に話を聞いて「日本の手織機便り」に掲載し、二〇〇六年三月現在第八号まで発行したところである。

手織機模型が縁となっただけではないが、技術をもつ多くの方々が繊維博物館に協力を申し出てくださった。重松氏の手描きの製図のトレース、古い手織機の修復、手織機のメカニズムのコンピュータグラフィック化などが実現できた。

これらの調査・研究をもとに二〇〇五年（平成一七）一一月九日～一三日に第六五回繊維博物館特別展「いま甦る手織機の世界」を開催した。重松氏が製作した日本各地の手織機六〇点およびその他一七点の縮尺模型を初めてすべて展示した。また模型に含まれている鳥取の弓浜絣と島根の安来織の手織機を入手したので模型と製図に基づいて修復した。修復された二台の手織機は特別展の際、縮尺模型と並べて展示され、さらにこれらの手織機で織られた製品も鳥取・島根から提供を受けた。縮尺模型六〇台の展示だけでもすばらしいが、模型のモデルとなった手織機を展示することで重松氏が模型を製作された意義がより強く見学者に伝わったことであろう（図14）。

図14　第65回特別展展示

この復元に携わったのは小金井市文化財センターの学芸員で、その後文化財センターでは小金井市地域子ども教室「裂き織り」体験教室を開催し、繊維博物館友の会サークルの会員であった小金井市民が織りの指導を行った（図15）。参加した子どもたちはランチョンマットなどをがんばって織り上げ、嬉しそうに持ち帰ることができた。小金井市と繊維博物館との連携がこのようにして実を結ぶことになったことは大変喜ばしい。今後このような活動が各地で行われる際には、重松氏の模型手織機ネットワークをさらに活用してほしいと考えている。

二〇〇六年一一月一三日、『江戸時代における「モッタイナイ」の思想』の講演のため東京農工大学を訪れた法政大学の田中優子教授が繊維博物館を見学されたことから、法政大学・多摩の織物シンポジウムと繊維博物館との連携も生まれた。もともと東京高等蚕糸学校が西ヶ原から小金井に移転したのは多摩の養蚕・織物業とのつながりからである。多摩地域や東京農工大学を取り巻く環境の変化からこのつながりは一度は疎遠になったようにも見えた。しかし新たに生まれたネットワークが以前のつながりを再び甦らせるようになることを期待したい。

追記

二〇〇六年に入ってから、使われなくなった繊維試験機類を繊維博物館で引き取らないかという話が相次いで寄せられた。横浜の旧生糸検査所（現・独立行政法人横浜農林水産消費技術センター）と東京都消費生活総合センターからである。

生糸検査所は一八九六年（明治二九年）に開設された歴史をもち、長らく輸出用生糸の品質検査を行ってきた。しかし生糸輸出の激減とともに、一九八〇年（昭和五五年）生糸検査所は農林規格検査所に統合され、一九九一年（平成三）には横浜農林水産消費技術センターとなった。その後も検査業務は続けられたが、二〇〇六年（平成一八）三月三一日を以って品質検査業務を終了した（生糸の品質検査は神戸農林水産消費技術センターでは継続している）。

東京都消費生活総合センターは公害が大きな問題となっていた一九六九年（昭和四四年）に東京都消費者センターとして開設され、商品苦情処理や商品テストなどで大きな役割を果たしてきた。「衣生活」の分野では繊維素材の不当表示や不良商品、加工剤・洗剤・クリーニング溶剤の安全性などの問題が起こっていたが、行政・企業・消費者の努力により、大幅に改善されていった。最近は各地の消費者センターでは商品そのものよりも訪問販売や振り込め詐欺といったトラブルへの相談が圧倒的に多くなり、繊維関連の試験の必要性が減少し、東京都も浜松町にあった試験室を二〇〇六年（平成一八）三月三一日閉鎖した。

図15　機織体験教室

繊維博物館では試験機類の展示室開設を計画していたところでもあり、以上二か所からの申し出を受けることとなった。移転とその後の活用については、繊維試験を専門としていた繊維技術研究会の会員たちの協力で進めていく予定である。

横浜と東京の二か所だけでなく、各地で繊維試験機関の縮小・閉鎖が相次いでいる。繊維製品の品質向上のために定められたＪＩＳ規格やそのための試験法を学ぶ教育機関も減っていて、試験機を扱える人も少なくなっている。「衣食住」の中で生命に関わる「食」と「住」

に較べて、品質が向上した「衣」にはそれほど関心が集まらないが、皆が最も関心のあるファッションにしても素材の性能や複雑な衣類の製造過程を理解していなければ、デザイナーがイメージするファッションは作ることができない。繊維試験機類の展示室開設はこれまで繊維博物館があまり関わらなかった消費者サイドにも広がりをもつことにつながるであろう。

おわりに

「繊維博物館の役割――これまでとこれから」を読んで関心をもって下さった方が一人でも多く繊維博物館を見学し、繊維博物館の存続と充実のために支援して下さることを希望して筆を擱くことにする。

引用・参考文献（第Ⅱ部）

1　テキスタイル研究の視座

Evans-Pritchard, E. E. 1981, *A History of Anthropological Thought*, Siger, A. (ed.), Gellner, E. (introd.), Basic Books, Inc., Publishers.

FAO, *Mulberry for Animal Production*, 2002.

Hu Bao-tong and Yang Hua-zhu 1984, "The Integration of Mulberry Cultivation, Sericulture and Fish Farming," *Network of Aquaculture Centres in Asia*.

伊藤智夫、一九九八、二〇〇〇『絹』Ⅰ・Ⅱ、法政大学出版局。

Kaberry, P. (1957), "Malinowski's Contribution to Field-work Methods and the Writing of Ethnography," *Man and Culture: An Evalution of the Work of Bronislaw Malinowski*, Firth, R. (ed.), Routledge & Kegan Palu, 1980, pp. 71-91.

鎌形勲・松田昌二（一九四九）「農地改革の影響に関する調査」（『農業総合研究』三巻二号、農業総合研究所）、二三一〜三二、二四八頁。

厚東洋輔、一九九一『社会認識と想像力』ハーベスト社。

Leach, E. R. (1957) 1980, "The Epistemological Background to Malinowski's Empiricism," *Man and Culture*, 1980, pp. 119-137.

Malinowski, B. 1922, *Argonouts of the Western Pacific: An Account of Native Enterprise and Adventure in the Archipelagoes of Melanesian New Guinea*, with a preface by Frazer, J. G., George Routledge & Sons, Ltd.

——— (1941), *A Scientific Theory od Culture: And Other Essays*, with a preface Cairns, H., The University of North Carolina Press, 1944.

松井健、一九九七『自然の文化人類学』東京大学出版会。

布目順郎、一九八八『絹と布の考古学』雄山閣出版。

農業総合研究所、一九四九「養蚕農家は語る」（『農業総合研究』三巻二号）、二八一〜九五頁。

農林水産省『蚕業に関する参考統計　平成15年度』。
Radcliffe-Brown, A. R. (1952) 1986, *Structure and Function in Primitive Society: Essays and Addresses*, with a foreword by Evans-Pritchard, E. E. and Eggan, F., Cohen & West Ltd.
FAO（国連食糧農業機関）、ウェブサイト <http://www.fao.org/>.
農林水産統計データ、ウェブサイト <http://www.maff.go.jp/www/info/index.html>.

3　多摩の織物をめぐって

石原道博、一九七八『魏志倭人伝・後漢書倭伝・宋書倭国伝・隋書倭国伝』岩波文庫。

大関増業、一八四五まで。『止戈枢要』の巻之一二七～巻之一四一を占める『機織彙編』は、明治初年・須原屋茂兵衛刊のものは『機織彙編桑茶蚕機織図会』の題簽をもつ。のちに一九四〇年に下鳥正憲が校閲および刊行をした『止戈枢要』がある。

小谷次男、一九八九「古代の織技(二)——幻の透き目平絹」『京都芸術短期大学紀要』。

林述斎、一八一〇～二五『新編武蔵風土記稿編纂）』（蘆田伊人編、一九五七～五八、雄山閣）。

(株)アカデミー編、二〇〇一『日本の物価と風俗一三五年のうつり変わり』増補改訂版、同盟出版サービス。

黒板勝美編、二〇〇〇『国史大系』第二六巻、吉川弘文館。

犬丸義一校訂、一九九八『職工事情（上）』岩波書店。

小泉袈裟勝、一九九二『単位の起源事典』東京書籍。

小泉袈裟勝編、一九九八『図解 単位の歴史事典』柏書房。

佐藤鉄章、一九七九『隠された邪馬台国』サンケイ出版。

正田健一郎編、一九六五『八王子織物史』上巻、八王子織物工業組合。

『染色雑誌』染色雑誌社。

龍村平蔵、一九六七『錦とボロの話』学生社。

田村活三、一九七九「絹織物黒八丈に就いて」『秋川市史研究』第二号、秋川市教育委員会社会教育課。

栃木県黒羽町、一九八二「黒羽藩主列伝」（『黒羽町誌』）。

福井貞子、一九七三『日本の絣文化史』京都書院。

宮本八重子、一九八六『所沢飛白』。

村瀬正章、一九六五『臥雲辰致』吉川弘文館。

村野圭市、「筬の発達——家具屋店頭の織り具から」『八工染織資料室だより』第七号。

村野圭市、一九九一「「魏志倭人伝」機織り考［III］」（『蚕糸技術』一四一号）。

山田宗睦、一九七九「絣の道」（『染織と生活』二七号、染織と生活社）。

4　明治・大正八王子織物の生産様式

内山忠一編、一九三三『八王子織物変遷記』商工日日新聞社。

鯨井惣輔若、一九六一『八王子撚糸業史稿』多摩文化研究会。

三瓶孝子、一九六一『日本機業史』雄山閣。

正田健一郎編、一九六五『八王子織物史』上巻、八王子織物工業組合。

千勝義重、一九三四『八王子織物史』新泉社。

沼謙吉、一九六九「機屋菅沼政蔵一代記」（『多摩文化』第二一号）。

八王子織物工業組合編集、二〇〇〇『八王子織物工業組合百年史』ふこく出版。

八王子織物工業組合発行、一九七一『八王子織物組合報』。

八王子織物工業組合100周年記念誌編纂委員会編纂、二〇〇〇『八王子織物工業組合100周年記念誌』。

吉村イチ、一九八〇『機の里・歳時記——織物のふるさと八王子』長崎出版社。

村野圭市、一九七五『図解 手織りのすべて』衣生活研究会。

吉村イチ、一九八〇『機の里・歳時記——織物のふるさと八王子』長崎出版社。

渡辺綱夫、一九九五『織機（ハタ）の音』ゆにおん出版。

6　繊維博物館の役割

金山喜昭、二〇〇一『日本の博物館史』慶友社。

北村實彬・野崎稔、二〇〇四『農林水産省における蚕糸試験研究の歴史』農業生物資源研究所。

群馬県立日本絹の里、二〇〇〇『製糸——近代化の礎』。

国立科学博物館、二〇〇二『産業技術史資料の評価・保存・公開等に関する調査研究』最終年度報告書。

関秀夫、二〇〇五『博物館の誕生』岩波書店。

繊維博物館、二〇〇三、第60回繊維博物館特別展目録『日本のわざ——組む・結ぶ・織る』。

繊維博物館、二〇〇五、第65回繊維博物館特別展目録『いま甦る手織機の世界』。
繊維博物館、二〇〇四・三〜二〇〇七・三『日本の手織機便り』第一号〜第一〇号。
田島弥太郎、二〇〇一「養蚕と蚕種について」（『日本絹の里雑誌』第三号）二四頁。
通商産業省・経済産業省、一九八〇〜二〇〇五『工業統計表・産業編』。
『東京高等蚕糸学校五十年史』（一九四二）。
『東京国立博物館百年史』（一九七三）。
『東京農工大学工学部百年史』（一九八六）。
トフラー、アルビン／徳岡孝夫訳、一九八二『第三の波』、中央公論社。
日本化学繊維協会、二〇〇五『繊維ハンドブック 2006』。
「第1回江戸のモノづくり国際シンポジウム」報告書（二〇〇二）。
「第2回江戸のモノづくり研究集会」要旨集（二〇〇三）。
「第3回江戸のモノづくり研究集会」要旨集（二〇〇四）。
「第4回江戸のモノづくり研究集会」要旨集（二〇〇五）。

あとがき

田中 優子

本書は、まさに「手仕事の現在」を生きている方々の協力でできあがっている。参集してくださった方々のおかげで、充実した本に仕上げることができた。

しかしいつも本が完成したときに思うことだが、まだまだやらねばならないことがあったような気がする。たとえば、多摩地域で織物に携わっている方々を次々と訪ね歩き、その活動や考え方をひとりひとりからきちんと聞き取ることだ。プロジェクトが始まった時には、それも予定していた。できることなら、網羅的に織物活動情報を集め、それをサイトでも紹介し、本にも入れたかった。「多摩の織物」シンポジウムは http://lian.webup.co.jp/tamaken/ で公開している。その中に今までのインタビュー記録も入れているが、それは本来、もっと充実しているはずだったのである。本書には掲載しなかった情報もサイトで公開しているが、それらも常時、訂正更新をすべきものである。

しかし実際には、なかなかできなかった。何より大学の教師は、ゼミ生の指導と講義準備を優先せねばならない。さまざまな会議もあり、週末は大学外の仕事でぎっしりだ。序で述べたように、手仕事について考えるには手仕事の実際の事例が欠かせないが、そのためには時間がいくらあっても足りないのである。柳宗悦は旅の生活をするために、大学の教師をやめている。

江戸時代、本草学者たちは同じように、旅をしながら動植鉱物の情報を集めていた。しかし都市生活が変化してくると、カバーすべき情報範囲は格段と広くなり、旅ばかりしていられなくなった。そこで平賀源内という本草学者は全国の薬種業者や学者に呼びかけ、情報を集中してくれるように頼んだ。これは今日の、ネットワークによる情報集中、管理、再配分に当たる。私も当然のことながら、多摩の織物に関する情報を届けてくださるよう呼びかけたが、ほとんど集まらなかった。なぜかはわからないが、シンポジウムに来てくださる方々の多くは、サイトやネットに無関心らしかった。手仕事とコンピュータによるネットワークは、矛盾するものなのだろうか？

じつはこの分野だけではない。ネットワークを使ってできることは様々あるが、丁寧で正確な情報収集によるサイトの構築は、非常に難しい。自分の価値観に基いていて、しかも正確な情報の収集というものは、とても手間がかかる。筋の通った思想と堅固な姿勢も必要で、それは手仕事と同じくらいたいへんである。一方、コンピュータ・ネットワークを使いこなす人々は、物事を簡単に素早く片付けてしまおうとする傾向がある。私はゼミにサイト構築を取り入れたことがある。最初は指導を受けながら作る学生が出てきたが、後になって気付いたことは、それがレポートを書くより簡単に思えたからだった。じつはそうではない。サイトには「完成」ということがないので、常に成長に心を配らねばならないのだ。サイトは更新できるからこそ意味がある。しかし自分のサイトをようやく作り上げた学生のほとんどは、一度も更新をしなかった。本当は情報の世界も、いいものを作り続けるには、手仕事と同じくらいの手間がかかるものなのである。

手仕事の情報を蓄積することは、まさに手仕事である。手仕事はマス・コミュニケーションを経由せず、ネットワーク・コミュニケーションにも関心をもたない。だとしたら、手仕事に近づくことは、江戸時代の本草学者と同じように足で歩き、人に会い、自分の耳で話を聞き、時には自らその製作者となって、その中に入って行く方法しかないのではなかろうか。

手仕事とは、自分の身体を含めた自然との関わりをもち続けることである。手仕事に触れる人も、その覚悟が必要だ。私は今回、その覚悟をもちながらたいへんな仕事をしておられる方々と出会うことができた。実際に作られたものに触れ、時には袖を通し、そして作った方の言葉をじっくりうかがった。範囲は「多摩地域」であったが、取り組んでいる方々と出会えば、またそこからつながりが拡がった。

そこで、大事なことに気付いた。本書に登場してくださった小此木さん、山崎さん、早川さんは、多くの人たちと支え合いながら手仕事を続けておられる、ということだ。そのつながりは地域を越えている。つまり、かつて地域コミュニティの中で、コミュニティがあるからこそおこなわれていた手仕事は、その性格を変えている。地域ではなく、それぞれの方法で手仕事を続ける、という意味での新しいコミュニティが出来上がっているのである。彼ら自身は師弟関係の中で技術や知識を身につけてきたわけだが、その師弟関係も変化している。師弟関係は、その技能をもって生きていく、つまりプロフェッショナルになるからこそ、意味がある。しかし手仕事の場合、「それをもって生きて行く」ときの「生きる」の意味が違っているのだ。必ずしもそれで食べて行く、生活してゆく、という意味ではない。世の中とは異なる価値観でより人間らしく生きて行く、自然とかかわりながら生きて行く、という意味である。手仕事の選択は、生き方の選択なのである。

むろん、伝統文化を残す、価値あるものを次の世代に伝える、という意識でものづくりをしている方もおられるだろう。しかし、自らの身体的精神的充実もなければ続かない。そして、たとえそれが疑似コミュニティであろうと、かつてコミュニティのなかにあったような、支え合う関わりがなければ、続かないのである。手仕事の現在、そして今後の手仕事の継続は、この新しいコミュニティの形成に拠るであろう。

第Ⅱ部の村野圭市氏の論文「多摩の織物をめぐって」には、注目すべき見解が書かれている。ひとつは、絹の衰退と一口に言うが、それは勘違いである、という見解だ。生糸の急激な増産こそ異常事態で、それを基準にして衰退と考えるのもおかしい、と。だからこそ今後、「本来の絹の染織産業が地場にふたたび興る可能性が大きい」と見込んでいる。そのためには、「まず地域の染織を掘り起こし、生産者側も需要者側も、年月をかけて再認識すること」であり、次に、長期的な自然環境と地域社会の維持を任務とする「天然繊維研究所」のような公的機関の設置が必要だ、と提案している。

これは、生糸や天然繊維や織物や手仕事を、従来のような経済効果だけを目的とした産業とは捉えず、だからといって趣味の範囲にとどめるのでもなく、人間の新しい生き方に関与するものとして積極的に活用しよう、という提案である。今回このプロジェクトが見てきたことは、まさに生き方の問題として、手仕事の新しいつながりを作っている人々の姿だった。しかし村野氏はさらにその先を見ている。これら現在おこなわれている活動を維持しながら、それを自然環境と地域社会の再認識につなげ、それこそが日常の基盤となるような社会を紡ぎ出せるのではないか、ということなのだ。これは手仕事の今後を考えるにあたって、とても大事な、見過ごしてはならない考え方だと思っている。

手仕事は、生き方にかかわる思想である。これを個人の趣味として見るのは、序で書いたように、生きる基準が「お金」か「時間」か「便利」に偏っているためである。

私はこのプロジェクトに参集してくださった方々を通して、手仕事を「新しい生き方の台頭」と感じ取ることができた。

編者・執筆者等略歴

編者・シンポジウムコーディネイター

田中 優子（たなか・ゆうこ） 法政大学社会学部教授
専門は近世（江戸）文学、近世（江戸）文化、アジア比較文化。『江戸の想像力』（芸術選奨文部大臣新人賞）、『近世アジア漂流』、『江戸百夢』（芸術選奨文部科学大臣賞・サントリー学芸賞）、『樋口一葉「いやだ！」と云ふ』、『江戸を歩く』など。共訳に『大江戸視覚革命』、『大航海時代の東南アジア Ⅰ・Ⅱ』など。二〇〇五年、紫綬褒章。

シンポジウムコーディネイター

挾本 佳代（はさもと・かよ） 成蹊大学経済学部準教授
社会学博士。『社会システム論と自然――スペンサー社会学の現代性』（法政大学出版局、二〇〇〇年度日本社会学史学会奨励賞受賞）、訳書に『ＰＲ！――世論操作の社会史』（共訳、法政大学出版局）、主要論文に「共同体概念の再検討」（『成蹊大学経済学部論集』35（1））など。

論文執筆者（執筆順）

黄色 俊一（おうしき・としかず） 東京農工大学名誉教授
一九四一年 新潟県（現在上越市）生まれ。一九六七年 東京農工大学大学院（修士課程）修了。一九七〇年から東京農工大学助手、助教授、教授を経て、現在東京農工大学名誉教授。農学博士（東京大学）。専門は蚕糸学。著書に『昆虫生物学』（一九九五、共著、朝倉書店）、『われら共有の農業』（二〇〇二、共著、古今書院）など。

村野 圭市（むらの・けいいち） 都立八王子工業高校染織資料室
農林水産省蚕糸試験場絹糸物理研究室、同農業研究センター農村生活研究室、同蚕糸・昆虫農業技術研究所衣料素材研究室、筑波大学講師など

を歴任。定年退職後、ＪＩＣＡ専門家、東京芸術大学大学院講師など。蚕糸試験場勤務時から、絹の植物染色や手織りにたずさわる。二〇〇一年、同窓生と共に都立八王子工業高校染織資料室を開設。

沼　謙吉（ぬま・けんきち）　津久井町史編集委員
一九五九年、早稲田大学教育学部卒業。一九六〇年、神奈川県立相原高校教諭として教壇に立ち、上溝高校、相模原工業技術高校、城山高校勤務の後、一九九五年から九七年まで法政大学兼任講師。現在、津久井町史編集委員、日野市古文書等歴史資料編集委員。著書に『明治期多摩のキリスト教』その他。また日野市史、多摩市史、城山町史、藤野町史、相模湖町史を共著している。

小此木エツ子（おこのぎ・えつこ）「多摩シルクライフ21研究会」主宰
東京繊維専門学校製糸教婦科卒業後、東京繊維専門学校（現東京農工大学工学部繊維学部製糸学科）で製糸を教える。一九九三年、東京農工大学工学部物質生物工学科講師を退官。その間、皇居紅葉山御養蚕所御成繭繰糸、農林水産省蚕糸業振興審議会委員など歴任し、一九九五年「多摩シルクライフ21研究会」を設立。編著に『日本の絹文化を残すための「真綿づくり糸づくり」』その他多数。「生糸の直繰方法および装置」で特許権取得。

田中鶴代（たなか・つるよ）　東京農工大学工学部附属繊維博物館助教授
東京都立大学大学院および広島大学で物理学、物性学を学んだあと、山陽女子短期大学助教授を経て、花王生活科学研究所に勤務。その間、放送大学、昭和女子短大、群馬大学などで講師を歴任。二〇〇〇年より東京農工大学工学部助教授（附属繊維博物館専任教官）。理学博士。共著に『家政学用語辞典』、『衣生活の科学Ⅰ』、『生活科学の最新知識』など。国際学会での発表、論文なども多数。二〇〇七年三月に退官。

シンポジウム・インタビューに登場してくださった方々（登場順）

多田照経（ただ・てるつね）　前八王子織物工業組合専務理事
小谷田昌弘（こやた・まさひろ）　養蚕家
難波多美子（なんば・たみこ）　多摩シルクライフ21研究会、ユギ・ファーマーズ・クラブ
早川たか子（はやかわ・たかこ）　手作り絹工房「洞」主宰
山崎桃麿（やまざき・ももまろ）　草木染「月明織」主宰
高林千幸（たかばやし・ちゆき）　農業生物資源研究所
平尾鋹蔵（ひらお・ちょうぞう）　平尾絹精練工学研究所

その他、多摩シルクライフ21研究会、手作り絹工房「洞」、草木染「月明織」、ユギ・ファーマーズ・クラブのメンバーの方々ならびに、多くの方々のご出席、ご発言、情報提供に心より感謝申し上げます。

法政大学地域研究センター叢書 6

手仕事の現在

多摩の織物をめぐって

2007年 5 月30日　　初版第 1 刷発行

編　者　田中優子
発行所　財団法人 法政大学出版局
〒102-0073 東京都千代田区九段北 3-2-7
電話 03 (5214) 5540　振替 00160-6-95814
組版：HUP，印刷：平文社，製本：鈴木製本所

ISBN978-4-588-32125-2